高等职业教育建筑工程技术专业"十二五"规划教材

建筑材料与检测

闫宏生　赵中永　主　编

赵春生　主　审

中国铁道出版社

2012年·北京

内 容 简 介

本教材系高等职业教育建筑工程技术专业"十二五"规划教材。全书共分为 8 个项目，主要介绍材料的基本性质，胶凝材料、水泥、混凝土、建筑砂浆、建筑钢材、防水材料、墙体材料等常用建筑材料的技术要求、质量标准、技术性能检测方法和应用范围等方面的内容。在编写过程中，本教材力求体现职业技术教育的特色，同时注重专业技能的培养，采用现行的最新标准、规范及法定计量单位。

本教材可作为高职高专土建类建筑工程技术、铁道工程技术、桥梁与隧道技术等专业的教学用书，也可作为职业技能培训教材，或供从事土建类工程施工的技术人员和管理人员学习参考。

图书在版编目（CIP）数据

建筑材料与检测/闫宏生，赵中永主编 . —北京：
中国铁道出版社，2012.6
高等职业教育建筑工程技术专业"十二五"规划教材
ISBN 978-7-113-14430-2

Ⅰ. ①建… Ⅱ. ①闫… ②赵… Ⅲ. ①建筑材料—检
测—高等职业教育—教材 Ⅳ. ①TU502

中国版本图书馆 CIP 数据核字（2012）第 049077 号

书　　名：建筑材料与检测
作　　者：闫宏生　赵中永　主编

策　　划：刘红梅
责任编辑：刘红梅　　电话：010-51873133　　电子信箱：mm2005td@126.com　　读者热线：400-668-0820
封面设计：冯龙彬
责任校对：焦桂荣
责任印制：李　佳

出版发行：中国铁道出版社（100054，北京市西城区右安门西街 8 号）
网　　址：http://www.edusources.net
印　　刷：大厂聚鑫印刷有限责任公司
版　　次：2012 年 6 月第 1 版　2012 年 6 月第 1 次印刷
开　　本：787mm×1 092mm　1/16　印张：12　字数：298 千
印　　数：1～3 000 册
书　　号：ISBN 978-7-113-14430-2
定　　价：24.00 元

前言

本教材为高等职业教育建筑工程技术专业"十二五"规划教材。内容涵盖建筑材料的基本性质,胶凝材料、混凝土、建筑砂浆、建筑钢材、防水材料、墙体材料等常用建筑材料的组成、技术要求、质量标准、技术性能检测方法、材料储存及应用等方面的知识。通过学习,使学生能准确进行建筑材料质量检测、正确阅读建筑材料技术标准、合理选择与使用建筑材料。

本教材与传统教材相比,具有以下几方面特点。

1. 由原来传统知识体系的章节结构形式改为基于工作过程的项目、典型工作任务结构形式。教材中的项目来源于岗位工作任务分析确定的工作项目所设计的教学项目,教材中的模块(典型工作任务)来源于完成工作项目的工作过程。

2. 教材的内容不再依据相关学科的理论知识体系而来源于相应岗位的工作内容。本教材在编写过程中,以培养学生对建设工程中建筑材料质量检测为目标,力求体现职业技术教育的特色。教材内容依据完成岗位工作任务对知识和技能的要求选取,每个项目按照"材料的技术性能、技术标准→材料质量检测方法→材料选用"逻辑关系组织教材内容,注重学生技能训练、培养学生完成工作的能力。

3. 力图引进最新的研究成果,注重建筑材料技术标准、规范及法定计量单位的引入与更新,密切关注建筑材料领域的不断发展,强调对新材料、新技术和新知识的学习。

本教材由包头铁道职业技术学院闫宏生主编,天津铁道职业技术学院赵中永副主编,中国水电建设集团铁路建设有限公司赵春生高级工程师主审。参加编写工作的人员有:包头铁道职业技术学院闫宏生(绪论、项目3、项目4中典型工作任务1、2、4)、边新宽(项目1)、慕彩萍(项目2、项目4中典型工作任务3、5、6),天津铁道职业技术学院赵中永(项目5)、李霞(项目6),郑州铁路职业技术学院随灿(项目7、项目8)。

由于编者水平有限,书中难免存在疏漏或不妥之处,恳请读者批评指正。

编　　者

2012 年 3 月

目录

绪　　论

 项目描述

通过本项目的学习,掌握建筑材料的定义、分类,了解建筑材料在建筑工程中的地位、作用和建筑材料的发展现状,明确本课程的任务和基本要求。

 拟实现的教学目标

1. 能力目标
● 能准确阅读建筑材料技术标准。
2. 知识目标
● 了解建筑材料的分类与发展现状;
● 掌握建筑材料检测技术与技术标准。
3. 素质目标
● 具有良好的职业道德,勤奋学习,勇于进取;
● 具有科学严谨的工作作风;
● 具有较强的身体素质和良好的心理素质。

1. 建筑材料的分类

建筑材料是建筑工程中所用各种材料及其制品的总称,如黏土砖、岩石、石灰、水泥、砂浆、混凝土、钢材、防水卷材、建筑玻璃、涂料、工程塑料等。

建筑材料的种类繁多,分类方法多样,通常按照材料的化学成分、使用功能和来源的不同进行分类。

(1)按化学成分及组织结构不同划分

建筑材料可分为无机材料、有机材料和复合材料,如表 0.1 所示。

表 0.1　建筑材料按化学成分分类表

无机材料	金属材料	黑色金属:钢、铁
		有色金属:铝及铝合金、铜及铜合金、金、银等
	非金属材料	石材:天然石材(大理石、花岗岩、石灰岩、页岩等)、人造石材
		烧土制品:砖、瓦、陶器、瓷器等
		无机胶凝材料及其制品:石灰、石膏、水玻璃、水泥
		混凝土、砂浆及硅酸盐制品:高性能混凝土、砌筑砂浆、加气混凝土砌块等
		玻璃及其制品:钢化玻璃、中空玻璃等

续上表

有机材料	植物材料	木材、竹材、植物纤维及其制品
	合成高分子材料	塑料、涂料、合成纤维、胶粘剂、合成橡胶等
	沥青材料	石油沥青制品、改性沥青及其制品
复合材料	金属材料与非金属材料	钢筋混凝土、钢丝网水泥、钢纤维混凝土等
	有机材料与无机非金属材料	聚合物混凝土、沥青混凝土、玻璃钢等
	其他复合材料	水泥石棉制品、人造大理石、人造花岗岩等

　　无机材料由小分子化合物构成,分子量较小,又可以分为金属材料和非金属材料。

　　有机材料由高分子化合物构成,主要化学成分为碳与氢,分子量较大。

　　复合材料是指由两种或两种以上不同性质的材料经过适当组合成为一体的材料。复合材料可以克服单一材料的不足之处,发挥其综合特性。通过适当的复合手段,可以根据工程所处环境、工程使用要求重新设计和生产材料,可以说,材料的复合化已经成为当今材料科学发展的趋势之一。

　　(2)按在建筑物中的使用功能不同划分

　　建筑材料可分为结构材料、围护材料和功能材料。

　　结构材料是指构成建筑物受力构件和结构所用的材料,如梁、板、柱、基础等构件或结构使用的材料。结构材料应具有足够的强度和耐久性。常用的结构材料有钢材、砖、石材、混凝土、木材等。

　　围护材料是指用于建筑物围护结构的材料,如墙体、屋面等部位使用的材料。围护材料不仅要求具有一定的强度和耐久性,还要求具有良好的保温、隔热、隔音性能。常用的围护材料有砖、砌块、大型墙板、瓦等。

　　功能材料是指能够满足各种功能要求所使用的材料,如防水材料、装饰材料、保温隔热材料、吸声隔音材料等。

　　(3)按来源不同划分

　　建筑材料可分为天然材料和人造材料。

　　2. 建筑材料在建筑工程中的地位和作用

　　建筑材料是建筑物与构筑物的物质基础,无论是高达 420.5 m 的上海金贸大厦,还是一幢六层混合结构建筑物,都是由各种建筑材料组合而成的,可以说,如果没有建筑材料作为物质基础,就不可能有形态各异、功能不同的建筑产品。

　　建筑材料的种类繁多,性能各异,然而建筑材料的品种、性能和质量,在很大程度上决定着建筑物是否坚固、耐久、经济和美观。在建筑工程实践中,从材料的选择、储运、检测到使用,任何环节的失误,必然会降低建筑工程质量,影响工程的使用效果和耐久性能,甚至会造成严重的工程事故。

　　在我国的建筑工程中建筑材料所占的投资比例可达 50%～70%,因此在保证材料质量的前提下,降低材料费用,对降低工程造价,提高企业经济效益,将起到很大的积极作用。大量实践证明:正确选材、合理利用、科学管理、减少浪费是降低材料费用的有效途径。

　　3. 建筑材料的发展趋势

　　建筑材料随着人类社会生产力和科学技术水平的提高而逐步发展。在很早以前,人们就利用石块、木材、土等天然材料从事建筑活动。如始建于公元前 2700 年古埃及的金字塔、公元前7世纪春秋时代的长城、公元125年古罗马建造的万神庙、公元595～605年修建的赵州桥，全部采用石块、砖、土为结构材料。随着社会的不断进步，人们对建筑工程的要求也越来越高，这种要求的满足与建筑材料的数量和质量之间，总是存在着相互依赖、相互矛盾的关系。建筑材料的生产和使用，就是在不断解决矛盾的过程中逐渐向前发展的。与此同时，其他相关科学技术的日益进步也为建筑材料的发展提供了有利条件。1824年英国 J. Aspdin 发明了波特兰水泥（即硅酸盐水泥），混凝土随之问世，并首先大规模应用于泰晤士河隧道工程。19世纪中叶人们掌握了工业化炼钢技术，将具有强度高、延性好、质量均匀的建筑钢材作为结构材料。钢结构的运用，使建筑物的跨度、高度由过去的几米、几十米增加到几百米。

20世纪以来，随着科学技术的不断发展，各种高性能的新型材料不断涌现。20世纪初人工合成高分子材料的问世，20世纪30年代预应力混凝土的产生，21世纪高性能混凝土（HPC）的广泛使用，为大跨度结构，特别是大跨度桥梁、水工、海港、道路、高层建筑等工程提供了较为理想的结构材料。与此同时，一些具有特殊功能，如保温绝热、吸声、耐磨、耐热、耐腐蚀、防辐射等的材料应运而生。随着人们对工作空间、生活环境和城市面貌的要求越来越高，各种环保型建筑材料也越来越受到人们的重视。

建筑材料产业不仅是推动建筑业发展的物质基础，也是国民经济的主要基础产业之一。为了适应我国经济建设和社会发展的需要，建筑材料正向高性能建筑材料和绿色材料的方向发展。

高性能建筑材料是指性能及质量更加优异，轻质、高强、多功能和更加耐久、更富有装饰效果的材料，是便于机械化施工和更有利于提高施工生产效率的材料。

绿色材料又称为生态材料、环保材料。它是采用清洁生产技术，不用或少用天然资源和能源，大量使用工农业或城市固态废弃物生产的无毒害、无污染、无放射性，在达到使用周期后可以回收利用、有利于环境保护和人们健康的建筑材料。

目前绿色材料主要种类如下：

①以相对较低的资源、能源消耗和环境污染为代价生产的高性能建筑材料，如采用现代先进工艺和生产技术生产的生态水泥。

②采用低能耗制造工艺生产的具有轻质、高强、保温、隔音等多功能的新型墙体材料。

③具有改善居室生态环境，有益于人体健康和具有功能化的材料，如具有抗菌、灭菌、调湿、消磁、防射线、抗静电、阻燃、隔热等功能的玻璃、陶瓷、涂料等。

④以工业废弃物为主要原料生产的各种材料制品。

⑤产品可以循环和回收再利用，无污染环境的废弃物。

绿色材料代表21世纪建筑材料的发展方向，是符合世界发展趋势和人类要求的建筑材料。在未来的建筑行业中绿色材料必然会占主导地位，成为今后建筑材料发展的必然趋势。

4. 建筑材料检测及其技术标准

建筑材料检测是根据现有技术标准、规范的要求，采用科学合理的技术手段和方法，对被检测建筑材料的技术参数进行检验和测定的过程。检测目的是判定所检测材料的各项性能是否符合质量等级的要求以及是否可以用于建筑工程中，是确保建筑工程质量的重要环节。

建筑材料检测主要包括见证取样、试件制作、送样、检测、填写检测报告等环节。

见证取样、试件制作、送样是在建设单位或工程监理单位人员的见证下，由施工单位的现场试验人员对工程中涉及结构安全的试块、试件和材料进行现场取样,并送至经过省级以上建设行政主管部门对其资质认可和质量技术监督部门对其计量认证的质量检测单位进行检测。

检测、填写检测报告是由具有相应资质等级的质量检测机构进行检测。参与检测的人员必须持有相关的资质证书,不得修改检测原始数据。检测报告应包括委托单位、委托日期、报告日期、样品编号、工程名称、样品产地及名称、规格及代表数量、检测依据、检测项目、检测结果、结论等。

建筑材料技术标准是材料生产、质量检验、验收及材料应用等方面的技术准则和必须遵守的技术法规,包括产品规格、分类、技术要求、检验方法、验收规则、标志、运输、储存及使用说明等内容,是供需双方对产品质量验收的依据。根据技术标准的发布单位与适用范围不同,我国建筑材料技术标准分为国家标准、行业(或部)标准、地方标准和企业标准四级。国家标准和行业(或部)标准是全国通用标准,是国家指令性技术文件,各级材料的生产、设计、施工等部门必须严格遵守执行,不得低于此标准。地方标准是地方主管部门发布的地方性技术文件。企业标准仅适用于本企业,凡是没有制定国家标准和行业标准的产品,均应制定企业标准。技术标准的表示方法由标准名称、部门代号、标准编号、批准年份四部分组成,如表0.2所示。

表 0.2　各级技术标准的代号和表示方法

技术标准种类		代号		表示方法
国家标准		GB	GB:国家强制性标准 GB/T:国家推荐性标准	
行业标准	建材局	JC	JC:建材行业强制性标准 JC/T:建材行业推荐性标准	由标准名称、部门代号、标准编号、批准年份四部分组成,如:《水泥胶砂强度检验方法(ISO 法)》(GB/T 17671—1999)、《建筑砂浆基本性能试验方法》(JGJ 70—1990)、《建筑生石灰》(JC/T 479—1992)、《铁路混凝土与砌体工程施工规范》(TB 10210—2001)
	(原)建设部	JGJ	JGJ:(原)建设部行业强制性标准 JGJ/T:原建设部行业推荐性标准	
	铁道部	TB	TB:铁道部行业强制性标准	
	(原)冶金部	YB	YB:(原)冶金部行业强制性标准	
地方标准		DB	DB:地方强制性标准 DB/T:地方推荐性标准	
企业标准		QB	QB:企业标准	

了解并熟悉建筑材料的技术标准,对掌握材料性能、合理选用材料是十分必要的。由于建筑材料的技术标准是根据一定时期的技术水平制订的,随着科学技术的发展与使用要求的提高,需要对建筑材料技术标准不断进行修订,因此要随时注意新修订标准的出现。

5. 本课程的任务及基本要求

本课程是建筑工程专业及其他相关专业的专业基础课。通过本课程的学习,学生应该获得有关建筑材料的基本知识与基本技能。本课程重点讲述建筑工程中常用建筑材料的技术性能和检测方法。在材料性质方面,要求掌握材料的组成、技术性质、特点,了解材料的化学成分、结构、外部环境等因素对材料性质的影响;在材料检测方面,要求熟悉常用建筑材料的技术标准及其质量检测方法,能够对所用材料品质做出准确判别,为今后学习专业课程提供有关建筑材料的基础知识,也为学生今后从事专业技术工作,在材料选用、材料验收、质量鉴定、储存运输等方面,打下必要的基础,并获得材料检测的基本技能。

　　在学习过程中,应以掌握材料的技术性能、应用范围和质量检测方法为重点,同时兼顾了解材料的成分、组织结构、外部环境等因素对材料性能的影响,注意各项性能之间的有机联系。本课程是一门实践性很强的课程,通过建筑材料检测,加深和巩固理论知识,熟悉建筑材料的质量检测方法,掌握检测操作技能,对检测结果做出正确分析和结论。建筑材料的品种多样,在学习中还必须注意分析和比较同类材料不同品种的共性与特性,以便于在实际工作中能够根据工程要求和工程环境特点,合理选用建筑材料。

 复习思考题

1. 建筑材料如何分类?
2. 何谓复合材料?
3. 何谓绿色材料?
4. 建筑材料的技术标准分为哪几类? 如何表示?

项目 1　材料的基本性质

 项目描述

　　建筑材料的基本性质项目是其他项目的基础。本项目主要介绍材料的物理性质、力学性质和材料的耐久性。通过该项目的学习,要求掌握建筑材料的各项基本性质。

 拟实现的教学目标

　　1. 能力目标
　　● 能正确使用试验仪器对材料各项基本技术性能指标进行检测;
　　● 能科学合理地选用建筑材料。
　　2. 知识目标
　　● 理解建筑材料性质的概念,掌握各计算式;
　　● 掌握材料组织结构对其性能的影响。
　　3. 素质目标
　　● 具有良好的职业道德,勤奋学习,勇于进取;
　　● 具有科学严谨的工作作风;
　　● 具有较强的身体素质和良好的心理素质。
　　建筑材料在各种建筑工程中起着不同的作用,有的主要承受荷载,有的起围护作用,有的则起保温隔热或表面装饰、防水防潮、防腐、防火等作用。材料在外力、阳光、大气、水分及各种介质作用下,会发生受力变形、热胀冷缩、干湿变形、冻融交替、化学侵蚀等现象,这些因素都会使材料产生不同程度的破坏。为了使建筑物和构筑物能够安全、适用、耐久而又经济,必须在工程设计和施工中充分了解和掌握各种材料的性质和特点,以便正确、合理地选择和使用材料,使其性能满足使用要求。

典型工作任务 1　材料的物理性质

　　材料的物理性质包括与材料质量有关的性质、材料与水有关的性质、材料与热有关的性质三个方面。

1.1.1　与材料质量有关的性质

　　1. 密度
　　密度是指材料在绝对密实状态下单位体积内物质的质量。材料的密度可按下式计算

$$\rho = \frac{m}{V}$$

(1.1)

式中　ρ——材料的密度,kg/m^3；

　　　m——材料在干燥状态下的质量,kg；

　　　V——干燥材料在绝对密实状态下的体积,m^3。

　　材料在绝对密实状态下的体积,是指材料不包括孔隙体积在内的固体物质所占的体积。众多建筑材料中,除了钢材、玻璃等材料可近似地直接量取其密实体积外,其他绝大多数材料都含有一定的孔隙。在自然状态下,含孔块体的体积是由固体物质的体积(即绝对密实状态下的材料体积)和孔隙体积两部分组成的,如图1.1所示。在测定有孔隙的材料密度时,应把材料磨成细粉以排除其内部孔隙,经干燥至恒重后,再用李氏密度瓶法测定其密实体积。对于某些较为致密但形状不规则的散粒材料,在测定其密度时,可以不必磨成细粉,而直接用排水法测其密实体积的近似值(颗粒内部的封闭孔隙体积没有排除)。混凝土所用砂、石等散粒材料常按此法测定其密度。

(a)密实的颗粒　　　　　(b)具有封闭孔隙的颗粒　　　(c)具有开口孔隙和闭口孔隙的颗粒

图 1.1　颗粒孔隙的类型

2. 表观密度

表观密度是指材料在自然状态下单位体积的质量。材料的表观密度可按下式计算

$$\rho_0 = \frac{m}{V_0} \tag{1.2}$$

式中　m——材料的质量,kg；

　　　V_0——材料在自然状态下的体积,m^3；

　　　ρ_0——材料的表观密度,kg/m^3。

　　材料在自然状态下的体积,是指包括孔隙体积在内的材料体积。孔隙有开口孔隙与闭口孔隙,如图1.1所示。外形规则材料的表观体积,可直接用尺度量后计算求得；外形不规则材料的表观体积,可将材料表面涂蜡后用排水法测定。当材料的孔隙中含有水分时,其质量(包括水的质量)和体积均会发生变化,影响材料的表观密度,故所测的表观密度必须注明其含水状态。通常材料的表观密度是指材料在气干状态(长期在空气中的干燥状态)下的表观密度。另外,在不同的含水状态下,还可测得材料的干表观密度、湿表观密度及饱和表观密度。在进行材料对比试验时,则以绝对干燥状态下测得的表观密度值为准。

3. 堆积密度

堆积密度是指散粒或粉状材料,在自然堆积状态下单位体积的质量。材料堆积密度可按下式计算

$$\rho_0' = \frac{m}{V_0'} \tag{1.3}$$

式中　ρ_0'——材料的堆积密度,kg/m^3；

　　　m——材料的质量,kg；

V_0'——材料的自然堆积体积，m³。

材料的自然堆积体积为颗粒的体积和颗粒之间空隙体积之和，如图 1.2 所示。

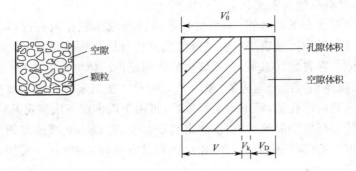

图 1.2　散粒材料堆积体积示意图

材料的堆积密度主要取决于材料内部组织结构以及测定时材料装填方式。松堆积方式测得的堆积密度值要明显小于紧堆积时的测定值。工程中通常采用松散堆积密度，确定颗粒状材料的堆积空间。

在建筑工程中，计算材料用量、构件的自重，配料计算以及确定堆放空间时经常要用到材料的密度、表观密度和堆积密度等数据。

4. 密实度与孔隙率

(1)密实度

密实度是指材料体积内被固体物质所充实的程度，即材料的密实体积与表观体积之比。密实度 D 可按下式计算

$$D=\frac{V}{V_0}\times100\%　\hspace{3cm}(1.4)$$

式中　D——材料的密实度；

V——材料在绝对密实状态下的体积，m³；

V_0——材料在自然状态下的体积，m³。

密实度也可根据材料的密度与表观密度计算。

因为　　　　　　　　$\rho=\frac{m}{V};\rho_0=\frac{m}{V_0}$

所以　　$D=\frac{V}{V_0}\times100\%=\frac{\frac{m}{\rho}}{\frac{m}{\rho_0}}\times100\%=\frac{\rho_0}{\rho}\times100\%\hspace{2cm}(1.5)$

式中　ρ——材料的密度，kg/m³；

ρ_0——材料的表观密度，kg/m³。

例如，烧结多孔砖 $\rho_0=1\ 640$ kg/m³；$\rho=2\ 500$ kg/m³，其密实度为

$$D=\frac{\rho_0}{\rho}\times100\%=\frac{1\ 640}{2\ 500}\times100\%=66\%$$

材料的 ρ_0 与 ρ 越接近，即 ρ_0/ρ 越接近于 1，材料越密实。

(2)孔隙率

孔隙率是指材料中孔隙体积占材料总体积的百分数。孔隙率可按下式计算

$$P=\frac{V_0-V}{V_0}\times100\%=\left(1-\frac{V}{V_0}\right)\times100\%=\left(1-\frac{\rho_0}{\rho}\right)\times100\%=1-D \tag{1.6}$$

例如,按上例计算烧结多孔砖的孔隙率:$P=1-D=1-0.66=0.34$,即 34%。

密实度和孔隙率的大小,从不同角度反映了材料内部的致密程度。密实度和孔隙率的关系为:$P+D=1$。常用材料的一些基本物性参数如表 1.1 所示。材料密实度和孔隙率的大小取决于材料的组成、结构以及制造工艺。材料的许多性质如强度、吸水性、抗渗性、抗冻性、导热性、吸声性等不仅与材料的孔隙率大小有关,还与孔隙形状、分布等构造特征密切相关。

随着材料孔隙率的增大,则材料体积密度减小;材料受力的有效面积减少,强度降低;由于密度的减小,材料的导热系数和热容量随之减小;透气性、透水性、吸水性变大。一般来说,多孔材料对气体及水的扩散、透过较为容易。

孔隙的构造特征,主要是指孔隙的形状、大小和分布。材料内部孔隙有开口与闭口之分,开口孔隙不仅彼此连通且与外界相通,闭口孔隙不仅彼此互不连通,且与外界隔绝。孔隙本身有粗细之分,粗大孔隙虽易吸水,但不易保持。细微孔隙吸入的水分不易流动,而闭口孔隙水分及其他介质不易侵入。因此,孔隙率又分为开口孔隙率和闭口孔隙率。

①开口孔隙率:是指常温下能被水所饱和的孔隙体积与材料表观体积之比的百分数,可按下式计算

$$P_k=\frac{m_2-m_1}{V_0}\times\frac{1}{\rho_{H_2O}}\times100\% \tag{1.7}$$

式中　P_k——材料的开口孔隙率,%;

　　　m_1——干燥状态下材料的质量,g;

　　　m_2——吸水饱和状态下材料的质量,g;

　　　V_0——材料在自然状态下的体积,m^3;

　　　ρ_{H_2O}——水的密度,g/cm^3。

②闭口孔隙率:是指总孔隙率与开口孔隙率之差,即 $P_B=P-P_k$。

开口孔隙能提高材料的吸水性、透水性,降低抗冻性;内部闭口孔隙的增多可以提高材料的保温隔热性能、抗渗性、抗冻性及耐久性。

5. 空隙率与填充率

(1)空隙率

空隙率是指散粒或粉状材料颗粒之间的空隙体积占其自然堆积体积的百分率。材料空隙率可按下式计算

$$P'=\frac{V_0'-V_0}{V_0'}\times100\%=\left(1-\frac{\rho_0'}{\rho_0}\right)\times100\% \tag{1.8}$$

式中　P'——材料的空隙率;

　　　V_0'——材料的自然堆积体积,m^3;

　　　V_0——材料在自然状态下的体积,m^3;

　　　ρ_0'——材料的堆积密度,kg/m^3;

　　　ρ_0——材料的表观密度,kg/m^3。

空隙率的大小反映了散粒材料的颗粒互相填充的紧密程度。空隙率可作为控制混凝土骨料级配与计算含砂率的依据。常用建筑材料的密度、表观密度、堆积密度和孔隙率见表 1.1。

表 1.1　常用建筑材料的密度、表观密度、堆积密度和孔隙率

材　料	密度(g/cm³)	表观密度(kg/m³)	堆积密度(kg/m³)	孔隙率(%)
石灰岩	2.60	1 800～2 600	—	—
花岗岩	2.60～2.90	2 500～2 800		0.5～3.0
碎石(石灰石)	2.60		1 400～1 700	
砂	2.60		1 450～1 650	
黏　土	2.60		1 600～1 800	
普通黏土砖	2.50～2.80	1 600～1 800		20～40
黏土空心砖	2.50	1 000～1 400		
水　泥	3.10		1 200～1 300	
普通混凝土		2 000～2 800		5～20
轻骨料混凝土		800～1 900		
木　材	1.55	400～800		55～75
钢　材	7.85	7 850		0
泡沫塑料	—	20～50		
玻　璃	2.55	—		

(2)填充率

填充率是指散粒或粉状材料颗粒体积占其自然堆积体积的百分率。材料填充率可按下式计算

$$D' = \frac{V_0}{V_0'} \times 100\% = \frac{\rho_0'}{\rho_0} \times 100\%$$
(1.9)

式中　D'——材料的填充率,%;

V_0——材料在自然状态下的体积,m³;

V_0'——材料的自然堆积体积,cm³ 或 m³;

ρ_0'——材料的堆积密度,kg/m³;

ρ_0——材料的表观密度,kg/m³。

材料空隙率与填充率的关系为 $P' + D' = 1$。

1.1.2　材料与水有关的性质

1. 材料的亲水性与憎水性

与水接触时,有些材料能被水润湿,而有些材料则不能被水润湿,对这两种现象来说,前者为亲水性,后者为憎水性。材料具有亲水性或憎水性的根本原因在于材料分子之间作用力大小。材料与水分子之间的分子亲和力大于水分子本身之间的内聚力时,材料能够被水润湿,使材料具有亲水性;反之,材料与水分子之间的亲和力小于水分子本身之间的内聚力时,材料不能够被水润湿,使材料具有憎水性。

材料的亲水性或憎水性,通常以润湿角的大小划分。润湿角为过材料、水和空气的交汇点处,沿水滴表面的切线 γ_L 与水和固体接触面 γ_{SL} 所成的夹角。润湿角 θ 愈小,表明材料愈被水润湿。当润湿角 $\theta \leqslant 90°$ 时,为亲水性材料;当润湿角 $\theta > 90°$ 时,为憎水性材料。水在亲水性材料表面可以铺展开,且能通过毛细管作用自动将水吸入材料内部;水在憎水性材料表面不仅不

能铺展开,而且水分不能渗入材料的毛细管中,如图 1.3 所示。

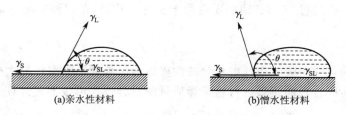

(a)亲水性材料　　　　(b)憎水性材料

图 1.3　材料润湿示意图

大多数建筑材料,如石料、砖、混凝土、木材等都属于亲水性材料,表面都能被水润湿。沥青、石蜡等属于憎水性材料,表面不能被水润湿。该类材料一般能阻止水分渗入毛细管中,因而能降低材料的吸水性。憎水性材料不仅可用作防水材料,而且还可用于亲水性材料的表面处理,以降低其吸水性。

2. 吸水性

材料在水中吸收水分的性质称为吸水性。吸水性的大小常以吸水率表示。

(1)质量吸水率

质量吸水率是指材料吸水饱和时,所吸收水的质量占材料干燥质量的百分率。可按下式计算

$$W_{m} = \frac{m_2 - m_1}{m_1} \times 100\% \tag{1.10}$$

式中　W_m——材料的质量吸水率,%;

m_1——材料在干燥状态下的质量,g;

m_2——材料吸水饱和时质量,g。

(2)体积吸水率

体积吸水率是指材料吸水饱和时,所吸收水分体积占材料干燥体积的百分率。可按下式计算

$$W_{V} = \frac{V_w}{V_0} \times 100\% = \frac{m_2 - m_1}{V_0} \times \frac{1}{\rho_{H_2O}} \times 100\% \tag{1.11}$$

式中　W_V——材料的体积吸水率;

V_w——材料吸水饱和时所吸收水分体积,cm^3;

V_0——干燥材料在自然状态下的体积,cm^3;

ρ_{H_2O}——水的密度,常温下取 1 g/cm^3。

材料的体积吸水率与质量吸水率之间的关系为

$$W_V = W_m \times \rho_0 \tag{1.12}$$

式中　ρ_0——材料在干燥状态下的表观密度,g/cm^3。

材料吸水率的大小不仅取决于材料本身是亲水的还是憎水的,而且与材料孔隙率的大小、孔隙特征密切相关。一般孔隙率愈大,吸水率也愈大;孔隙率相同的情况下,具有细小连通型孔隙的材料比具有较多粗大开口型孔隙的材料吸水性强。

吸水率增大对材料的性质有一定影响,如表观密度增加,体积膨胀,导热性增大,强度及抗冻性下降等。

在材料的孔隙中,不是所有孔隙都能够被水所填充。如封闭的孔隙水分不易渗入;而粗大的孔隙,水分又不易存留,故材料的体积吸水率常小于孔隙率。这类材料常用质量吸水率表示

它的吸水性。对于某些轻质材料,如软木、泡沫塑料等,由于具有很多开口且微小的孔隙,所以它的质量吸水率往往超过 100%,即湿质量为干质量的几倍,在这种情况下最好用体积吸水率表示其吸水性。

3. 吸湿性

材料在潮湿的空气中吸收空气中水分的性质称为吸湿性。吸湿性的大小用含水率表示。含水率为材料所含水的质量占材料干燥质量的百分数。可按下式计算

$$W_含 = \frac{m_含 - m_干}{m_干} \times 100\% \tag{1.13}$$

式中　$W_含$——材料的含水率,%;

　　　$m_含$——材料含有水分时的质量,g;

　　　$m_干$——材料干燥至恒重时的质量,g。

材料的吸湿性不仅与材料的组成、孔隙率、孔隙特征有关外,还与周围环境的温度与湿度有关。一般而言,环境中温度越高,湿度越低,含水率越小。材料吸湿后,除了本身质量增加外,还会降低其绝热性能、强度及耐久性,对工程产生不利的影响。

干燥的材料在空气中能吸收空气中的水分;潮湿的材料在空气中又会失去水分,最终材料中的水分与周围空气的湿度达到平衡,此时材料的含水率称为平衡含水率。

4. 耐水性

材料长期在水的作用下不破坏,强度也不显著降低的性质称为耐水性。

一般材料含有水分时,由于内部微粒间结合力减弱而强度有所降低,即使致密的材料也会使材料强度有所下降。若材料中含有某些易被水软化的物质(如黏土、石膏等),强度降低会更为严重。因此,对长期处于水中或潮湿环境中的工程材料,必须考虑其耐水性。

材料的耐水性以软化系数表示,可按下式计算

$$K_S = \frac{f_饱}{f_干} \tag{1.14}$$

式中　K_S——软化系数;

　　　$f_饱$——材料在吸水饱和状态下的抗压强度,MPa;

　　　$f_干$——材料在干燥状态下的抗压强度,MPa。

软化系数的范围在 0～1 之间。软化系数的大小,可成为选择材料的重要依据。工程上通常把软化系数大于 0.8 的材料称为耐水材料,对于经常与水接触或处于潮湿环境的重要建筑物,要求材料的软化系数大于 0.85;用于受潮较轻或次要的建筑物时,材料的软化系数也不得小于 0.75。

5. 抗渗性

抗渗性是指材料在压力水作用下抵抗渗透的性质。材料的抗渗性通常用渗透系数 K 和抗渗等级 P 表示。

(1)渗透系数

根据达西定律,在一定时间内,透过材料试件的水量 W 与试件断面面积 A 及水位差 h 成正比,与试件厚度 d 成反比,即:

$$K = \frac{Wd}{Ath} \tag{1.15}$$

式中　K——渗透系数,m/s;

　　　W——渗透水量,m³;

  A——透水面积，m^2；

  d——试件厚度，m；

  h——水位差，m；

  t——透水时间，s。

  渗透系数越小，表明材料抗渗透性能越强。一些防水材料（如防水卷材），其防水性常用渗透系数表示。

  （2）抗渗等级

  材料的抗渗等级是指用标准方法进行透水试验时，材料标准试件在透水前所能承受的最大水压力，并以字母 P 及可承受的水压力（以 0.1 MPa 为单位）来表示抗渗等级。可按下式计算

$$P = 10h - 1 \tag{1.16}$$

式中　P——抗渗等级；

   h——开始渗水前的最大水压力，MPa。

  如 P4、P6、P8、P10、…表示试件能承受 0.4 MPa、0.6 MPa、0.8 MPa、1.0 MPa……的水压力作用而不渗透。抗渗等级越高，抗渗性越好。

  材料抗渗性大小不仅与其亲水性有关，更取决于材料的孔隙率及孔隙特征。孔隙率小而且孔隙封闭的材料具有较高的抗渗性。

  地下建筑物及储水建筑物常受到压力水的作用，因此，所用的材料要求具有一定的抗渗性。

  6. 抗冻性

  抗冻性是指材料在吸水饱和状态下，能经受反复冻融循环作用而不被破坏，强度不显著降低的性能。

  材料吸水后，在负温作用条件下，水在材料毛细孔内冻结成冰，体积膨胀所产生的冻胀压力造成材料的内应力，会使材料遭到局部损坏。随着冻融循环的反复，材料的破坏作用逐步加剧，这种破坏称为冻融破坏。

  抗冻性以试件按规定方法进行冻融循环试验，以质量损失不超过 5%、强度下降不超过 25%，所能经受的最大冻融循环次数来表示，或称为抗冻等级。材料的抗冻等级可分为 F15、F25、F50、F100、F200 等，分别表示此材料可承受 15 次、25 次、50 次、100 次、200 次的冻融循环。

  材料抗冻性的好坏不仅取决于材料的孔隙率及孔隙特征，还与材料受冻前的吸水饱和程度、材料本身的强度以及冻结条件（如冻结温度、速度、冻融、循环作用的频繁程度）等有关。材料的强度越低，开口孔隙率越大，则材料的抗冻性越差。

  抗冻等级的选择应根据工程种类、结构部位、使用条件、气候条件等因素来决定。在路桥工程中，处于水位变化范围内的材料，在冬季时材料将反复受到冻融循环作用，此时材料的抗冻性将关系到结构物的耐久性。

1.1.3　材料与热有关的性质

  1. 导热性

  材料传导热量的性质称为导热性。当材料两侧表面存在温差时，热量会由温度较高的一面传向温度较低的一面。材料的导热性可用导热系数表示。

  以单层平板为例，如图 1.4 所示，若 $T_1 > T_2$，经过时间 t，由温度为 T_1 的一侧传至温度为 T_2 的一侧的热量为

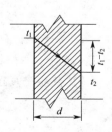

图 1.4　材料导热示意图

$$Q = \lambda A \frac{(T_1 - T_2)t}{d} \tag{1.17}$$

则材料的导热系数为

$$\lambda = Q \frac{d}{A(T_1 - T_2)t} \tag{1.18}$$

式中　λ——导热系数，W/(m·K)；

　　　Q——传导的热量，J；

　　　d——材料的厚度，m；

　　　A——传热面积，m^2；

　　　t——传热时间，s；

　$T_1 - T_2$——材料两侧的温度差，K。

材料的导热系数越小，保温性越好。通常 $\lambda \leqslant 0.23$ W/(m·K) 的材料可作为保温隔热材料。

材料的导热性与材料的孔隙率、孔隙特征有关。一般说，孔隙率越大，导热系数越小。具有互不连通封闭微孔构造材料的导热系数，要比具有粗大连通孔隙构造材料的导热系数小。当材料的含水率增大时，导热系数也随之增大。

材料的导热系数对建筑物的保温隔热有重要意义。几种常用材料的导热系数如表 1.2 所示。

表 1.2　几种常用材料的导热系数

材料名称	导热系数/[W·(m·K)$^{-1}$]	材料名称	导热系数/[W·(m·K)$^{-1}$]
钢	44.74	松木(顺纹)	0.34
花岗岩	3.50	松木(横纹)	0.17
普通混凝土	1.51	石膏板	0.25
		水	0.58
普通黏土砖	0.80	密闭空气	0.023

2. 热容量

热容量是指材料在受热时吸收热量、冷却时放出热量的能力。质量为 1 kg 材料的热容量，称为该材料的比热容。

热容量可按下式计算

$$Q = cm(T_1 - T_2) \tag{1.19}$$

式中　Q——材料吸收或放出的热量，J；

　　　c——材料的比热容，J/(kg·K)；

　　　m——材料的质量，kg；

　$T_1 - T_2$——材料受热或冷却前后的温差，K。

比热容是真正反映不同材料热容性差别的参数，可按下式计算

$$c = \frac{Q}{m(T_1 - T_2)} \tag{1.20}$$

在建筑工程中，选用导热系数小、比热容大的材料作为保温隔热材料，既可以降低能耗，还可长时间保持室内温度的稳定。

典型工作任务 2 材料的力学性质

1.2.1 材料的强度

材料的强度是材料在外力（荷载）作用下抵抗破坏的能力。通常以材料在外力作用下失去承载能力时的极限应力来表示，也称为极限强度。

由于外力作用方式的不同，材料主要有抗压、抗拉、抗剪、抗弯（抗折）四种强度，如图 1.5 所示。

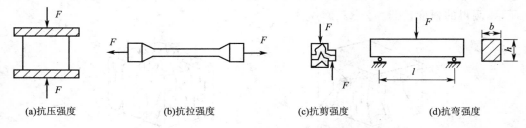

(a)抗压强度　　　　(b)抗拉强度　　　　(c)抗剪强度　　　　(d)抗弯强度

图 1.5 材料承受各种外力示意图

材料的抗压、抗拉、抗剪强度可按下式计算

$$f = \frac{F_{max}}{A} \tag{1.21}$$

式中 f——材料抗拉、抗压、抗剪强度，MPa；

F_{max}——材料破坏时的最大荷载，N；

A——试件受力面积，mm^2。

材料的抗弯强度与受力情况有关。一般试验方法是将条形试件放在两支点上，中间作用一集中荷载，对矩形截面试件，其抗弯强度可按下式计算

$$f_w = \frac{3F_{max}L}{2bh^2} \tag{1.22}$$

式中 f_w——材料的抗弯强度，MPa；

F_{max}——材料受弯破坏时的最大荷载，N；

L——两支点的间距，mm；

b、h——试件横截面的宽度及高度，mm。

材料的强度主要取决于材料的成分、结构与构造。不同种类的材料，强度不同；同一种材料，受力情况不同时，强度也不同。如混凝土、砖、石等脆性材料，抗压强度较高，抗拉强度则很低；而低碳钢、有色金属等塑性材料的抗压、抗拉、抗弯、抗剪强度则大致相等。同一种材料结构构造不同时，强度也有较大的差异。如孔隙率大的材料，强度往往较低。又如层状材料或纤维状材料会表现出各向强度有较大的差异。细晶结构的材料，强度一般要高于同类粗晶结构材料。

除上述内在因素会影响材料强度外，测定材料强度时的试验条件，如试件尺寸和形状、试验时的加荷速度、试验时的温度与湿度、试件的含水率等也会对试验结果有较大的影响。如测定混凝土强度时，同样条件下，棱柱体试件的抗压强度要小于同样截面尺寸的立方体试件抗压强度。尺寸较小立方体试件强度要高于尺寸较大的立方体试件强度。

　　混凝土立方体试件在压力机上受压时,压力机的上下压板及试件会发生横向变形。压板的横向应变小于混凝土的横向应变。这样,压力机上下压板与试件间会产生摩擦力,对试件的横向膨胀产生约束,这被称为环箍效应。愈接近试件端面,这种约束作用愈大,大约距试件端面 a(a 为试件的横向尺寸)的范围以外,约束作用消失。所以,试件破坏后为上下顶接的两个截头棱锥体(见图1.5)。尺寸较大的试件中间部分受摩擦阻力影响较小,比尺寸小的试件容易受到破坏。同时,大尺寸试件存在裂缝、孔隙等缺陷的几率较大,故大尺寸试件测得的强度偏低。棱柱体试件由于高度较大,中间部分几乎不受环箍效应的作用,其抗压强度要低于同样截面尺寸的立方体试件。

　　如在压力机压板和试件间加润滑剂,环箍效应将大大减小,试件将出现直裂破坏,如图1.6所示,测得的强度较低。

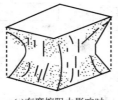　　　　　　　　　

(a)有摩擦阻力影响时　　　　　　　　　　　(b)无摩擦阻力影响时

图1.6　混凝土立方体试件受压破坏情况

　　试件受压面上的凹凸不平及缺棱掉角,会引起应力集中使强度测定值降低。一般来说,加荷速度较快时强度的测定值要比加荷速度较慢时强度的测定值高些。所以测定材料强度时,必须严格按照标准规定的方法进行。

　　对于以强度为主要指标的材料,通常以材料强度值的大小划分成若干个不同的等级,称为强度等级,如水泥、混凝土、砂浆等用强度等级来表示。

1.2.2　材料的变形

　　1. 材料的弹性与塑性

　　材料在外力作用下产生变形,当外力取消后,又能恢复原来形状的性质称为弹性,这种能完全恢复的变形称为弹性变形(或瞬间变形)。

　　在外力作用下,材料产生变形,当外力取消后,材料不能恢复到原来形状,且不产生裂缝的性质称为塑性。这种不能恢复的变形称为塑性变形(或永久变形)。

　　实际上,完全的弹性材料是没有的。有些材料如建筑钢材,当应力不大时表现为弹性,而应力超过某一种限度后,即发生塑性变形;有些材料如混凝土,受力后弹性变形与塑性变形同时发生,外力除去后,弹性变形可以恢复,塑性变形不能恢复。

　　材料的弹性与塑性除与材料本身的成分有关外,还与外界条件有关。例如材料在一定温度和外力条件下表现弹性性质,但当改变其条件时,也可能表现为塑性性质。

　　2. 材料的脆性与冲击韧性

　　材料在外力作用下达到一定限度产生突然破坏,破坏时无明显塑性变形的性质称为脆性。具有这种性质的材料称为脆性材料,如石料、混凝土、生铁、石膏、陶瓷等。这类材料的抗拉强度远小于抗压强度,不宜承受冲击或振动荷载作用。

　　材料在冲击、振动荷载作用下抵抗破坏的性能,称为冲击韧性。冲击韧性以材料冲击破坏时消耗的能量表示。有些材料在破坏前有显著的塑性变形,如低碳钢、有色金属、木材等。这类材料在冲击振动荷载作用下,能吸收较大的能量,有较高的韧性。用于桥梁、路面、吊车梁等受冲击、振动荷载作用的、有抗震要求及负温下工作的结构材料,要求有较高的冲击韧性。

1.2.3　材料的硬度和耐磨性

1. 材料的硬度

材料的硬度是指材料表面的坚硬程度,即抵抗其他硬物刻画、压入其表面的能力。不同材料的硬度测定方法不同。刻画法用于天然矿物硬度的划分,按滑石、石膏、方解石、萤石、磷灰石、正长石、石英、黄玉、刚玉、金刚石的顺序,分为 10 个硬度等级。回弹法用于测定混凝土表面硬度,并间接推算混凝土的强度。一般来说,硬度大的材料耐磨性较强,但不易加工。

2. 材料的耐磨性

材料的耐磨性是指材料表面抵抗磨损的能力。

建筑工程中,用于道路、地面、踏步等部位的材料,均应考虑其硬度和耐磨性。一般来说,强度较高且密实的材料,其硬度较大,耐磨性较好。

典型工作任务 3　材料的耐久性

材料的耐久性是指在各种外界因素作用下,能长期正常工作,不破坏、不失去原来性能的性质。

材料在建筑物中,除受到各种力的作用外,还长期受到环境中各种自然因素的破坏作用,包括物理作用、化学作用及生物作用。

物理作用包括干湿变化、温度变化及冻融变化。干湿变化、温度变化引起材料胀缩,并导致内部裂缝扩展,长此以往材料就会受破坏。在寒冷地区,冻融变化对材料的破坏更为明显。

化学作用主要是酸、碱、盐等物质的水溶液及气体对材料的侵蚀作用,能使材料变质而破坏。

生物作用是指昆虫、菌类对材料的蛀蚀,使材料产生腐朽等破坏作用。

各种材料可能会由于不同的作用而产生破坏。如砖、石、混凝土等建筑材料大多由于物理作用而破坏;金属材料易被氧化腐蚀;木材及其他植物纤维组成的天然有机材料,常因生物作用而破坏;沥青及高分子合成材料,在阳光、空气、热的作用下会逐渐硬脆老化而破坏;无机非金属材料因碳化、溶蚀、冻融、热应力、干湿交替作用而破坏,如混凝土的碳化,水泥石的溶蚀,砖、混凝土等材料的冻融破坏;处于水中或水位升降范围内的混凝土、石材、砖等材料,因受环境水的化学侵蚀作用而破坏。因此,建筑材料在储运及使用过程中应采取妥善的措施,提高材料的耐久性。

材料的耐久性是一项综合性质,包括材料的抗渗性、抗冻性、抗风化性、抗化学侵蚀性、抗碳化性、大气稳定性及耐磨性等。

影响耐久性的内在因素很多,主要有材料的组成与构造、材料的孔隙率及孔隙特征、材料的表面状态等。提高材料耐久性的主要措施有:设法减轻大气或其他介质对材料的破坏作用,如降低湿度、排除侵蚀性物质;采取各种方法尽可能提高材料本身的密实度、改善材料的孔隙结构;适当改变成分、进行憎水处理及防腐处理等;给材料表面加保护层以增强抵抗环境作用的能力。

项目小结

　　本项目主要介绍建筑材料的物理性质、力学性质和材料的耐久性。学生应掌握建筑材料各项基本性质的含义及其在工程中的实际意义;了解材料内部组织结构对材料基本性质的影响,提高材料耐久性的措施。

 复习思考题

　　1. 何谓材料的密度、表观密度、堆积密度? 如何计算?

　　2. 材料的孔隙率和孔隙特征对材料的吸水性、吸湿性、抗渗性、抗冻性、强度及保温隔热性能有何影响?

　　3. 已知普通砖的密度为 2.5 g/cm³,表观密度为 1 800 kg/m³,试计算该砖的孔隙率和密实度。

　　4. 某一块状材料的烘干质量为 100 g,自然状态下的体积为 40 cm³,绝对密实状态下的体积为 30 cm³,试计算其密度、表观密度、密实度和孔隙率。

　　5. 建筑材料的亲水性和憎水性在建筑工程有什么实际意义?

　　6. 何谓材料的吸水性、吸湿性、耐水性、抗渗性和抗冻性? 各用什么指标表示?

　　7. 材料的质量吸水率和体积吸水率有何不同? 两者存在什么关系? 什么情况下用体积吸水率表示材料的吸水性?

　　8. 收到含水率 5% 的砂子 500 t,干砂实为多少?

　　9. 软化系数是反映材料什么性质的指标? 它的大小与该项性能的关系是什么?

　　10. 何谓材料的热导性? 为什么表观密度小的材料导热系数也小?

　　11. 弹性变形和塑性变形有何区别? 脆性材料和韧性材料各有何特点?

　　12. 何谓材料的耐久性?

项目2 气硬性胶凝材料

 项目描述

石灰、石膏、水玻璃属于气硬性胶凝材料。气硬性胶凝材料在我国使用较早,历史悠久,直到如今仍在建筑工程中广泛使用。通过该项目的学习,要求学生能够根据工程环境与要求合理使用气硬性胶凝材料。

 拟实现的教学目标

1. 能力目标
- 能根据工程环境与要求合理使用气硬性胶凝材料;
- 对因气硬性胶凝材料使用不当造成的工程质量问题可以进行分析并能提出相应的防治措施;
- 能正确储存气硬性胶凝材料。

2. 知识目标
- 了解气硬性胶凝材料的生产,化学组成及凝结硬化的原理;
- 掌握气硬性胶凝材料的技术性质和技术标准;
- 掌握气硬性胶凝材料的特性、储存及使用中应注意的问题。

3. 素质目标
- 具有良好的职业道德,勤奋学习,勇于进取;
- 具有科学严谨的工作作风;
- 具有较强的身体素质和良好的心理素质。

通过自身的物理化学作用,能够从浆体变成坚硬的固体,并将散粒材料(如砂和石子)、块状材料(如砖和石块)胶结成为一个整体的材料,称为胶凝材料。

胶凝材料根据化学组成不同可分为有机胶凝材料和无机胶凝材料。有机胶凝材料是以天然或人工合成的有机高分子化合物为基本成分的胶凝材料,如沥青、合成树脂等;无机胶凝材料是以无机化合物为基本成分的胶凝材料,如石灰,石膏,水泥等。

无机胶凝材料按硬化条件不同分为气硬性胶凝材料和水硬性胶凝材料。气硬性胶凝材料只能在空气中硬化,也只能在空气中保持和发展强度,如石灰、石膏、水玻璃等。气硬性胶凝材料只适用于地上的干燥环境,不宜用于潮湿环境,更不能用于水中。水硬性胶凝材料既能在空气中硬化,而且能更好地在水中硬化,保持发展强度,如各种水泥。水硬性胶凝材料既适用于地上,也可用于潮湿环境和水中。

典型工作任务1 石灰

石灰是建筑史上使用较早的一种胶凝材料。人类很早就开始煅烧石灰和使用石灰,其历史可以上溯到距今五千年前。根据考古资料,在中国黄河流域多处龙山期文化遗址中(公元前2800～前2300年),都能见到用石灰抹面的光洁坚实的墙壁和地面。我国著名的万里长城也是以石灰作为胶凝材料砌筑的。石灰的原料分布广,生产工艺简单,成本低廉,在建筑工程中得到广泛应用。在建筑工程中常用的石灰产品有磨细生石灰粉、消石灰粉和石灰膏。

2.1.1　石灰的生产

生产石灰的主要原料是以碳酸钙为主的石灰岩,如石灰石、白云石、白垩等,石灰岩中还有碳酸镁。

将石灰石高温煅烧,碳酸钙分解并释放出二氧化碳气体,得到以氧化钙为主要成分的块状生石灰,反应方程式为

$$CaCO_3 \xrightarrow{900\ ℃} CaO + CO_2 \uparrow$$

由于石灰原料中常还有一些碳酸镁,因而生石灰中除含有氧化钙外还含有次要成分氧化镁。其反应式为

$$MgCO_3 \xrightarrow{700\ ℃} MgO + CO_2 \uparrow$$

碳酸钙的理论分解温度为900 ℃,为了加速石灰石的分解,提高产量,煅烧温度通常提高至1 000～1 200 ℃。

如果煅烧的温度较低、煅烧的时间短或者岩块过大时,碳酸钙不能完全分解,石灰中含有未烧透的内核,这种石灰称为欠火石灰。欠火石灰的产浆量低,有效氧化钙和氧化镁含量低,使用时黏结力差,质量较差。如果煅烧的温度过高、煅烧时间过长,内部结构致密,称为过火石灰。过火石灰的表面常被黏土杂质融化时所形成的玻璃釉状物包裹,因而与水反应十分缓慢。若将过火石灰用于工程中,过火石灰颗粒在正常石灰硬化后才发生水化作用,并且体积膨胀,使已经硬化的砂浆表面产生开裂、隆起等现象,会影响工程质量。因此,在生产中要控制适宜的煅烧温度,以保证石灰的质量。

2.1.2　石灰的熟化

将块状的生石灰加水,使之消解成为氢氧化钙细颗粒,这一过程称为石灰的熟化,反应式为

$$CaO + H_2O \rightarrow Ca(OH)_2 + 64.9\ kJ$$

生石灰在熟化时会放出大量的热,同时体积膨胀1～2.5倍,在工程中易造成事故,因此在石灰熟化时要注意安全,以防烧伤、烫伤。

在石灰熟化过程中加入不同量的水,可得到消石灰粉和石灰浆。

消石灰粉是由块状生石灰加适量的水熟化而得,加水量通常为石灰质量的60%～80%,这样既可以充分熟化,又不至过湿成团。工地上常用分层喷淋法,将生石灰打碎后平铺于平地上,每层约20 cm厚,用水喷淋一次,然后上面再铺一层生石灰,接着再喷淋一次,直到5～7层为止,最后用砂和土覆盖,以防蒸发,使石灰充分熟化,又可以阻止石灰碳化。

石灰浆是将生石灰放在化灰池中,加过量的水(约为石灰体积的3～4倍)消化成氢氧化钙水溶液,然后通过筛网,流入储灰坑,形成石灰浆,主要成分是氢氧化钙。随着水分的减少,最后沉淀形成石灰膏。为消除过火石灰的危害,保证石灰的完全熟化,石灰膏必须在储灰坑中保存两周以上,这个过程称为石灰的陈伏。陈伏期间石灰浆表面应保持有一层厚厚的水,以隔绝

空气,防止碳化。

　　块状生石灰不能直接用于工程中,必须经过充分熟化后才能使用。而磨细的生石灰粉则可以不用预先熟化、陈伏直接使用。磨细生石灰粉是将块状生石灰破碎、磨细而成的粉末状物质,主要成分为氧化钙。磨细生石灰粉细度高、水化反应速度快,水化时体积膨胀均匀,避免了局部膨胀过大。可不经陈伏直接使用,提高了工效,节约了场地,改善了施工环境,但成本较高。

2.1.3　石灰的硬化

　　石灰浆在空气中逐渐干燥变硬的过程叫硬化,是由两个同时进行的过程来完成的。

　　1. 析晶作用

　　石灰浆在干燥过程中,随石灰膏中的游离水分蒸发或被砌体吸收,氢氧化钙从饱和溶液中逐渐结晶析出。水分蒸发,晶粒长大并彼此靠近,交错结合,形成结晶结构网,产生强度。

　　2. 碳化作用

　　石灰膏表面的氢氧化钙与潮湿空气的二氧化碳反应生成碳酸钙晶体。析出的水分逐渐被蒸发,反应方程式为

$$Ca(OH)_2 + CO_2 \rightarrow CaCO_3 + (n+1) H_2O$$

　　由于空气中二氧化碳含量稀薄,使碳化反应进展缓慢,同时表面的石灰浆一旦硬化形成碳酸钙外壳,阻止了二氧化碳的渗入,同时又使内部的水分无法析出,使得氢氧化钙的结晶速度减慢影响硬化过程的进行。因此,石灰浆体的硬化速度慢,硬化时间长,强度与硬度都不太高。

2.1.4　石灰的技术性质和技术标准

　　1. 石灰的技术性质

　　(1)石灰的密度

　　生石灰的密度取决于化学成分、煅烧的温度与时间,约为 3.1~3.4 g/cm³。表观密度通常为 600~1 100 kg/m³。消石灰的密度为 2.1 g/cm³,表观密度为 400~700 kg/m³。

　　(2)有效成分含量

　　石灰中产生黏结性的有效成分是活性氧化钙和氧化镁,其含量决定了石灰黏结能力的大小。是评价石灰品质的重要指标。

　　(3)生石灰产浆量

　　生石灰产浆量指单位质量的生石灰经消化后,所产生石灰浆的体积。产浆量愈高,则石灰质量愈好。

　　(4)未消化残渣含量

　　未消化残渣含量指生石灰消化后,未能消化而存留在 5 mm 圆孔筛上的残渣占试样的百分率。

　　(5)二氧化碳含量

　　二氧化碳含量越高,表示未分解的碳酸盐含量越高,则有效成分(CaO+MgO)含量相对降低。

　　(6)游离水含量

　　游离水含量是指化学结合水以外的含水量。生石灰消化时多加的水残留于氢氧化钙中,残余水分蒸发后,留下孔隙会加剧消石灰粉碳化现象的产生,从而影响其使用质量。

（7）细度

细度与石灰的质量有密切关系，以 0.90 mm 和 0.125 mm 筛余百分率控制。试验方法是称取试样 50 g，倒入 0.90 mm 和 0.125 mm 套筛内进行筛余，分别称量筛余物，计算筛余百分数。

2. 石灰的技术标准

根据我国建材行业标准《建筑生石灰》（JC/T 479—1992）和《建筑生石灰粉》（JC/T 480—1992）的规定，建筑生石灰按氧化镁含量分为钙质生石灰和镁质生石灰两类；按有效成分含量、未消化残渣含量、二氧化碳含量、产浆量分为优等品、一等品、合格品。建筑生石灰和建筑生石灰粉的主要技术指标见表 2.1 和表 2.2。

表 2.1　建筑生石灰技术标准（JC/T 479—1992）

项　目	钙质生石灰			镁质生石灰		
	优等品	一等品	合格品	优等品	一等品	合格品
（CaO＋MgO）含量/%，不小于	90	85	80	85	80	75
未消化残渣含量（5 mm 圆孔筛筛余）/%，不小于	5	10	15	5	10	15
CO_2 含量/%，不大于	5	7	9	6	8	10
产浆量/L·kg^{-1}，不小于	2.8	2.3	2.0	2.8	2.3	2.0

表 2.2　建筑生石灰粉技术标准（JC/T 480—1992）

项　目		钙质生石灰			镁质生石灰		
		优等品	一等品	合格品	优等品	一等品	合格品
（CaO＋MgO）含量/%，不小于		85	80	75	80	75	70
CO_2 含量/%，不大于		7	9	11	8	10	12
细度	0.90 mm 筛筛余/%，不大于	0.2	0.5	1.5	0.2	0.5	1.5
	0.125 mm 筛筛余/%，不大于	7.0	12.0	18.0	7.0	12.0	18.0

《建筑消石灰粉》（JC/T 481—1992）的规定，建筑消石灰按氧化镁含量可分为钙质消石灰粉、镁质消石灰粉、白云石消石灰粉；按有效成分含量、游离水含量、体积安定性、细度分为优等品、一等品、合格品。建筑消石灰粉的主要技术指标见表 2.3。

表 2.3　建筑消石灰粉技术指标（JC/T 481—1992）

项　目		钙质消石灰粉			镁质消石灰粉			白云石消石灰粉		
		优等品	一等品	合格品	优等品	一等品	合格品	优等品	一等品	合格品
（CaO＋MgO）含量/%，不小于		70	65	60	65	60	55	65	60	55
游离水/%		0.4~2	0.4~2	0.4~2	0.4~2	0.4~2	0.4~2	0.4~2	0.4~2	0.4~2
体积安定性		合格	合格	—	合格	合格	—	合格	合格	—
细度	0.90 mm 筛筛余/%，不大于	0	0	0.5	0	0	0.5	0	0	0.5
	0.125 mm 筛筛余/%，不大于	3	10	15	3	10	15	3	10	15

2.1.5　石灰的特性、应用及储存

1. 石灰的特性

（1）良好的可塑性

生石灰熟化成石灰浆,能形成颗粒极细的、呈胶体分散的氢氧化钙粒子,表面能吸附一层较厚的水膜,可以降低颗粒间的摩擦,使石灰具有良好的可塑性和保水性。因此,将石灰膏掺入水泥砂浆中,能显著提高砂浆的和易性。

(2)凝结硬化慢、强度低

空气中的二氧化碳的含量少,碳化作用减慢,另外硬化后的表层会阻碍内部的硬化,所以石灰的凝结硬化慢。由于石灰浆中有较多的游离水,水分蒸发后形成较多的孔隙,降低了石灰的密实度和强度。

(3)体积收缩大

石灰在硬化过程中要蒸发掉大量的游离水分,使得体积显著收缩,易产生开裂。所以石灰浆不宜单独使用,通常要掺入其他材料混合使用,如砂、麻刀、纸筋等,以减少收缩,避免开裂。

(4)吸湿性强、耐水性差

生石灰会吸收空气中的水分而熟化,并且发生碳化使石灰的活性降低。硬化后的石灰如果长期处于潮湿环境或水中,氢氧化钙会逐渐溶解而导致石灰浆体结构破坏,甚至溃散。因此石灰不能用于水下或长期处于潮湿环境的工程。

(5)放热量大、腐蚀性强

生石灰的熟化是放热反应,放出大量的热;熟石灰中的氢氧化钙具有较强的腐蚀性。

2. 石灰的应用

(1)配制石灰乳。将消石灰粉或石灰膏加入足量的水稀释后制成石灰乳,可用于室内粉刷。石灰乳是一种传统的室内粉刷涂料。

(2)配制砂浆。用水泥、石灰膏、砂和水配制成的水泥石灰混合砂浆广泛用于砌筑工程。用于砌筑工程和抹面工程。

(3)拌制灰土和三合土。灰土为消石灰粉与黏土按1:(2~4)的质量比加少量水拌成。三合土为消石灰粉、黏土、炉渣或砂按1:2:3的配合比拌制。黏土颗粒表面的活性氧化硅和氧化铝与水反应生成不溶性的物质,使黏土颗粒黏结起来,同时改善和易性,提高黏土的强度和耐水性,灰土和三合土可作为建筑物基础和道路的垫层材料。

(4)生产硅酸盐制品。将磨细的生石灰与砂、粒化高炉矿渣、炉渣、粉煤灰等加水拌和,经成型、蒸压或蒸养处理可生产硅酸盐制品,如灰砂砖、粉煤灰砖、加气混凝土等。

(5)生产碳化石灰板。将磨细生石灰、纤维状填料(如玻璃纤维)或轻质骨料(矿渣)加适量水搅拌成型,再通过二氧化碳人工碳化,可制成轻质板材。这种轻质板材能钉、能锯,具有良好的力学和保温隔热性能,常用作非承重的内隔墙板和天花板等。

3. 石灰的储存

生石灰储存应防潮防水,因生石灰吸水、吸湿性强,块状生石灰放置太久,极易吸收空气中的水分和二氧化碳,生成碳酸钙,使其失去胶结能力。生石灰不宜长期储存,一般储存期限不超过一个月,存放时,可熟化成石灰膏,上面覆盖砂土或水与空气隔绝,以防硬化。生石灰在储存和运输时,周围不要堆放易燃物,防止熟化时放热引起火灾或发生爆炸。

典型工作任务2　石膏

石膏有着悠久的使用历史,古埃及的金字塔就是用石膏作为胶凝材料砌筑的。石膏及其制品具有轻质、高强、保温隔热、耐火、吸声等良好性能,同时,石膏原材料丰富、生产能耗低、不污染环境,在建筑工程中得到广泛使用。

2.2.1　石膏的生产

生产石膏的主要原料是天然二水石膏($CaSO_4 \cdot 2H_2O$)、天然无水石膏($CaSO_4$)或含有硫酸钙成分的工业废料等。将天然二水石膏或化工石膏经加热、煅烧、脱水、磨细可得石膏胶凝材料。随着加热的条件和程度不同,可得到性质不同的石膏产品。

1. 建筑石膏

将天然二水石膏置于窑中加热至 $107 \sim 170$ ℃时,可得 β 型半水石膏。反应方程式为

$$CaSO_4 \cdot 2H_2O \xrightarrow{107 \sim 170 \text{ ℃}} CaSO_4 \cdot \frac{1}{2}H_2O + 1\frac{1}{2}H_2O$$

β 型半水石膏又称熟石膏,晶粒较细小,磨细成粉就是通常所说的建筑石膏。

建筑石膏多用于建筑抹灰、粉刷、砌筑砂浆及各种石膏制品。

2. 高强石膏

天然二水石膏在压力为 0.13 MPa、温度为 124 ℃的密闭蒸压釜内蒸炼,得到的是 α 型半水石膏,反应方程式为

$$CaSO_4 \cdot 2H_2O \xrightarrow{124 \text{ ℃}, 0.13 \text{ MPa}} CaSO_4 \cdot \frac{1}{2}H_2O + 1\frac{1}{2}H_2O$$

α 型半水石膏晶体粗大,密实强度高、用水量小,硬化后孔隙较少,强度较高,故 α 型半水石膏又称为高强石膏。高强石膏主要用于要求较高的抹灰工程、装饰制品和石膏板。掺入防水剂时,可生产高强防水石膏及制品。

3. 无水石膏

当加热温度升至 $200 \sim 360$ ℃时,半水石膏继续脱水,成为可溶性硬石膏。它的标准稠度需水量比半水石膏约高 $25\% \sim 30\%$,硬化后强度较低。当加热温度达到 $500 \sim 700$ ℃时,天然二水石膏完全失去水分,成为不溶性硬石膏。其晶体更加密实,难溶于水,几乎没有水化反应的能力。但当加入适量的激发剂混合磨细后,又能凝结硬化,称为无水石膏水泥。无水石膏水泥需水量少,硬化后孔隙率小,宜用于室内,主要用作石膏板和石膏建筑制品,也可用作抹面灰浆,具有良好的耐火性和抵抗酸碱侵蚀的能力。

2.2.2　建筑石膏的凝结硬化

建筑石膏加水拌和后,可调制成可塑性浆体,经过一段时间反应后,失去塑性,重新水化生成二水石膏,成为具有一定强度的固体。反应式为

$$CaSO_4 \cdot \frac{1}{2}H_2O + 1\frac{1}{2}H_2O \longrightarrow CaSO_4 \cdot 2H_2O$$

由于二水石膏在水中的溶解度较半水石膏在水中的溶解度小得多,所以二水石膏不断从饱和溶液中沉淀而析出胶体微粒。由于二水石膏析出打破了原有半水石膏的平衡浓度,这时的半水石膏会进一步溶解水化,直到半水石膏全部水化为二水石膏为止。随着水化的进行,二水石膏生成的胶体微粒不断增多,浆体逐渐变稠,开始失去可塑性,产生初凝。其后,水分进一步蒸发,晶粒长大,互相接触、连生与交错,形成结晶结构网,浆体逐渐变硬,强度不断增长,最后成为坚硬的固体,这就是石膏的硬化过程。所以,石膏的水化、凝结硬化是一个连续的、复杂的物理化学变化过程,如图 2.1 所示。

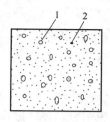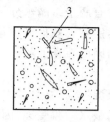

图 2.1　建筑石膏凝结硬化图

1—半水石膏；2—二水石膏胶体微粒；3—二水石膏晶体；4—交错的晶体

2.2.3　建筑石膏的技术性质及特点

1. 建筑石膏的技术性质

建筑石膏为白色粉末，密度约为 2.6～2.75 g/cm³，堆积密度为 800～1 000 kg/m³。根据国家标准《建筑石膏》(GB/T 9776—2008)规定，建筑石膏按强度、细度、凝结时间等技术要求分为优等品、一等品、合格品三个等级，其主要技术指标表 2.4。

表 2.4　建筑石膏技术指标表(GB/T 9776—2008)

		优等品	一等品	合格品
强度/MPa	抗折强度不小于	2.5	2.1	1.8
	抗压强度不小于	4.9	3.9	2.9
细度/%	0.2 mm 方孔筛筛余不大于	5.0	10.0	15.0
凝结时间/min	初凝时间不小于	6		
	终凝时间不大于	30		

2. 建筑石膏的特点

(1)凝结硬化快

建筑石膏一般加水后在 3～5 min 内便开始失去可塑性，30 min 内完全失去可塑性而产生强度。为了便于使用，满足施工操作的要求，一般要掺入适量的缓凝剂。

(2)凝结硬化时体积微膨胀

建筑石膏硬化后，体积略微有膨胀，膨胀率达 0.05%～0.15%，使得石膏制品形体饱满、尺寸精确，轮廓清晰，具有较好的装饰性。

(3)孔隙率大、表观密度小、强度低

建筑石膏水化的理论用水量为 18.6%，但为了满足施工要求的可塑性，实际加水量可达到 60%～80%，石膏凝结后多余水分蒸发，导致孔隙率大，重量减轻，强度降低，抗压强度仅为 3～5 MPa。

(4)保温隔热和吸声性能好

石膏硬化体中微细的毛细孔隙多，导热系数小，保温隔热性能好，是理想的节能材料。石膏中含有的大量微孔，使其对声音传导或反射的能力下降，因此具有较强的吸声能力。

(5)调温调湿性好

由于石膏内大量毛细孔隙对空气中的水蒸气具有较强的吸附能力，在一定程度上可以调节室内环境的温度和湿度。

(6)防火性能好，耐火性能差

　　建筑石膏硬化后的主要成分是含有两个结晶水分子的二水石膏,当遇到火灾时,结晶水蒸发,吸收热量并在表面形成"蒸气幕",能够有效抑制火焰蔓延和温度的升高,起到一定的防火作用。石膏脱水后结构松散,易脱落,因而石膏的耐火性能差。

　　(7)耐水性、抗渗性、抗冻性差

　　石膏硬化后孔隙率高,吸水性、吸湿性强,并且二水石膏微溶于水,长期浸水会使其强度大大下降,耐水性、抗渗性差。石膏制品吸水后再受冻,因孔隙中水分结冰膨胀而破坏,导致石膏的抗冻性差。

　　(8)良好的装饰性和可加工性

　　石膏制品表面细腻、平整、颜色洁白、无毒无害,是理想的环保型室内装饰材料。此外,石膏制品可锯、可钉、可粘、可刨,具有良好的加工性。

2.2.4　建筑石膏的应用与储存

　　1. 建筑石膏的应用

　　(1)用于室内粉刷。石膏材质细腻、颜色洁白、表面光滑平整无裂纹,与水调制成石膏浆可用于室内粉刷。

　　(2)生产石膏制品。以石膏为主要原料,向其中掺入各种填料、外加剂或其他材料复合制成石膏板,如纸面石膏板、空心石膏条板、纤维石膏板、装饰石膏板等,用于建筑物的内隔墙、隔板、吊顶、内墙面装饰。

　　2. 建筑石膏的储存

　　建筑石膏容易与水发生化学反应,在储存和运输的时候要注意防水防潮。石膏不宜长期储存,否则会降低强度,石膏的储存期一般不超过 3 个月,如果储存期超过 3 个月应重新进行质量检验,确定强度。

典型工作任务 3　水玻璃

　　水玻璃俗称泡花碱,是一种能溶于水的无定型硅酸盐,由不同比例的碱金属氧化物和二氧化硅组合而成。化学组成式为($Na_2O \cdot nSiO_2$)。建筑工程中常用的水玻璃有硅酸钠水玻璃、硅酸钾水玻璃。

2.3.1　水玻璃的生产

　　生产水玻璃的主要原料是石英砂、纯碱或含碳酸钠的矿物质。将石英砂与纯碱磨细拌匀,在玻璃熔炉内于 1 300~1 400 ℃熔化,得到固态水玻璃,其反应式为

$$Na_2CO_3 + nSiO_2 \rightarrow Na_2O \cdot nSiO_2 + CO_2$$

　　固态水玻璃在 0.3~0.4 MPa 压力的蒸气锅内,溶于水成为黏稠状的水玻璃溶液。其分子式中的 n 为氧化硅和氧化钠的摩尔数比,称为水玻璃模数。水玻璃模数越大,胶体组分含量相对增多,水玻璃的黏结力越大,也越难溶解于水。建筑工程中常用的水玻璃模数在 2.6~3.0 之间,密度为 1.3~1.5 g/cm³。

2.3.2　水玻璃的硬化

　　水玻璃在空气中与二氧化碳作用,生成无定形的二氧化硅凝胶,随着水分的蒸发,无定形

硅酸凝胶脱水变成二氧化硅而硬化。反应式为

$$Na_2O \cdot nSiO_2 + CO_2 + mH_2O \rightarrow Na_2CO_3 + nSiO_2 \cdot mH_2O$$

$$nSiO_2 \cdot mH_2O \rightarrow nSiO_2 + mH_2O$$

由于空气中的二氧化碳含量较少,上述硬化过程进行得很慢,为了加速硬化,可掺入适量的促硬剂,如氟硅酸钠或氯化钙,能够促进硅酸凝胶的析出,从而加快水玻璃的凝结硬化。

2.3.3　水玻璃的性质

(1)具有良好的胶结性能。

(2)具有一定的防水和抗渗作用。水玻璃硬化时析出的硅酸凝胶可堵塞材料的毛细孔隙。

(3)具有良好的耐酸性。能抵抗大多数无机酸、有机酸的作用。

(4)具有较高的耐热性。在高温下比较稳定,不燃烧,强度不降低。

(5)其耐碱性和耐水性差。

2.3.4　水玻璃的应用

1. 配制耐热砂浆和耐热混凝土

水玻璃具有良好的耐热性,能长期承受一定高温作用而强度不降低。由水玻璃、促硬剂、细骨料或粗骨料配制成的耐热砂浆和耐热混凝土,可用于高炉基础、热工设备等耐热工程。

2. 配制耐酸砂浆和耐酸混凝土

水玻璃具有良好的耐酸性,能经受大多数无机酸与有机酸的作用。由水玻璃、促硬剂、耐酸骨料配制成的耐酸砂浆和耐热混凝土,可用于冶金、化工等行业的防腐工程。

3. 加固土壤,提高地基的承载力

将水玻璃溶液和氯化钙溶液同时或交替灌入地基中,两种溶液发生化学反应,析出硅酸胶体,可起到填充孔隙和胶结的作用,增加了土壤的密实度和强度,提高了地基的承载力。

4. 涂刷于结构表面,提高结构强度及抗风化性能和耐久性

水玻璃可以直接涂刷在黏土砖、硅酸盐制品、水泥混凝土等多孔材料的表面,水玻璃与制品中的氢氧化钙反应生成硅酸钙凝胶,可提高它们的密实性、耐水性和抗风化性能。但水玻璃不能用于涂刷或浸渍石膏制品,因硅酸钠会与硫酸钙反应生成硫酸钠晶体,硫酸钠在制品孔隙中结晶产生膨胀应力,导致制品受到破坏。

5. 配制快凝防水剂,用于抢修、堵漏工程

以水玻璃为基料,加入两种或三种矾配制成防水剂。这些防水剂与水泥浆或砂浆作用后,能促进水泥的凝结硬化,可用于抢修及堵漏工程。

 项目小结

本项目主要讲述气硬性胶凝材料的知识。通过本项目的学习,学生应了解石灰、石膏和水玻璃的生产、品种及硬化原理;掌握石灰、石膏、水玻璃的技术性质和特点;会在实际工程中合理正确的应用胶凝材料;并能针对相应的工程质量问题进行分析提出防治措施;会保管和储运气硬性胶凝材料。

复习思考题

1. 什么是气硬性胶凝材料？

2. 建筑石灰产品有哪几种？其主要化学成分是什么？

3. 请说明石灰的主要用途及使用时应注意的问题。

4. 建筑石膏制品的特点是什么？

5. 简述石膏的硬化原理。

6. 水玻璃的模数大小与其性能之间有何关系？

7. 水玻璃的主要性质和用途有哪些？

8. 工程实例分析：

(1)某临时建筑物室内采用石灰砂浆抹灰，一段时间后出现墙面普遍开裂。

①试分析其原因。

②依据案例说明石灰的特征有哪些？

③石灰的主要用途有哪些？

④说明应采用何种措施避免案例中提到的问题。

⑤石灰在使用和保管时要注意哪些问题？

(2)某工程墙面采用石灰砂浆抹灰，一段时间后发现有墙面鼓泡现象。

①试分析原因。

②建筑工地上使用的石灰为何要进行熟化处理？

③说明应采用何种措施避免上述问题产生。

④为什么在陈伏时需要在熟石灰表面保留一层水？

项目 3   水泥性能检测

 项目描述

水泥被称作"建筑工业的粮食"，是重要的建筑材料。本项目主要介绍各类水泥的矿物组成、技术性能检测方法、特点与适用范围。只有熟知水泥技术性能检测方法和特点，才能具有对水泥质量作出准确判别的能力，并能够根据不同的工程环境合理选择水泥的品种。

 拟实现的教学目标

1. 能力目标
● 能按国家标准要求进行水泥的取样、试件的制作；
● 能正确使用试验仪器对水泥各项技术性能指标进行检测，并依据国家标准对水泥质量作出准确评价；
● 在工作中能根据工程所处环境条件、设计与质量要求合理选用水泥品种。

2. 知识目标
● 了解水泥的矿物成分及其对水泥性能的影响、水泥石的腐蚀；
● 掌握水泥的技术性质、水泥的特点、水泥进场验收内容与保管要求。

3. 素质目标
● 具有良好的职业道德，勤奋学习，勇于进取；
● 具有科学严谨的工作作风；
● 具有较强的身体素质和良好的心理素质。

水泥呈粉末状，与水混合之后，经过一系列物理化学变化，由可塑性的浆体，逐渐凝结、硬化，变成坚硬的固体，并将散粒材料或块状材料胶结成为一整体，因此，水泥是一种良好的无机胶凝材料。就硬化条件而言，水泥浆体不仅能在空气中硬化，而且还能更好地在水中硬化并保持发展强度，属于水硬性胶凝材料。

水泥是在人类长期使用气硬性胶凝材料（特别是石灰）的经验基础上发展起来的。1824年英国建筑工人阿斯普丁(J. Aspdin)首次申请了生产波特兰水泥的专利，所以一般认为水泥是在那时发明的。水泥是重要的工程材料之一，被广泛应用于工业与民用建筑、交通、海港、水利、国防等建设工程。

水泥的品种很多，按其用途和性能划分，可分为通用水泥、专用水泥和特性水泥三大类。按其主要矿物成分划分，水泥又可分为硅酸盐类水泥、铝酸盐类水泥、硫铝酸盐类水泥、铁铝酸盐类水泥等。

典型工作任务 1　通用硅酸盐水泥性能检测

3.1.1　通用硅酸盐水泥的分类

通用硅酸盐水泥是以硅酸盐水泥熟料、适量的石膏与规定的混合材料磨细制成的水硬性胶凝材料。按混合材料的品种和掺量分为硅酸盐水泥、普通硅酸盐水泥、矿渣硅酸盐水泥、火山灰质硅酸盐水泥、粉煤灰硅酸盐水泥和复合硅酸盐水泥。各品种的组分和代号应符合表 3.1 的规定。

表 3.1　通用硅酸盐水泥的组分表

品种	代号	组分质量百分数/%				
		熟料＋石膏	粒化高炉矿渣	火山灰质混合材料	粉煤灰	石灰石
硅酸盐水泥	P·Ⅰ	100	—	—	—	—
	P·Ⅱ	≥95	≤5	—	—	—
		≥95	—	—	—	≤5
普通硅酸盐水泥	P·O	≥80 且＜95	>5 且≤20			
矿渣硅酸盐水泥	P·S·A	≥50 且＜80	>20 且≤50	—	—	—
	P·S·B	≥30 且＜50	>50 且≤70	—	—	—
火山灰质硅酸盐水泥	P·P	≥60 且＜80	—	>20 且≤40	—	—
粉煤灰硅酸盐水泥	P·F	≥60 且＜80	—	—	>20 且≤40	—
复合硅酸盐水泥	P·C	≥50 且＜80	>20 且≤50			

3.1.2　通用硅酸盐水泥的生产

1. 通用硅酸盐水泥的生产原料

（1）硅酸盐水泥熟料

由主要含 CaO、SiO_2、Al_2O_3 和 Fe_2O_3 的原料,按适当比例磨成细粉烧至部分熔融所得以硅酸钙为主要矿物成分的水硬性胶凝物质,即为硅酸盐水泥熟料。

各种氧化物在煅烧过程中发生一系列化学反应,因此,硅酸盐水泥熟料矿物成分为硅酸二钙、硅酸三钙、铝酸三钙、铁铝酸四钙及少量的游离氧化钙（f-CaO）、游离氧化镁（f-MgO）、氧化钾（K_2O）、氧化钠（Na_2O）与三氧化硫（SO_3）等,其中硅酸钙矿物含量（质量分数）不小于 66%,氧化钙和氧化硅的质量比不小于 2.0。

试验研究表明,每一种矿物成分单独与水作用时具有不同的水化特性,对水泥的强度、水化速度、水化热、耐腐蚀性、收缩量的影响也不尽相同。每一种矿物成分单独与水作用时所表现的特性见表 3.2。

表 3.2　通用硅酸盐水泥熟料矿物组成及其特性表

矿物名称	硅酸二钙	硅酸三钙	铝酸三钙	铁铝酸四钙
化学式	$2CaO \cdot SiO_2$（简写 C_2S）	$3CaO \cdot SiO_2$（简写 C_3S）	$3CaO \cdot Al_2O_3$（简写 C_3A）	$4CaO \cdot Al_2O_3 \cdot Fe_2O_3$（简写 C_4AF）
含量范围	15%～30%	40%～65%	7%～15%	10%～18%
水化速度	慢	快	最快	快

矿物名称	硅酸二钙	硅酸三钙	铝酸三钙	铁铝酸四钙
水化热	低	高	最高	中等
强度	早期低,后期高	高	低	中等
收缩量	小	中	大	小
耐腐蚀性	好	差	最差	中等

由此可见,水泥是由具有不同特性的熟料矿物组成的混合物,通过改变水泥熟料中各种矿物成分之间的相对含量,水泥的性质也会发生相应改变,可以生产出具有不同性质的水泥。如提高硅酸三钙的含量,可制成高强度水泥;提高硅酸三钙和铝酸三钙的含量,可制得快硬早强水泥;降低硅酸三钙和铝酸三钙的含量,可制得低水化热水泥。

(2)石膏

磨细的水泥熟料与水相遇后会很快凝结硬化,产生速凝现象,给工程施工造成较大困难。因此在水泥的生产中常加入适量的石膏作为缓凝剂,以延长水泥的凝结硬化时间。掺入的石膏主要有天然石膏、建筑石膏、无水硬石膏,石膏的掺入量一般为水泥质量的 3%～5%。

(3)混合材料

为了改善水泥的某些性能,调节水泥的强度等级,提高水泥产量,降低水泥的生产成本,在生产水泥时加入人工或天然的矿物质材料,统称为混合材料。

根据矿物材料的性质不同,混合材料分为活性混合材料和非活性混合材料。

①活性混合材料

这类混合材料掺入水泥中,在常温下能与水泥的水化产物——氢氧化钙或在硫酸钙的作用下生成具有胶凝性质的稳定化合物。常用的活性混合材料有粒化高炉矿渣、粒化高炉矿渣粉、火山灰质混合材料和粉煤灰等。

a. 粒化高炉矿渣

粒化高炉矿渣是将炼铁高炉中的熔融矿渣经水淬急速冷却而形成的粒状颗粒,颗粒直径一般为 0.5～5 mm。其主要成分是氧化铝、氧化硅。急速冷却的粒化高炉矿渣为不稳定的玻璃体,具有较高的潜在活性。

b. 火山灰质混合材料

凡是天然的或人工的以氧化硅、氧化铝为主要成分,具有火山灰活性的矿物质材料,称为火山灰质混合材料。火山灰质混合材料结构上的特点是疏松多孔,内比表面积大,易吸水,易反应。

火山灰质混合材料按其成因不同,可以分为天然和人工两类。天然的火山灰质混合材料有火山灰、凝灰岩、浮石、沸石岩、硅藻土等。人工的火山灰质混合材料有烧黏土、烧页岩、煤渣、煤矸石等。

c. 粉煤灰

粉煤灰是火力发电厂或煤粉锅炉烟道中吸尘器所吸收的微细粉尘,为富含玻璃体的实心或空心球状颗粒,颗粒直径一般为 0.001～0.05 mm,表面结构致密。其主要成分是氧化硅、氧化铝和少量的氧化钙,具有较高的活性。

②非活性混合材料

非活性混合材料与水泥的矿物成分、水化产物不起化学反应或化学反应很微弱,掺入水泥中主要起调节水泥强度等级、提高水泥产量、降低水化热等作用。常用的非活性混合材料有磨细的石灰石、石英岩、黏土、慢冷高炉矿渣等。

2. 通用硅酸盐水泥的生产工艺

将石灰质原料(主要提供 CaO)、黏土质原料(主要提供 SiO_2 与 Al_2O_3)和少量铁粉按一定比例配合、磨细,制成生料粉后,送入水泥窑中,在 1 450 ℃左右的高温下煅烧,使之达到部分熔融,冷却后得到以硅酸钙为主要成分的硅酸盐水泥熟料,再与适量石膏、混合材料共同磨细,得到通用硅酸盐水泥。为了改善水泥煅烧条件,常加入少量的矿化剂,如萤石。

由于通用硅酸盐水泥的主要生产过程包括生料的制备、煅烧和磨细三个阶段,故水泥的生产过程简称为"两磨一烧"。通用硅酸盐水泥的生产工艺流程,如图 3.1 所示。

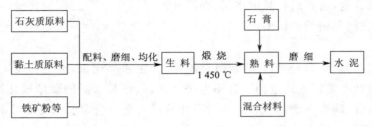

图 3.1　通用硅酸盐水泥生产工艺流程示意图

3.1.3　通用硅酸盐水泥的凝结硬化

1. 硅酸盐水泥熟料的水化

水泥熟料中各种矿物成分与水所发生的水解或水化作用,统称为水泥的水化。在水泥的水化过程中生成一系列新的水化产物,并放出一定热量。

硅酸三钙、硅酸二钙分别与水反应,生成水化硅酸钙($3CaO \cdot 2SiO_2 \cdot 3H_2O$)和氢氧化钙,其水化反应式为

$$2(3CaO \cdot SiO_2) + 6H_2O = 3CaO \cdot 2SiO_2 \cdot 3H_2O + 3Ca(OH)_2$$
$$2(2CaO \cdot SiO_2) + 4H_2O = 3CaO \cdot 2SiO_2 \cdot 3H_2O + Ca(OH)_2$$

铝酸三钙与水反应,生成水化铝酸钙($3CaO \cdot Al_2O_3 \cdot 6H_2O$),其水化反应式为

$$3CaO \cdot Al_2O_3 + 6H_2O = 3CaO \cdot Al_2O_3 \cdot 6H_2O$$

铁铝酸四钙与水反应,生成水化铝酸钙和水化铁酸钙($CaO \cdot Fe_2O_3 \cdot H_2O$),其水化反应式为

$$4CaO \cdot Al_2O_3 \cdot Fe_2O_3 + 7H_2O = 3CaO \cdot Al_2O_3 \cdot 6H_2O + CaO \cdot Fe_2O_3 \cdot H_2O$$

水化产物水化硅酸钙和水化铁酸钙几乎不溶于水,以胶体微粒析出,并逐渐凝聚成为凝胶;氢氧化钙在溶液中的浓度达到过饱和后,以六方晶体析出;水化铝酸钙为立方晶体。当有石膏存在时,水化铝酸钙还会继续与石膏发生反应,生成难溶于水的高硫型水化硫铝酸钙($3CaO \cdot Al_2O_3 \cdot 3CaSO_4 \cdot 31H_2O$)针状晶体。水化硫铝酸钙沉积在未水化的水泥颗粒表面,形成保护膜,可以阻止水泥颗粒的水化,延缓水泥的凝结硬化时间,其水化反应式为

$$3CaO \cdot Al_2O_3 \cdot 6H_2O + 3(CaSO_4 \cdot 2H_2O) + 19H_2O = 3CaO \cdot Al_2O_3 \cdot 3CaSO_4 \cdot 31H_2O$$

综上所述,如果忽略一些次要成分,硅酸盐水泥熟料与水作用后,生成的主要水化产物是水化硅酸钙和水化铁酸钙胶体,氢氧化钙、水化铝酸钙和水化硫铝酸钙结晶体。

2. 活性混合材料参与的水化

粒化高炉矿渣、火山灰质混合材料和粉煤灰均属于活性混合材料,其矿物成分主要是活性

氧化硅和活性氧化铝。它们与水接触后,本身不会硬化或硬化极为缓慢。但在氢氧化钙溶液中,活性成分会与水泥熟料的水化产物———氢氧化钙发生反应,生成水化硅酸钙和水化铝酸钙。该反应称之为二次水化反应,其水化反应式为

$$xCa(OH)_2 + SiO_2 + mH_2O \rightarrow xCaO \cdot SiO_2 \cdot nH_2O$$

$$yCa(OH)_2 + Al_2O_3 + mH_2O \rightarrow yCaO \cdot Al_2O_3 \cdot nH_2O$$

式中,x、y 值取决于混合材料的种类、石灰与活性氧化硅及活性氧化铝的比例、环境温度和作用所持续的时间等。

氢氧化钙是容易引起水泥石腐蚀的成分。活性氧化硅、活性氧化铝与氢氧化钙作用后,减少了水泥石中氢氧化钙的含量,提高了水泥石的抗腐蚀能力。

3. 水泥的凝结与硬化

水泥加水拌和后成为具有可塑性的水泥浆,随着时间的推移,水泥浆体逐渐变稠,可塑性下降,但此时还没有强度,这个过程称为水泥的"凝结"。随后水泥浆体失去可塑性,强度不断提高,并形成坚硬的固体,这个过程称为水泥的"硬化",这种坚硬的固体称为水泥石。

影响水泥凝结硬化的因素主要有水泥熟料矿物成分、水泥细度、拌和用水量、混合材料的掺量、养护条件等。

(1)水泥熟料的矿物成分

水泥熟料中矿物成分的相对含量大小,使水泥的凝结硬化速度有所不同。铝酸三钙与硅酸三钙含量相对高的水泥,凝结硬化快;反之,则凝结硬化慢。

(2)水泥细度

水泥颗粒的粗细直接影响到水泥的水化和凝结硬化的快慢。水泥颗粒越细,总表面积越大,与水反应时接触面积增加,水泥的水化反应速度加快,凝结硬化快。

(3)拌和用水量

拌和水泥浆时,为使水泥浆体具有一定的塑性和流动性,加入的水一般要远远超过水泥水化的理论需水量。如果拌和用水量过多,加大了水化产物之间的距离,减弱了分子间的作用力,延缓了水泥的凝结硬化。同时多余的水在水泥石中形成较多的毛细孔,降低了水泥石的密实度,从而使水泥石的强度和耐久性下降。

(4)养护条件

养护时的温度和湿度是保障水泥水化和凝结硬化的重要外界条件。提高温度,可以促进水泥水化,加速凝结硬化,有利于水泥强度增长。温度降低时,水化反应减慢,低于 0 ℃时,水化反应基本停止。当水结冰时,由于体积膨胀,还会使水泥石结构遭受破坏。

潮湿环境下的水泥石,能够保持足够的水分进行水化和凝结硬化,水化产物不断填充在毛细孔中,使水泥石结构密实度增大,水泥强度不断提高。

(5)混合材料掺量

在水泥中掺入混合材料后,使水泥熟料中矿物成分含量相对减少,凝结硬化变慢。

(6)石膏掺量

为了调节水泥的凝结硬化时间,水泥中常掺有适量的石膏。石膏掺量不能太少,否则达不到延长水泥凝结硬化时间的作用。但是石膏掺量也不能太多,否则,不仅可以促进水泥的凝结硬化,还由于在水泥的硬化后期,过多的石膏继续与水泥石中水化铝酸钙发生反应,生成水化硫铝酸钙,引起水泥石的体积膨胀,导致水泥石开裂,造成水泥体积安定性不良。

3.1.4　通用硅酸盐水泥的技术性能检测

依照《通用硅酸盐水泥》(GB 175—2007)的规定,通用硅酸盐水泥的主要技术性能如下。

1. 化学要求

(1)氧化镁含量

在水泥熟料中,存在游离的氧化镁,可以引起水泥体积安定性不良。因此,水泥熟料中游离氧化镁的含量不能太多。国家标准规定:硅酸盐水泥和普通硅酸盐水泥中氧化镁含量不得超过 5.0%(如果水泥压蒸试验合格,则水泥中氧化镁的含量允许放宽至 6.0%);矿渣硅酸盐水泥、火山灰质硅酸盐水泥、粉煤灰硅酸盐水泥和复合硅酸盐水泥中氧化镁含量不得超过 6.0%(如果水泥中氧化镁的含量大于 6.0%时,则需进行水泥压蒸安定性试验并合格)。

(2)三氧化硫含量

三氧化硫主要是在水泥的生产中因掺加过量石膏带入的。如果三氧化硫含量超出一定限度,在水泥石硬化后,还会继续与水化产物反应,产生体积膨胀性物质,引起水泥体积安定性不良,导致结构物破坏。国家标准规定:硅酸盐水泥、普通硅酸盐水泥、火山灰质硅酸盐水泥、粉煤灰硅酸盐水泥和复合硅酸盐水泥中的三氧化硫含量不得超过 3.5%;矿渣硅酸盐水泥中三氧化硫的含量不得超过 4.0%。

(3)不溶物

不溶物是指水泥经酸和碱处理后,不能被溶解的残余物,主要由水泥原料、混合材料和石膏中的杂质产生。不溶物的存在会影响水泥的黏结质量。国家标准规定:Ⅰ型硅酸盐水泥不溶物不得超过 0.75%,Ⅱ型硅酸盐水泥不溶物不得超过 1.5%。

(4)烧失量

烧失量是指水泥在一定的灼烧温度和时间内,经高温灼烧后的质量损失率。水泥煅烧不理想或者受潮后,会导致烧失量增加。国家标准规定:Ⅰ型硅酸盐水泥烧失量不得大于 3.0%,Ⅱ型硅酸盐水泥烧失量不得大于 3.5%;普通硅酸盐水泥烧失量不得大于 5.0%。

(5)氯离子含量

当水泥中的氯离子含量较高时,容易使钢筋产生锈蚀,降低结构的耐久性。因此,国家标准规定,通用硅酸盐水泥中氯离子含量不得大于 0.06%。

2. 碱含量

通用硅酸盐水泥中除含有主要矿物成分外,还含有少量其他氧化物,如氧化钾(K_2O)、氧化钠(Na_2O)等。水泥的碱含量指水泥中 Na_2O 与 K_2O 的总量,碱含量的大小用($Na_2O+0.658K_2O$)来表示。当水泥中的碱含量较高,骨料又具有一定的活性时,容易产生碱骨料反应,降低结构的耐久性。因此,国家标准规定:若使用活性骨料,用户要求提供低碱水泥时,水泥中碱含量不得大于 0.6%或由供需双方商定。

3. 密度与堆积密度

水泥的密度与其熟料矿物组成、储存时间、储存条件以及熟料的煅烧程度有关,一般为 $3.05\sim3.2$ g/cm³。在进行混凝土配合比计算时,通常取 3.10 g/cm³。

水泥的堆积密度,除与熟料矿物组成、水泥细度有关外,还与水泥存放时的紧密程度有很大关系。松散状态下的堆积密度约为 1 000~1 400 kg/m³,紧密状态下的堆积密度可达1 600 kg/m³。

4. 细度

细度是指水泥颗粒的粗细程度。水泥颗粒的粗细对水泥质量有很大影响。水泥颗粒越细,与水反应时接触面积增大,水化速度越快,水化反应完全、充分,早期强度增长越快。但水泥过细,硬化时收缩量较大,在储运过程中易受潮而降低活性,同时水泥的成本也越高。因此,应合理控制水泥细度。

水泥细度按《水泥细度检验方法(筛析法)》(GB/T 1345—2005)、《水泥比表面积测定方法(勃氏法)》(GB/T 8074—2008)测定。

筛析法可分为负压筛析法、水筛法和手工筛析法三种,三种方法均以过筛后遗留在 80 μm 和 45 μm 方孔筛上筛余物的质量百分数来表示。

(1)主要仪器设备

①负压筛:它由圆形筛框和筛网组成,筛框直径为 142 mm,高为 25 mm,筛网为金属丝编织方孔筛,方孔边长为 80 μm 和 45 μm。负压筛还应附有透明的筛盖,筛盖与筛上口之间应具有良好的密封性,其外形及结构尺寸如图 3.2 所示。

②水筛:由圆形筛框和筛网组成,筛框有效直径为 125 mm,高为 80 mm,筛网为金属丝编织方孔筛,方孔边长为 80 μm 和 45 μm。筛网与筛框接触处应用防水胶密封,防止水泥嵌入,其外形及结构尺寸如图 3.3 所示。

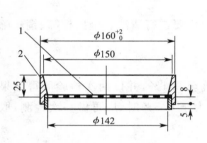

图 3.2　负压筛(单位:mm)

1—筛网;2—筛框

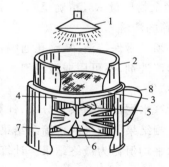

图 3.3　水筛

1—喷头;2—标准筛;3—旋转托架;4—集水斗;

5—出水口;6—叶轮;7—外筒;8—把手

③喷头:直径为 55 mm,面上均匀分布 90 个小孔,孔径为 0.5~0.7 mm。

④负压筛析仪:由筛座、负压筛、负压源及收尘器组成,其中筛座由转速为(30±2)r/min 的喷气嘴、负压表、控制板、微电机及壳体等构成,筛析仪负压可调范围为 4 000~6 000 Pa,喷气嘴上口平面与筛网之间距离为 2~8 mm。负压筛筛座外形及结构尺寸如图 3.4 所示。

⑤天平:称量 100 g,感量 0.05 g。

(2)检测步骤

①负压筛析法

a. 筛析检测前,应把负压筛放在筛座上,盖上筛盖,接通电源,检查控制系统,调节负压到 4 000~6 000 Pa。

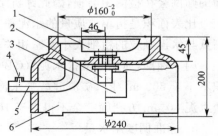

图 3.4　负压筛筛座(单位:mm)

1—喷气嘴;2—微电机;3—控制板开口;

4—负压表接口;5—负压源及收尘器接口;6—壳体

b. 称取水泥试样(80 μm 筛析检测称取试样25 g;45 μm 筛析检测称取试样 10 g),置于洁净的负压筛中,盖上筛盖,放在筛座上,开动筛析仪连续筛析 2 min,在此期间如有试样附着在筛盖上,可轻轻地敲击筛盖使试样落下。筛毕,用天平称量筛余物质量 R_s,精确至 0.01 g。

c. 当工作负压小于 4 000 Pa 时,应清理吸尘器内水泥,使负压恢复正常。

②水筛法

a. 筛析检测前,应检查水中有无泥、砂,调整好水压及水筛架的位置,使其能正常运转,并控制喷头底面和筛网之间距离为 35～75 mm。

b. 称取水泥试样(80 μm 筛析检测称取试样 25 g;45 μm 筛析检测称取试样 10 g),置于洁净的水筛中,立即用淡水冲洗至大部分细粉通过后,放在水筛架上,用水压为(0.05±0.02)MPa 的喷头连续冲洗 3 min。筛毕,用少量水把筛余物冲至蒸发皿中,等水泥颗粒全部沉淀后,小心倒出清水,烘干并用天平称量筛余物质量 Rs,精确至 0.01 g。

③手工筛析法

a. 称取水泥试样(80 μm 筛析检测称取试样 25 g;45 μm 筛析检测称取试样 10 g),倒入手工筛内。

b. 用一只手执筛往复摇动,另一只手轻轻拍打,往复摇动和拍打过程应保持近于水平。拍打速度为 120 次/min,每 40 次向同一方向转动 60°,使试样均匀分布在筛网上,直至每分钟通过的试样量不超过 0.03 g 为止。

c. 称量筛余物质量 Rs,精确至 0.01 g,计算检测结果。

(3)检测筛的清洗

检测筛必须经常保持洁净,筛孔通畅,使用 10 次后要进行清洗。金属框筛、铜丝筛网清洗时应用专门的清洗剂,不可用弱酸浸泡。

(4)检测结果

按下式计算水泥试样筛余百分率,计算结果精确至 0.1%,并以两次检验所得结果的平均值作为最终检测结果。如果两次筛余结果绝对误差大于 0.5% 时,应再做一次检测,取两次相近结果的算术平均值作为最终结果。计算式如下

$$F = \frac{R_s}{W} \times 100\% \tag{3.1}$$

式中　F——水泥试样的筛余百分数,%;

　　　R_s——水泥过筛后筛余物的质量,g;

　　　W——水泥试样的质量,g。

当负压筛析法、水筛法和手工干筛法三种鉴定结果发生争议时,以负压筛析法为准。检测筛的筛网会在检测中磨损,因此筛析结果应进行修正。

比表面积是指单位质量的水泥粉末所具有的总表面积,以 m²/kg 表示。比表面积数值的高低与水泥颗粒的粗细大小紧密相关。通常水泥颗粒越细,则比表面积越高。

国家标准《通用硅酸盐水泥》(GB 175—2007)规定:硅酸盐水泥和普通硅酸盐水泥比表面积不小于 300 m²/kg;矿渣硅酸盐水泥、火山灰质硅酸盐水泥、粉煤灰硅酸盐水泥和复合硅酸盐水泥 80 μm 方孔筛筛余不得大于 10% 或 45 μm 方孔筛筛余不得大于 30%。

5. 标准稠度用水量

水泥的许多性质都与新拌制水泥浆的稀稠程度有关,如凝结时间、收缩量、体积安定性测定等。为使测试结果具有可比性,测定水泥的凝结时间和体积安定性等性能时,应使水泥净浆在一个规定的稠度下进行,这个规定的稠度被称为标准稠度。

水泥标准稠度用水量是指水泥净浆达到标准稠度时所需要的用水量,通常以占水泥质量的百分数来表示,按《水泥标准稠度用水量、凝结时间、安定性检验方法》(GB/T 1346—2001)

所规定的方法进行测定。

（1）主要仪器设备

①标准法维卡仪：维卡仪上附有标准稠度测定用试杆，其有效长度为(50±1)mm，由直径为(10±0.05)mm 的圆柱形耐腐蚀金属制成。滑动部分的总质量为(300±1)g。与试杆、试针联结的滑动杆表面应光滑，能够靠重力自由下落，不得有紧涩和摇动现象。维卡仪的外形及结构组成如图 3.5 所示。

②盛装水泥净浆的截顶圆锥试模：用耐腐蚀并有足够硬度的金属制成。试模深为(40±0.2)mm，顶内径为(65±0.5)mm，底内径为(75±0.5)mm 的截顶圆锥体。每只试模底部应配备一个大于试模、厚度不小于 2.5 mm 的平板玻璃底板。

③水泥净浆搅拌机：由搅拌叶片、搅拌锅、传动机构和控制系统组成，应符合《水泥净浆搅拌机》(JC/T 729—2005)的要求。

④量筒：最小刻度 0.1 ml。

⑤天平：称量 1 000 g，感量 1 g。

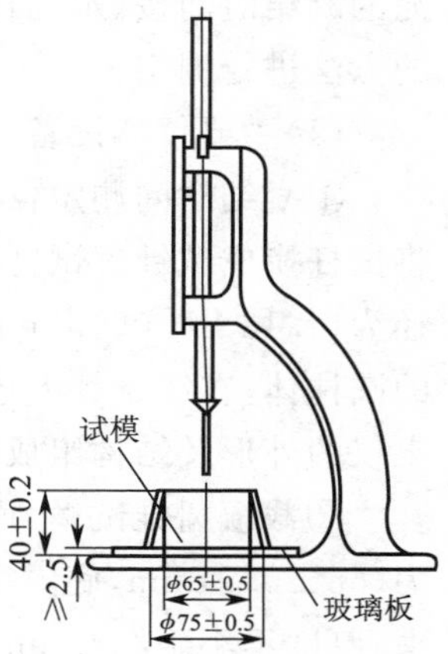

（2）检测步骤

①测定准备。测定前必须检查维卡仪的金属棒能否自由滑动；试杆降至试模顶面位置时，指针是否对准标尺的零点；搅拌机运转是否正常。水泥净浆搅拌机的筒壁及叶片先用湿布擦抹。

图 3.5 维卡仪（单位：mm）

②用量筒量取一定量的拌和用水。

③将量取好的拌和水倒入水泥净浆搅拌锅内，然后在 5～10 s 内小心将称好的 500 g 水泥加入水中，防止水和水泥溅出。拌和时，先把水泥净浆搅拌锅放到搅拌机锅座上，升至搅拌位置，启动搅拌机，慢速搅拌 120 s，停拌 15 s，同时将叶片和锅壁上的水泥浆刮入锅中间，然后快速搅拌 120 s 后停机。

④搅拌结束后，立即将拌制好的水泥净浆装入已置于玻璃底板上的试模中，用小刀插捣，轻轻振动数次，刮去多余的水泥净浆；抹平后迅速将试模和底板移到维卡仪上，并将其中心定位在试杆下，降低试杆直至与水泥净浆表面接触，拧紧螺丝 1～2 s 后，突然放松，使试杆垂直自由地沉入水泥净浆中。在试杆停止沉入或释放试杆 30 s 时，记录试杆距底板之间的距离，升起试杆后，立即将其擦净，整个操作应在搅拌后 1.5 min 内完成。

⑤以试杆沉入净浆并距底板(6±1)mm 的水泥净浆为标准稠度净浆。如下沉深度超出范围，须另称试样，调整用水量，重新测定，直至达到(6±1)mm 时为止，其拌和水量为该水泥的标准稠度用水量。

（3）测定结果

以试杆沉入净浆并距底板(6±1)mm 的水泥净浆为标准稠度净浆，其拌和水量为该水泥的标准稠度用水量，并以占水泥质量的百分比表示，按下式计算

$$P = \frac{W}{500} \times 100\% \tag{3.2}$$

式中 P——水泥标准稠度用水量，%；

W——水泥净浆达到标准稠度时的拌和用水量，g。

水泥标准稠度用水量的大小主要与水泥的细度、矿物成分有关。不同品种的水泥，其标准稠度用水量也有所不同，一般在 24%～33%。如硅酸盐水泥的标准稠度用水量为 23%～28%。

6. 凝结时间

凝结时间是指水泥从加水开始,到水泥浆失去可塑性所需要的时间。水泥的凝结时间分初凝和终凝。初凝时间是指从水泥加水拌和起到水泥浆开始失去可塑性所需要的时间;终凝时间是指从水泥加水拌和时起到水泥浆完全失去可塑性,并开始产生强度所需要的时间。水泥的凝结时间按《水泥标准稠度用水量、凝结时间、安定性检验方法》(GB/T 1346—2001)规定的方法进行测定。

(1)主要仪器设备

①凝结时间测定仪:与标准法测定水泥标准稠度用水量时所用的维卡仪基本相同,但需要将试杆换成试针。试针由钢制成,分初凝针和终凝针。初凝针是有效长度为(50±1)mm、直径为(1.13±0.05)mm 的圆柱体;终凝针是有效长度为(30±1)mm、直径为(1.13±0.05)mm 的圆柱体,在终凝针上还安装了一个环行附件,滑动部分的总质量为(300±1)g。凝结时间测定仪的外形及结构组成如图 3.6 所示。

②截顶圆锥试模:用耐腐蚀并有足够硬度的金属制成。试模深为(40±0.2)mm,顶内径为(65±0.5)mm,底内径为(75±0.5)mm 的截顶圆锥体。每只试模底部应配备一个大于试模、厚度不小于 2.5 mm 的平板玻璃底板。

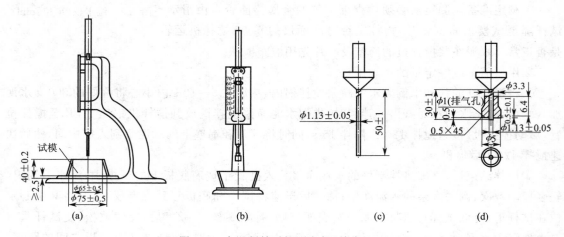

图 3.6　水泥凝结时间测定仪(单位:mm)

(a)初凝时间测定用立式试模的侧视图;(b)终凝时间测定用反转试模的正视图;(c)初凝用试针;(d)终凝用试针

③水泥净浆搅拌机:由搅拌叶片、搅拌锅、传动机构和控制系统组成,应符合《水泥物理检验仪器水泥净浆搅拌机》(JC/T 729)的要求。

④标准养护箱:温度为(20±1)℃,相对湿度不低于 90%。

⑤天平:称量 1 000 g,感量 1 g。

⑥量筒:最小刻度 0.1 ml。

(2)检测步骤

①检测前,将试模放在玻璃板上,在试模的内侧涂上一层机油,调整凝结时间测定仪的试针接触玻璃板时,指针对准零点。

②称取水泥试样 500 g,以标准稠度用水量加水,用水泥净浆搅拌机搅拌成水泥净浆,方法同前,记录水泥全部加入水中的时间作为凝结时间的起始时间,拌和结束后,立即将净浆一次装满试模,振动数次后刮平,立即放入养护箱中。

③试件在养护箱中养护至加水后 30 min 时进行第一次测定。

④检测时,从养护箱中取出试模放到试针下,降低试针,并与水泥净浆表面接触。拧紧螺丝 1~2 s 后,突然放松,试针垂直自由地沉入水泥净浆,观察试针停止下降或释放试针 30 s 时指针的读数。

⑤当试针沉至距底板(4±1)mm 时,为水泥达到初凝状态,由水泥全部加入水中至初凝状态的时间为水泥的初凝时间,用"min"表示。

⑥完成初凝时间检测后,立即将试模连同浆体以平移的方式从玻璃板取下,翻转 180°,直径大端向上,小端向下放在玻璃板上,再放入养护箱中继续养护,临近终凝时间时每隔 15 min 测定一次,当试针沉入试体 0.5 mm 时,即环形附件开始不能在试体上留下痕迹时,为水泥达到终凝状态,由水泥全部加入水中至终凝状态的时间为水泥的终凝时间,用"min"表示。

检测时应注意:在最初测定的操作时,应轻轻扶持金属柱,使其徐徐下降,以防试针撞弯,但结果以自由下落为准。在整个测试过程中,试针沉入的位置距试模内壁至少 10 mm。临近初凝时,每隔 5 min 测定一次;临近终凝时,每隔 15 min 测定一次;到达初凝或终凝时,应立即重复测一次;当两次结论相同时,才能定为到达初凝或终凝状态。每次测定不能让试针落入原针孔,每次测定完毕须将试针擦净并将试模放回养护箱内,整个测试过程要防止试模受到振动。

(3)检测结果

初凝时间是指自水泥全部加入水中起,至试针沉入净浆中距离底板(4±1)mm 时止所需的时间。

终凝时间是指自水泥全部加入水中起,至试针沉入净浆中不超过 0.5 mm 时止所需的时间。

到达初凝或终凝时,除测定一次外,还应立即重复测一次,当两次结论相同时,才能确定到达初凝或终凝状态。

评定方法是:将测定的初凝时间和终凝时间与相应国家标准对水泥的技术要求进行对比,从而判定它们是否合格。

水泥的凝结时间对工程施工有着非常重要的意义。为使混凝土和砂浆有足够的时间进行搅拌、运输、浇筑、振捣或砌筑,水泥的初凝时间不能太短;为加快混凝土的凝结硬化,缩短施工工期,水泥的终凝时间又不能太长。国家标准规定:硅酸盐水泥的初凝时间不小于 45 min,终凝时间不大于 390 min;普通硅酸盐水泥、矿渣硅酸盐水泥、火山灰质硅酸盐水泥、粉煤灰硅酸盐水泥和复合硅酸盐水泥的初凝时间不小于 45 min,终凝时间不大于 600 min。

7. 体积安定性

水泥体积安定性是指水泥浆在凝结硬化过程中,体积变化是否均匀的性质。通用硅酸盐水泥在凝结硬化过程中体积略有收缩,一般情况下水泥石的体积变化比较均匀,即体积安定性良好。如果水泥中某些成分的含量超出某一限度,水泥浆在凝结硬化过程中体积变化不均匀,会导致水泥石出现翘曲变形、开裂等现象,即体积安定性不良。体积安定性不良的水泥,会使结构物产生开裂,降低建筑工程质量,影响结构物的正常使用。

水泥体积安定性不良,一般是由于水泥中游离氧化钙、游离氧化镁含量过多或石膏掺量过大等原因所造成的。

水泥中所含的游离氧化钙和氧化镁均属过烧状态,水化速度很慢,在水泥凝结硬化后才慢慢开始与水反应,生成体积膨胀性物质——氢氧化钙和氢氧化镁,在水泥石中产生膨胀应力,引起水泥石翘曲、开裂和崩溃。如果水泥中石膏掺量过多,在水泥硬化以后,多余的石膏还会继续与水泥石中的水化产物——水化铝酸钙反应,生成水化硫铝酸钙,体积增大 1.5 倍,从而导致水泥石开裂。

国家标准规定,采用沸煮法检验水泥的体积安定性。测试时可采用试饼法(代用法)或雷氏法(标准法),试饼法是通过观察水泥净浆试饼沸煮后的外形变化来检验水泥的体积安定性;雷氏法是通过测定水泥净浆在雷氏夹中沸煮后的膨胀值来检验水泥的体积安定性。当两种方法的检测结果有争议时,应以雷氏法为准。

(1)主要仪器设备

①水泥净浆搅拌机、标准养护箱:与测定凝结时间时所用相同。

②煮沸箱:有效容积约为 410 mm×240 mm×310 mm,篦板的结构应不影响检测结果,篦板与加热器之间的距离大于 50 mm。箱的内层由不易锈蚀的金属材料制成,能在(30±5)min 内将箱内的检测用水由室温升至沸腾状态并保持 3 h 以上,整个检测过程不需补充水量。

③雷氏夹膨胀测定仪:标尺最小刻度为 0.5 mm,其外形及结构组成如图 3.7 所示。

④雷氏夹:用铜质材料制成,其外形及结构尺寸如图 3.8 所示。当一根指针的根部先悬挂在一根金属丝或尼龙丝上,另一根指针的根部再挂上 300 g 质量的砝码时,两根指针针尖的距离增加应在(17.5±2.5)mm 范围内,当去掉砝码后针尖的距离能恢复至悬挂砝码前的状态。

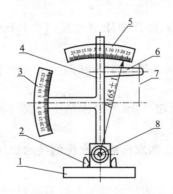

图 3.7　雷氏夹膨胀测定仪(单位:mm)

1—底座;2—模子座;3—测弹性标尺;4—立柱;

5—测膨胀值标尺;6—悬臂;7—悬丝;8—弹簧顶钮

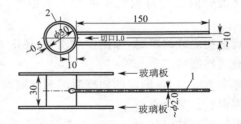

图 3.8　雷氏夹(单位:mm)

1—指针;2—环膜

⑤玻璃板、抹刀、直尺等。

(2)检测步骤

①称取水泥试样 500 g,以标准稠度用水量按测定标准稠度时拌和净浆的方法拌制水泥净浆。

②采用雷氏法时:将预先准备好的雷氏夹放在已稍擦油的玻璃板上,并立即将已制好的标准稠度净浆一次装满雷氏夹。装浆时一只手轻轻扶持雷氏夹,另一只手用宽约 10 mm 的小刀插捣数次,然后抹平。盖上稍涂油的玻璃板,立即将雷氏夹移至养护箱内养护(24±2)h。

③采用试饼法时:将制成的标准稠度净浆中取出一部分,分成两等份,使之成球形,分别放在两个预先涂过油的玻璃板上,轻轻振动玻璃板,并用湿布擦过的小刀由边缘向饼的中央抹动,做成直径为 70~80 mm、中心厚约 10 mm、边缘渐薄、表面光滑的试饼。然后将试饼放入养护箱内养护(24±2)h。

④调整好沸煮箱内的水位,保证在整个煮沸过程中都超过试件,不需中途添补检测用水,同时又能保证在(30±5)min 内升至沸腾。

⑤养护到期后,从养护箱中拿出试件,脱去玻璃板取下试件。

⑥当采用雷氏法时,先测量雷氏夹指针尖端间的距离(A),精确到 0.5 mm,接着将试件放入沸煮箱水中的篦板上,指针朝上,试件之间互不交叉。当采用试饼法时,先检验试饼是否完整,在试饼无缺陷的情况下,将试饼取下并置于沸煮箱水中的篦板上。

⑦启动沸煮箱,在(30±5)min 内加热至沸腾并恒沸 3 h±5 min。

⑧沸煮结束后,立即放掉沸煮箱中的热水,打开箱盖,待箱体冷却至室温,取出试件检查,并测量雷氏夹指针尖端距离(C),精确到 0.5 mm。

(3)检测结果

①试饼法评定:目测试饼表面状况,若未发现裂缝;再用直尺检查试饼底面,如果没有弯曲翘曲现象,即认为该水泥安定性合格,反之为不合格。当两个试饼判别结果有矛盾时,该水泥的安定性为不合格。

②雷氏法评定:测量雷氏夹指针尖端的距离(C),精确至 0.5 mm。当两个试件沸煮后增加距离($C-A$)的平均值不大于 5.0 mm 时,即认为该水泥安定性合格,反之为不合格。当两个试件的($C-A$)值相差超过 4.0 mm 时,应用同一样品立即重做一次检测。仍然如此,则认为该水泥安定性不合格。

需要指出的是沸煮法能够起到加速游离氧化钙熟化的作用,所以,沸煮法只能检验出游离氧化钙过量所引起的体积安定性不良。游离氧化镁的水化作用比游离氧化钙更加缓慢,因此,游离氧化镁所造成的体积安定性不良,必须用压蒸方法才能检验出来;石膏的危害则需要长时间浸泡在常温水中才能发现。由于游离氧化镁和石膏的危害作用不便于快速检验,所以,国家标准对水泥中氧化镁、三氧化硫的含量作了严格规定,以保证水泥质量。

8. 强度

水泥强度一般是指水泥胶砂试件单位面积上所能承受的最大外力,是表示水泥力学性质的重要指标,也是划分水泥强度等级的依据。水泥的强度除了与水泥的矿物组成、细度有关外,还与用水量、试件制作方法、养护条件和养护时间等因素有关。水泥熟料中硅酸三钙、硅酸二钙含量越高,水泥强度越高;水泥颗粒越细,水化反应完全充分,水泥强度越高;拌和用水量少,硬化后水泥石密实度增大,可提高水泥强度;保证一定的温度和湿度高,有利于水泥的水化,水泥强度提高。

根据国家标准《水泥胶砂强度检验方法(ISO 法)》(GB/T 17671—1999)规定,水泥和标准砂比为 1∶3、水灰比为 0.5,加入一定数量的水,按规定的方法制成标准试件,在标准条件下进行养护,测其 3 d、28 d 的抗压强度和抗折强度。

(1)主要仪器设备

①行星式水泥胶砂搅拌机:由搅拌叶片、搅拌锅、传动机构和控制系统组成。

②胶砂振实台:由底座、卡具、同步电机、模套、可以跳动的台盘、凸轮、臂杆等构成。振动频率为 60 次/(60±1)s,振幅为(15±3)mm,应符合《水泥胶砂试体成型振实台》(JC/T 682—2005)的要求。

③试模:由三个水平的模槽组成,可同时成型三条尺寸为 40 mm×40 mm×160 mm 的棱形试件,应符合《水泥胶砂试模》(JC/T 726—2005)的要求。

④抗折强度检测机:应符合《水泥物理检验仪器电动抗折试验机》(JC/T 724—2005)的

要求。

⑤抗压强度检测机。

⑥抗压夹具:受压面积为 40 mm×40 mm。

⑦刮平尺、播料器。

⑧量筒、天平等。

(2)试体成型

①称取各材料用量,每锅胶砂的材料数量分别为:水泥(450±2)g;标准砂(1 350±5)g;水(225±1)ml。

②搅拌。每锅胶砂用行星式水泥胶砂搅拌机进行机械搅拌。先使搅拌机处于待工作状态,然后按以下程序进行操作。

a. 把水加入锅里,再加入水泥,把锅放在固定架上,上升至固定位置。

b. 开动机器,低速搅拌 30 s 后,在第二个 30 s 开始的同时均匀地将砂子加入。当各级砂是分装时,从最粗粒级开始,依次将所需的每级砂量加完,把机器转至高速再拌 30 s。

c. 停拌 90 s,在第一个 15 s 内用一胶皮刮具将叶片和锅壁上的胶砂,刮入锅的中间。

d. 在高速下继续搅拌 60 s,各个搅拌阶段,时间误差应在±1 s 以内。

③振实成型。胶砂制备后立即进行成型,将空试模和模套固定在振实台上,用一个适当大小勺子直接从搅拌锅里将胶砂分两层装入试模,装第一层时,每个槽里约放 300 g 胶砂,用大播料器垂直架在模套顶部沿每个模槽来回一次将料层播平,接着振实 60 次。再装入第二层胶砂,用小播料器播平,再振实 60 次。移走模套,从振实台上取下试模,用一金属直尺以近似 90°的角度架在试模模顶的一端,然后沿试模长度方向以横向锯割动作慢慢向另一端移动,一次将超过试模部分的胶砂刮去,并用同一直尺以近乎水平的情况下将试件表面抹平。

(3)试件养护

①去掉留在模子四周的胶砂,立即将做好标记的试模放入雾室或湿箱的水平架子上养护。养护时不应将试模放在其他试模上,一直养护到规定的脱模时间时取出脱模。

②脱模后的试件立即水平或竖直放在(20±1)℃水中养护,水平放置时刮平面应朝上。

③试件放在不易腐烂的篦子上,并彼此间保持一定距离,使水与试件的六个面接触。养护期间试件之间间隔或试体上表面的水深不得小于 5 mm。

④最初用自来水装满养护池,随后随时加水保持适当的恒定水位,不允许在养护期间全部换水。

⑤除 24 h 龄期或延迟至 48 h 脱模的试体外,任何到龄期的试体应在检测前 15 min 从水中取出。揩去试件表面沉积物,并用湿布覆盖至检测为止。

(4)强度测定

①抗折强度测定

将试体一个侧面放在检测机支撑圆柱上,试体长轴垂直于支撑圆柱,通过加荷圆柱以(50±10)N/s 的速率均匀地将荷载垂直地加在棱柱体相对侧面上,直至折断。

按下式计算抗折强度,精确至 0.1 MPa。

$$f_t = \frac{1.5F_t L}{b^3} = 0.234 \times F_t \times 10^{-2} \tag{3.3}$$

式中　f_t——抗折强度,MPa;

　　　F_t——破坏荷载,N;

L——支撑圆柱中心距离,取 100 mm;

b——棱柱体正方形截面的边长,取 40 mm。

抗折强度检测结果的确定:以三个试件抗折强度的平均值作为检测结果。当三个强度值中有一个超出平均值±10%时,应剔除后再取另外两个抗折强度的平均值作为抗折强度检测结果。

②抗压强度测定

抗折检测后的六个断块应立即进行抗压检测。抗压强度测定须用抗压夹具进行,并使夹具对准压力机压板中心。以(2 400±200)N/s 的速率均匀地加荷直至破坏,并记录破坏荷载。

按下式计算抗压强度,精确至 0.1 MPa

$$f_c = \frac{F_c}{A} = 0.625 F_c \times 10^{-3} \tag{3.4}$$

式中　f_c——抗压强度,MPa;

　　　F_c——破坏荷载,N;

　　　A——试件受压部分面积,40 mm×40 mm＝1 600 mm²。

抗压强度检测结果的确定:以六个抗压强度测定值的算术平均值作为检测结果。如六个测定值中有一个超出六个平均值的±10%,就应剔除这个测定值,而以剩下五个测定值的平均值作为检测结果。如果五个测定值中再有一个超过它们平均值的±10%时,则此组结果作废,应重做检测。

根据 3 d、28 d 的抗压强度和抗折强度大小,将通用硅酸盐水泥划分为若干个强度等级,其中带 R 的为早强型水泥。不同品种不同强度等级的通用硅酸盐水泥在各龄期的强度值不得低于表 3.3 中的数值。

表 3.3　通用硅酸盐水泥各龄期的强度要求表(GB 175—2007)

水泥品种	强度等级	抗压强度/MPa		抗折强度/MPa	
		3 d	28 d	3 d	28 d
硅酸盐水泥	42.5	17.0	42.5	3.5	6.5
	42.5R	22.0	42.5	4.0	6.5
	52.5	23.0	52.5	4.0	7.0
	52.5R	27.0	52.5	5.0	7.0
	62.5	28.0	62.5	5.0	8.0
	62.5R	32.0	62.5	5.5	8.0
普通硅酸盐水泥	42.5	17.0	42.5	3.5	6.5
	42.5R	22.0	42.5	4.0	6.5
	52.5	23.0	52.5	4.0	7.0
	52.5R	27.0	52.5	5.0	7.0
矿渣硅酸盐水泥 火山灰质硅酸盐水泥 粉煤灰硅酸盐水泥 复合硅酸盐水泥	32.5	10.0	32.5	2.5	5.5
	32.5R	15.0	32.5	2.5	5.5
	42.5	15.0	42.5	3.5	6.5
	42.5R	19.0	42.5	4.0	6.5
	52.5	21.0	52.5	4.0	7.0
	52.5R	23.0	52.5	4.5	7.0

9. 水化热

水泥在水化过程中所放出的热量称为水化热。

水泥水化热的大小和放热速度的快慢与水泥熟料的矿物成分、水泥细度、混合材料掺入量有关。研究表明,水泥熟料中硅酸三钙和铝酸三钙含量越高,水化热越大,放热速度也越快;水泥颗粒越细,水化反应越快,水化热越大;混合材料掺入量越大,水泥的水化热越小,放热速度越慢。

水泥水化热能加速水泥的凝结硬化,对于混凝土的冬季施工非常有利,但对于大型基础、桥梁墩台、大坝等大体积混凝土构筑物极其不利。这是由于水化热易积蓄在混凝土内部不易散失,使混凝土内部温度急剧上升,内外温差过大而使混凝土产生开裂,影响结构的安全性、完整性和耐久性。

3.1.5　通用硅酸盐水泥的特性与应用

1. 硅酸盐水泥

由于硅酸盐水泥熟料中硅酸三钙和铝酸三钙的含量较高,因此硅酸盐水泥具有以下特点。

(1)凝结硬化快、强度高,适用于早期强度要求高、重要结构的高强度混凝土和预应力混凝土工程。

(2)抗冻性、耐磨性好,适用于冬季施工以及严寒地区遭受反复冻融作用的混凝土工程。

(3)水化热大,不适用于大体积混凝土工程。

(4)耐腐蚀性能较差,不适用于受软水、海水及其他腐蚀性介质作用的混凝土工程。

(5)耐热性差。硅酸盐水泥受热到 250~300 ℃时,水化物开始脱水,体积收缩,强度开始下降。当温度达 400~600 ℃时,强度明显下降,700~1 000 ℃时,强度降低更多,甚至完全破坏。因此硅酸盐水泥不适用于有耐热要求的混凝土工程。

2. 普通硅酸盐水泥

由于普通硅酸盐水泥中掺入的混合材料数量不多,因此,它的特性与硅酸盐水泥相近。与硅酸盐水泥相比,早期强度稍低,硬化速度稍慢,抗冻性与耐磨性略差。普通硅酸盐水泥的运用范围与硅酸盐水泥基本相同,广泛用于各种混凝土和钢筋混凝土工程。

3. 矿渣硅酸盐水泥、火山灰质硅酸盐水泥、粉煤灰硅酸盐水泥

矿渣硅酸盐水泥、火山灰质硅酸盐水泥、粉煤灰硅酸盐水泥都是在硅酸盐水泥熟料基础上掺入较多的活性混合材料共同磨细制成。由于活性混合材料的掺量较多,并且活性混合材料的活性成分基本相同,因此它们的特性大同小异。但与硅酸盐水泥、普通硅酸盐水泥相比,却有明显的不同。因不同混合材料结构上的不同,导致它们相互之间又具有一些不同的特性。

(1)矿渣硅酸盐水泥、火山灰质硅酸盐水泥、粉煤灰硅酸盐水泥的共性

①凝结硬化慢,早期强度低,后期强度发展较快

三种水泥中掺加了大量的活性混合材料,相对减少了水泥熟料中矿物成分的含量。另外,三种水泥的水化反应是分两步进行的,首先是水泥熟料矿物成分的水化,随后是水泥的水化产物氢氧化钙与活性混合材料的活性成分发生二次水化反应,二次水化反应速度在常温下较慢。所以,这些水泥的凝结硬化慢,早期强度较低。但在硬化后期,随着水化产物的不断增多,水泥的后期强度发展较快。它们不适用于早期强度要求较高的混凝土工程。

②水化热低

由于三种水泥中掺加了混合材料,水泥熟料含量相对减少,使水泥的水化反应速度放慢,

水化热较低,适用于大体积混凝土工程。

③耐腐蚀性能好

由于水泥熟料含量少,水泥水化之后生成的水化产物——氢氧化钙含量较少,而且二次水化还要进一步消耗氢氧化钙,使水泥石结构中氢氧化钙的含量更低。因此,三种水泥抵抗海水、软水及硫酸盐腐蚀的能力较强,适用于有抗软水侵蚀和抗硫酸盐侵蚀要求的混凝土工程。如果火山灰质硅酸盐水泥中掺入的火山灰质混合材料中氧化铝的含量较高,水泥水化后生成的水化铝酸钙数量较多,则抵抗硫酸盐腐蚀的能力明显降低,应用时要合理选择水泥品种。

④抗冻性差,不适用于有抗冻要求的混凝土工程

⑤抗碳化能力较差

这三种水泥的水化产物——氢氧化钙含量较低,很容易与空气中的二氧化碳发生碳化反应。当碳化深度达到钢筋表面时,容易引起钢筋锈蚀现象,降低结构的耐久性。所以,它们不适用于二氧化碳浓度较高的环境。

⑥温度敏感性强,适合蒸汽养护

水泥的水化温度降低时,水化速度明显减弱,强度发展慢。提高养护温度,不仅可以加快水泥熟料的水化,而且还能促进二次水化反应的进行,提高水泥的早期强度。

(2)矿渣硅酸盐水泥、火山灰质硅酸盐水泥、粉煤灰硅酸盐水泥的个性

①矿渣硅酸盐水泥

由于矿渣经过高温,矿渣硅酸盐水泥硬化后氢氧化钙的含量又比较少,所以,矿渣硅酸盐水泥的耐热性较好,适用于有耐热要求的混凝土结构工程。

粒化高炉矿渣棱角较多,拌和用水量较大,但矿渣保持水分的能力差,泌水性较大,在混凝土施工中由于泌水而形成毛细管通道或粗大孔隙,水分的蒸发又容易引起干缩,致使矿渣硅酸盐水泥的抗渗性、抗冻性较差,收缩量较大。

②火山灰质硅酸盐水泥

火山灰质混合材料的结构特点是疏松并且多孔,在潮湿的条件下养护,可以形成较多的水化产物,水泥石结构比较致密,因而具有较高的抗渗性和耐水性。如处于干燥环境中,所吸收的水分会蒸发,引起体积收缩且收缩量较大,在干热条件下表面容易产生起粉现象,耐磨性能差。

火山灰质硅酸盐水泥不适用于长期处于干燥环境和水位变化范围内的混凝土工程以及有耐磨要求的混凝土工程。

③粉煤灰硅酸盐水泥

粉煤灰为球形颗粒,结构比较致密,内比表面积小,对水的吸附能力较弱,拌和时需水量较少,所以粉煤灰硅酸盐水泥干缩性比较小,抗裂性能好。粉煤灰硅酸盐水泥非常适用于有抗裂性能要求的混凝土工程;不适用于有耐磨要求的、长期处于干燥环境和水位变化范围内的混凝土工程。

4. 复合硅酸盐水泥

由于在复合硅酸盐水泥中掺用了两种以上混合材料,可以相互补充、取长补短,克服掺入单一混合材料水泥的一些弊病。如矿渣硅酸盐水泥中掺石灰石不仅能够改善矿渣硅酸盐水泥的泌水性,提高早期强度,而且还能保证水泥后期强度的增长。在需水性大的火山灰质硅酸盐水泥中掺入矿渣等,能有效减少水泥需水量。复合硅酸盐水泥的特性取决于所掺两种混合材料的种类、掺量及其相对比例。

使用复合硅酸盐水泥时,应根据掺入的混合材料种类,参照掺有混合材料的硅酸盐水泥的适用范围和工程经验合理选用。

通用硅酸盐水泥是建设工程中使用量最大、应用范围最广的水泥,应根据工程所处环境条件、对工程的具体要求等因素,合理选用水泥品种。通用硅酸盐水泥的使用可以参照表 3.4 选择。

表 3.4　通用硅酸盐水泥的选用表

混凝土工程特点及所处环境条件		优先使用	可以使用	不宜使用
普通混凝土	在一般气候环境中的混凝土	普通水泥	矿渣水泥、火山灰水泥、粉煤灰水泥、复合水泥	—
	在干燥环境中的混凝土	普通水泥	矿渣水泥	火山灰水泥、粉煤灰水泥
	在高温高湿环境中或长期处于水中的混凝土	矿渣水泥、火山灰水泥、粉煤灰水泥、复合水泥	普通水泥	
	厚大体积的混凝土	矿渣水泥、火山灰水泥、粉煤灰水泥、复合水泥	普通水泥	硅酸盐水泥
有特殊要求的混凝土	要求快硬、高强(大于 C40)的混凝土	硅酸盐水泥	普通水泥	矿渣水泥、火山灰水泥、粉煤灰水泥、复合水泥
	严寒地区的露天混凝土,寒冷地区处于水位升降范围内的混凝土	普通水泥	矿渣水泥	火山灰水泥、粉煤灰水泥
	严寒地区处于水位升降范围内的混凝土	普通水泥	—	矿渣水泥、火山灰水泥、粉煤灰水泥、复合水泥
	有抗渗要求的混凝土	火山灰水泥、普通水泥	—	矿渣水泥
	有腐蚀介质存在的混凝土	矿渣水泥、火山灰水泥、粉煤灰水泥、复合水泥	—	硅酸盐水泥
	有耐磨要求的混凝土	硅酸盐水泥、普通水泥	—	火山灰水泥、粉煤灰水泥

3.1.6　水泥的验收与保管

1. 水泥质量检测项目

通用硅酸盐水泥质量检测的项目主要有:水泥细度、标准稠度用水量、凝结时间、体积安定性、水泥胶砂强度等。

2. 检测结果评定

(1)不合格水泥的评定

国家标准规定:凡不溶物含量、氧化镁含量、三氧化硫含量、氯离子含量、烧失量、凝结时间、体积安定性、水泥胶砂强度中的任一项不符合本标准技术要求时,即为不合格品。

(2)包装不合格的评定

水泥包装标志中水泥品种、强度等级、生产者名称和出厂编号不全时,即为包装不合格。

不合格品可根据实际情况而决定使用与否。

3. 水泥的验收

水泥验收的主要内容包括以下内容。

(1)检查、核对水泥出厂的质量检验报告

水泥出厂的质量检验报告,不仅是验收水泥的技术保证依据,也是施工单位长期保存的技术资料,还可以作为工程质量验收时工程用料的技术凭证。要核对试验报告的编号与实收水泥的编号是否一致,试验项目是否齐全,试验测值是否达到国家标准要求。水泥安定性仲裁检验时,应在水泥取样之日起 10 天以内完成。

(2)核对包装及标志是否相符

水泥的包装及标志必须符合标准。水泥的包装可以采用袋装,也可以散装。袋装水泥每袋净含量 50 kg,且不得少于标志质量的 98%,随机抽取 20 袋总质量(含包装袋)不应少于 1 000 kg。

水泥包装袋上应清楚标明:执行标准、水泥品种、代号、强度等级、生产者名称、生产许可证标志(QS)及编号、出厂编号、包装日期、净含量。包装袋两侧应根据水泥的品种采用不同的颜色印刷水泥名称和强度等级,硅酸盐水泥和普通硅酸盐水泥采用红色;矿渣硅酸盐水泥采用绿色;火山灰质硅酸盐水泥、粉煤灰硅酸盐水泥和复合硅酸盐水泥采用黑色或蓝色。

散装运输时应提交与袋装标志相同内容的卡片。

通过对水泥包装及标志的核对,不仅可以发现包装的完好程度,盘点和检验数量是否给足,还能核对所购水泥与到货的产品是否完全一致,及时发现和纠正可能出现的产品混杂现象。

4. 水泥的保管

水泥在储存、保管时,应注意以下方面。

(1)防水防潮

水泥在存放过程中很容易吸收空气中的水分产生水化作用,凝结成块,降低水泥强度,影响水泥的正常使用。所以,水泥应在干燥环境条件下存放。袋装水泥在存放时,应用木料垫高出地面 30 cm,四周离墙 30 cm,堆置高度一般不超过 10 袋。存放散装水泥时,应将水泥储存于专用的水泥罐中。对于受潮水泥可以根据受潮程度,按表 3.5 方法做适当处理。

表 3.5 受潮水泥的处理与使用表

受潮情况	处理方法	使用场合
有粉块,用手可以捏成粉末,无硬块	压碎粉块	通过试验后,根据实际强度等级使用
部分结成硬块	筛除硬块压碎粉块	通过试验后,根据实际强度等级使用。用于受力较小的部位,也可配制砂浆
大部分结成硬块	将硬块粉碎磨细	不能作为水泥使用,可作为混合材料掺加到混凝土中

(2)分类储存

不同品种、强度等级、生产厂家、出厂日期的水泥,应分别储存,并加以标志,不得混杂。

(3)储存期不宜过长

水泥储存时间过长,水泥会吸收空气中的水分缓慢水化而降低强度。袋装水泥储存 3 个月后,强度约降低 10%~20%;6 个月后,约降低 15%~30%;1 年后约降低 25%~40%。因此,水泥储存期不宜超过 3 个月,使用时应做到先存先用,不可储存过久。

![钥匙图标] 知识拓展

3.1.7　通用硅酸盐水泥的凝结硬化

水泥的凝结与硬化，没有严格的界限，是为了便于研究人为划分的两个时期，实际上它是水泥与水所发生的一系列连续而又复杂的、交错进行的物理化学变化过程。根据水泥水化产物的形成以及水泥石组织结构的变化，水泥的凝结硬化大致可以分为溶解、凝结和硬化三个阶段。

1. 第一阶段——溶解期

水泥加水拌和后，水泥颗粒分散在水中，形成水泥浆体，如图 3.9(a)所示。

水泥颗粒的水化从水泥颗粒表面开始。位于水泥颗粒表面的矿物成分首先与水作用，生成相应的水化产物，并溶解于水中。在水化反应初期，由于水化反应速度快，各种水化产物在水中的溶解度比较小，水化产物的生成速度大于水化产物向溶液中扩散的速度，因此水泥颗粒周围的溶液很快成为水化产物饱和或过饱和溶液，在水泥颗粒周围先后析出水化硅酸钙、水化铁酸钙胶体和氢氧化钙、水化铝酸钙、水化硫铝酸钙结晶体，并逐渐在水泥颗粒周围形成一层以水化硅酸钙凝胶为主体且具有半渗透性的水化物膜层。由于此时的水化产物数量较少，包有水化物膜层的水泥颗粒尚未相互搭结，是被水隔开且相互独立的，分子间作用力比较小，因此水泥浆体具有一定的可塑性，如图 3.9(b)所示。

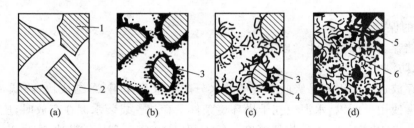

图 3.9　　水泥凝结硬化过程示意图

(a)分散在水中未水化的水泥颗粒；(b)在水泥颗粒表面形成水化物膜层；
(c)膜层长大并互相连接(凝结)；(d)水化物进一步发展，填充毛细孔(硬化)

1—水泥颗粒；2—水分；3—凝胶；4—晶体；5—未水化水泥颗粒内核；6—毛细孔

2. 第二阶段——凝结期

随着时间的推移，水泥颗粒的水化反应不断进行，水化产物数量不断增多，包裹在水泥颗粒表面的水化物膜层渐渐增厚，导致水泥颗粒之间原来被水所占的空隙逐渐减少，包有水化物膜层的水泥颗粒之间距离不断减小，在分子间力作用下，形成比较疏松的空间网状结构(又称为凝聚结构)。空间网状结构的形成和发展，使水泥浆体明显变稠，流动性明显降低，开始失去可塑性，如图 3.9(c)所示。

3. 第三阶段——硬化期

随着水泥水化反应的不断深入，新生成的水化产物不断填充于水泥石的毛细孔中，凝胶体之间的空隙越来越小，空间网状结构的密实度逐渐提高，水泥浆体完全失去可塑性并渐渐产生强度，如图 3.9(d)所示。水泥的凝结硬化过程进入硬化期后，水泥的水化速度会逐渐减慢，水化产物数量会随着水泥水化时间的延长而逐渐增多，并填充于毛细孔内，使得水泥石内部孔隙率变得越来越小,水泥石结构更加致密,强度不断得到提高。

由此可见,水泥的水化、凝结硬化是由表及里、由外向内逐步进行的。在水泥的水化初期,水化速度较快,强度增长迅速,随着堆积在水泥颗粒周围的水化产物数量不断增多,阻碍了水泥颗粒与水之间的进一步反应,使得水泥水化速度变慢,强度增长也逐渐减慢。大量实践与研究表明,无论水泥的水化时间多久,水泥颗粒的内核很难完全水化。硬化后的水泥石结构是由胶体粒子、晶体粒子、孔隙(凝胶孔和毛细孔)及未水化的水泥颗粒组成。它们在不同时期相对数量的变化,使水泥石的结构和性质也随之改变。当未水化的水泥颗粒含量高时,说明水泥水化程度低;当水化产物含量多,毛细孔含量少时,说明水泥水化充分,水泥石结构致密,硬化后强度高。

3.1.8　水泥石的腐蚀与防止

1. 水泥石的腐蚀类型

水泥制品在正常的使用条件下,水泥石的强度会不断增长,具有较好的耐久性。但在某些腐蚀性介质的作用下,水泥石结构逐渐遭到破坏,强度降低,甚至引起整个工程结构的破坏,这种现象称为水泥石的腐蚀。常见的腐蚀类型有如下几种。

(1)软水侵蚀(溶出性侵蚀)

软水是指重碳酸盐含量较小的水。如雨水、雪水、蒸馏水、工厂冷凝水以及含重碳酸盐很少的河水与湖水等均属于软水。水泥石长期处于软水环境中,水化产物氢氧化钙会不断溶解,引起水泥石中其他水化产物发生分解,导致水泥石结构孔隙增大,强度降低,甚至破坏,故软水侵蚀又称为"溶出性侵蚀"。

(2)酸类腐蚀

当水中含有盐酸、氢氟酸、硫酸、硝酸等无机酸或醋酸、蚁酸和乳酸等有机酸时,这些酸性物质会与水泥石中的氢氧化钙发生中和反应,生成的化合物或者易溶于水,或者在水泥石孔隙内结晶膨胀,产生较大的膨胀压力,导致水泥石结构破坏。

例如,盐酸与水泥石中的氢氧化钙反应,生成的氯化钙易溶于水中,其反应式为

$$2HCl + Ca(OH)_2 = CaCl_2 + 2H_2O$$

硫酸与水泥石中的氢氧化钙发生反应,生成体积膨胀性物质二水石膏,二水石膏再与水泥石中的水化铝酸钙作用,生成高硫型的水化硫铝酸钙,在水泥石内产生较大的膨胀压力,其反应式为

$$H_2SO_4 + Ca(OH)_2 = CaSO_4 \cdot 2H_2O$$

$$3CaO \cdot Al_2O_3 \cdot 6H_2O + 3(CaSO_4 \cdot 2H_2O) + 19H_2O = 3CaO \cdot Al_2O_3 \cdot 3CaSO_4 \cdot 31H_2O$$

在工业污水、地下水中,常溶解有较多的二氧化碳,它对水泥石具有腐蚀作用,二氧化碳与水泥石中的氢氧化钙反应生成碳酸钙,碳酸钙再与含碳酸的水进一步作用,生成更易溶于水中的碳酸氢钙,从而导致水泥石中其他水化产物的分解,引起水泥石结构破坏,其反应式为

$$Ca(OH)_2 + CO_2 + H_2O = CaCO_3 + 2H_2O$$

$$CaCO_3 + CO_2 + H_2O = Ca(HCO_3)_2$$

(3)盐类腐蚀

在一些海水、沼泽水以及工业污水中,常含有钠、钾、铵等的硫酸盐。它们能与水泥石中的氢氧化钙发生化学反应,生成硫酸钙。硫酸钙进一步再与水泥石中的水化产物——水化铝酸钙作用,生成具有针状晶体的高硫型水化硫铝酸钙。高硫型水化硫铝酸钙晶体中含有大量的

结晶水,体积膨胀可达 1.5 倍,致使水泥石产生开裂甚至毁坏。以硫酸钠为例,其反应式为

$$Ca(OH)_2 + Na_2SO_4 \cdot 10H_2O = CaSO_4 \cdot 2H_2O + 2NaOH + 8H_2O$$

$$3CaO \cdot Al_2O_3 \cdot 6H_2O + 3(CaSO_4 \cdot 2H_2O) + 19H_2O = 3CaO \cdot Al_2O_3 \cdot 3CaSO_4 \cdot 31H_2O$$

在海水及地下水中,还常常含有大量的镁盐,主要是硫酸镁和氯化镁。它们与水泥石中的氢氧化钙作用,生成的氢氧化镁松软而无胶凝能力,氯化钙易溶于水,硫酸钙则会引起硫酸盐的破坏作用,其反应式为

$$MgSO_4 + Ca(OH)_2 + 2H_2O = CaSO_4 \cdot 2H_2O + Mg(OH)_2$$

$$MgCl_2 + Ca(OH)_2 = CaCl_2 + Mg(OH)_2$$

(4)强碱腐蚀

在一般情况下水泥石能够抵抗碱的腐蚀。如果水泥石结构长期处于较高浓度的碱溶液(如氢氧化钠溶液)中,也会产生腐蚀破坏。

综上所述,引起水泥石腐蚀的根本原因为:①水泥石中存在易被腐蚀的化学物质——如氢氧化钙和水化铝酸钙;②水泥石本身不密实,有很多毛细孔通道,腐蚀性介质易于通过毛细孔深入到水泥石内部,加速腐蚀的进程。大量实践也可以证明,水泥石的腐蚀是一个极为复杂的物理化学变化过程,水泥石受到腐蚀介质作用时,很少仅有单一的侵蚀作用,往往是几种类型的腐蚀同时存在,相互影响。

2. 水泥石腐蚀的防止措施

为防止或减轻水泥石的腐蚀,可以采取下列措施。

(1)根据工程所处的环境特点,合理选用水泥品种

在有腐蚀性介质存在的工程环境中,应选用水化产物氢氧化钙含量比较低的水泥,以提高水泥石的耐腐蚀性能。

(2)降低水灰比,提高水泥石的密实度

硅酸盐类水泥水化理论需水量约为水泥质量的 23%,而实际用水量往往是水泥质量的 40%～70%,多余的水在水泥石结构内部容易形成毛细孔或水囊,降低水泥石结构的密实度,腐蚀性介质容易渗入水泥石内部,加速水泥石的腐蚀。采用降低水灰比、掺入外加剂、改进施工工艺等技术手段,可以提高水泥石的密实度,降低腐蚀性介质的渗入,提高水泥石的抗腐蚀能力。

(3)敷设保护层

当腐蚀性介质作用较强时,可以在结构表面覆盖耐腐蚀性能好并且不渗水的保护层,如防腐涂料、耐酸陶瓷、塑料、沥青等,以减少腐蚀性介质与水泥石的直接接触,提高水泥石的抗腐蚀性能。

3.1.9 水泥技术性能检测

1. 通用硅酸盐水泥质量检测一般规定

(1)养护条件:实验室温度为(20±2)℃,相对湿度大于 50%;湿气养护箱:应能使温度控制在(20±1)℃,相对湿度大于 90%。

(2)出厂时间超过三个月的水泥,在使用之前必须进行复检,并按复检结果使用。

(3)试样要充分拌匀,通过 0.9 mm 方孔筛并记录筛余物的质量占总量的百分率。将样品分成两份,一份用于检测,一份密封保存 3 个月,供仲裁检验时使用。

(4)检测用水必须是洁净的淡水。如对水质有争议,也可用蒸馏水。

(5)水泥试样、标准砂、拌和水及试模温度均与实验室温度相同。

2. 通用硅酸盐水泥取样

(1)主要仪器设备

袋装水泥取样器,如图 3.10 所示;散装水泥取样器,如图 3.11 所示。

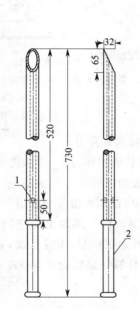

图 3.10　袋装水泥取样器(单位:mm)

1—气孔;2—手柄

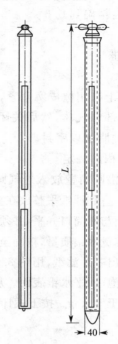

图 3.11　散装水泥取样器(单位:mm)

$L = 1\ 000 \sim 1\ 200$ mm

(2)取样步骤

①袋装水泥

a. 同一水泥厂生产的产品以同品种、同强度等级、同出厂编号的水泥每 200 t 为一批,不足 200 t 仍为一批。

b. 取样时,将袋装水泥取样器沿对角线方向插入水泥包装袋适当深度,用大拇指按住气孔,小心抽出取样管,将所取样品放入洁净、干燥、防潮、不易破损的密闭容器中。

c. 取样应有代表性,可连续取,随机从 20 个以上不同部位各抽取等量水泥样品并拌匀,总量不得少于 12 kg。

②散装水泥

a. 同一水泥厂生产的产品以同品种、同强度等级、同出厂编号的水泥每 500 t 为一批,不足 500 t 仍为一批。

b. 采用散装水泥取样器取样,通过转动取样器内管控制开关,在适当位置插入水泥一定深度,关闭后小心抽出,将所取样品放入洁净、干燥、防潮、不易破损的密闭容器中。

c. 取样应有代表性,可连续取,随机从不少于 3 个罐车中抽取等量水泥样品并拌匀,总量不得少于 12 kg。

3. 水泥细度检测——比表面积法

(1)主要仪器设备

①Blaine 透气仪：由透气圆筒、压力计、抽气装置三部分组成。Blaine 透气仪外形及其组成如图 3.12 所示。

②滤纸：采用符合国家标准规定的中速定量滤纸。

③分析天平：分度值为 1 mg。

④计时秒表：精确到 0.5 s。

⑤烘干箱。

（2）仪器校准

①漏气检查

将透气圆筒上口用橡皮塞塞紧，接到压力计上。用抽气装置从压力计一臂中抽出部分气体，然后关闭阀门，观察是否漏气。如果发现漏气，应用活塞油脂加以密封。

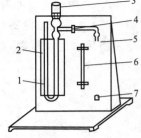

图 3.12　Blaine 透气仪
1—U 形压力计；2—平面镜；
3—透气圆筒；4—活塞；
5—背面接微型电磁泵；
6—温度计；7—开关

②试料层体积的测定

将两片滤纸沿圆筒壁放入透气圆筒内，用一直径比透气圆筒略小的细长棒往下按，直到滤纸平整放在金属的传孔板上。然后装满水银，用一小块薄玻璃板轻压水银表面，使水银面与圆筒口齐平，并须保证在玻璃板和水银表面之间没有气泡或空洞存在。从圆筒中倒出水银，称量水银质量，精确至 0.05 g。重复几次测定，直到水银质量数值基本不变为止。然后从圆筒中取出一片滤纸，用约 3.3 g 的水泥，压实水泥层。再往圆筒上部空间注入水银，同上述方法排除气泡、压平水银表面。从圆筒中倒出水银，称量水银质量，重复几次，直至水银质量称量数值相差小于 50 mg。按下式计算圆筒内试料层体积，计算结果精确至 0.005 cm³

$$V = \frac{m_1 - m_2}{\rho_{水银}} \tag{3.5}$$

式中　V——试料层体积，cm³；

　　　m_1——未装水泥时，充满圆筒的水银质量，g；

　　　m_2——装水泥后，充满圆筒的水银质量，g；

　　　$\rho_{水银}$——检测温度下水银的密度，g/cm³。

试料层体积的测定，至少应进行两次，每次应单独压实水泥，并以两次测定所得结果的算术平均值作为最终检测结果，两次数值相差不得超过 0.005 cm³。

（3）检测步骤

①试样制备

将在温度为（105±5）℃的烘箱中烘干并在干燥器内冷却至室温的水泥试样，倒入 100 ml 的密闭瓶内，用力摇动 2 min，将结块成团的水泥试样振碎，使试样松散。静置 2 min 后，打开瓶盖，轻轻搅拌，使在松散过程中落到表面的细粉分布到整个试样中。

②确定试样数量

按下式计算需要的检测用的标准试样数量

$$W = \rho V (1 - \varepsilon) \tag{3.6}$$

式中　W——需要的标准试样数量，g；

　　　ρ——试样的密度，g/cm³；

　　　V——试料层体积，cm³；

　　　ε——试料层空隙率。试料层空隙率是指试料层中孔的容积与试料层总的容积之比，
　　　　　一般水泥采用（0.500±0.005）。

③试料层制备

将穿孔板放在透气圆筒的突缘上,用一根直径比透气圆筒略小的细棒把一片滤纸送到穿孔板上,边缘压紧。称取已经确定的水泥试样数量,倒入透气圆筒内。轻轻敲击圆筒的外边,以使水泥层表面平坦。再放入一片滤纸,用捣器均匀捣实水泥试样,直至捣器的支持环紧紧接触圆筒的顶边,旋转两周,慢慢取出捣器。

④透气检测

把装有试料层的透气圆筒连接到压力计上,在连接的过程中,要求保证二者之间的连接紧密,不漏气,不振动所制备的试料层。打开微型电磁泵慢慢从压力计中抽出空气,直到压力计内液面上升到扩大部下端时关闭阀门。当压力计内液体的液面下降到第一刻度线时开始计时,液体的液面下降到第二刻度线时停止计时。计录液面从第一刻度线下降到第二刻度线所需要的时间,并记录检测时的温度。

(4)检测结果

根据不同的情况,采用不同的计算公式,计算被测试样的比表面积,并以两次检测结果的算术平均值表示,精确至 $10\ \mathrm{cm^2/g}$。如果两次检测结果相差大于 2%,应重新检测。

①被测试样的密度、试料层中空隙率与标准试样相同,检测时温差不大于 $\pm 3\ ℃$ 时,可按下式计算被测水泥的比表面积

$$S = \frac{S_s\sqrt{T}}{\sqrt{T_s}} \tag{3.7}$$

式中　S——被测试样的比表面积,$\mathrm{cm^2/g}$;

　　　S_s——标准试样的比表面积,$\mathrm{cm^2/g}$;

　　　T——被测试样检测时压力计中液面降落测得的时间,s;

　　　T_s——标准试样检测时压力计中液面降落测得的时间,s。

如检测时温差大于 $\pm 3\ ℃$ 时,按下式计算被测水泥的比表面积

$$S = \frac{S_s\sqrt{T}}{\sqrt{T_s}}\frac{\sqrt{\eta_s}}{\sqrt{\eta}} \tag{3.8}$$

式中　η_s——被测试样检测温度下的空气黏度,$\mu\mathrm{Pa \cdot s}$;

　　　η——标准试样检测温度下的空气黏度,$\mu\mathrm{Pa \cdot s}$;

　　　其余符号含义同前。

②被测试样的试料层中空隙率与标准试样试料层中空隙率不同,检测时温差不大于 $\pm 3\ ℃$ 时,可按下式计算被测水泥的比表面积

$$S = \frac{S_s\sqrt{T}(1-\varepsilon_s)\sqrt{\varepsilon^3}}{\sqrt{T_s}(1-\varepsilon)\sqrt{\varepsilon_s^3}} \tag{3.9}$$

式中　ε——被测试样试料层中的空隙率;

　　　ε_s——标准试样试料层中的空隙率,其余符号含义同前。

如检测时温差大于 $\pm 3\ ℃$ 时,按下式计算被测水泥的比表面积

$$S = \frac{S_s\sqrt{T}(1-\varepsilon_s)\sqrt{\varepsilon^3}}{\sqrt{T_s}(1-\varepsilon)\sqrt{\varepsilon_s^3}} \cdot \frac{\sqrt{\eta_s}}{\sqrt{\eta}} \tag{3.10}$$

③被测试样的密度和试料层中空隙率均与标准试样不同,检测时温差不大于 $\pm 3\ ℃$ 时,可按下式计算被测水泥的比表面积

$$S = \frac{S_s \sqrt{T}(1-\varepsilon_s)\sqrt{\varepsilon^3}}{\sqrt{T_s}(1-\varepsilon)\sqrt{\varepsilon_s^3}} \cdot \frac{\rho_s}{\rho} \tag{3.11}$$

式中 ρ——被测试样的密度,g/cm³;

  ρ_s——标准试样的密度,g/cm³,其余符号含义同前。

如检测时温差大于±3 ℃时,按下式计算被测水泥的比表面积

$$S = \frac{S_s \sqrt{T}(1-\varepsilon_s)\sqrt{\varepsilon^3}}{\sqrt{T_s}(1-\varepsilon)\sqrt{\varepsilon_s^3}} \cdot \frac{\sqrt{\eta_s}}{\sqrt{\eta}} \cdot \rho_s \tag{3.12}$$

典型工作任务 2 其他品种水泥检测

1. 快凝快硬硅酸盐水泥

以硅酸三钙、氟铝酸钙为主的水泥熟料,加入适量的硬石膏、粒化高炉矿渣、无水硫酸钠,经磨细制成的一种凝结快、小时强度增长快的水硬性胶凝材料,称为快凝快硬硅酸盐水泥(简称双快水泥)。

快凝快硬硅酸盐水泥与硅酸盐水泥的主要区别,在于提高了水泥熟料中硅酸三钙和铝酸三钙的含量,并适当增加了石膏的掺量,同时还提高了水泥的细度。

国家标准《快凝快硬硅酸盐水泥》(JC 314—1996)规定:快凝快硬硅酸盐水泥熟料中氧化镁含量不得超过 5.0%;三氧化硫含量不得超过 9.5%;水泥比表面积不得低于 450 m²/kg;初凝时间不得早于 10 min,终凝时间不得迟于 60 min;体积安定性用沸煮法检验必须合格。

根据 4 h 的抗压强度和抗折强度大小,快凝快硬硅酸盐水泥分为双快—150 和双快—200 两个强度等级。各强度等级水泥在各龄期的强度值不得低于表 3.6 中的数值。

表 3.6 快凝快硬硅酸盐水泥各龄期的强度要求表(JC 314—1996)

强度等级	抗压强度/MPa			抗折强度/MPa		
	4 h	1 d	28 d	4 h	1 d	28 d
双快—150	14.7	18.6	31.9	2.75	3.43	5.39
双快—200	19.6	24.5	41.7	3.33	4.51	6.27

快凝快硬硅酸盐水泥具有凝结硬化快、早期强度增长快的特点,其 1 h 抗压强度可达到相应的强度等级,后期强度仍有一定增长,适用于早期强度要求高的混凝土工程、军事工程、低温条件下施工和桥梁、隧道、涵洞等紧急抢修工程。由于快凝快硬硅酸盐水泥水化热大、放热集中迅速、耐腐蚀性能较差,因此,不宜用于大体积混凝土工程和有耐腐蚀要求的混凝土工程。

快凝快硬硅酸盐水泥在存放时易受潮变质,所以在运输和储存时,必须注意防潮,并应及时使用,不宜久存。出厂时间超过 3 个月后,应重新检验,合格后方可使用。快凝快硬硅酸盐水泥也不得与其他品种水泥混合使用。

2. 抗硫酸盐硅酸盐水泥

根据抵抗硫酸盐侵蚀的程度不同,抗硫酸盐硅酸盐水泥分中抗硫酸盐硅酸盐水泥和高抗硫酸盐硅酸盐水泥两种。

凡以特定矿物组成的硅酸盐水泥熟料,加入适量石膏,磨细制成的具有抵抗中等浓度硫酸根离子侵蚀的水硬性胶凝材料,称为中抗硫酸盐硅酸盐水泥(简称中抗硫酸盐水泥),代号为

P·MSR。

凡以特定矿物组成的硅酸盐水泥熟料,加入适量石膏,磨细制成的具有抵抗较高浓度硫酸根离子侵蚀的水硬性胶凝材料,称为高抗硫酸盐硅酸盐水泥(简称高抗硫酸盐水泥),代号为P·HSR。

硅酸盐水泥熟料中最容易被硫酸盐腐蚀的成分是铝酸三钙。因此,抗硫酸盐硅酸盐水泥熟料中铝酸三钙的含量比较低。由于在水泥熟料的烧成过程中,铝酸三钙数量与硅酸三钙数量之间存在一定的相关性,如果水泥熟料中铝酸三钙含量较低,则硅酸三钙的含量相应的也较低。但是在抗硫酸盐硅酸盐水泥熟料中硅酸三钙的含量不宜太低,如果水泥熟料中硅酸三钙的含量太低,则不利于水泥强度的增长。硅酸三钙和铝酸三钙含量的限制见表3.7。

表 3.7　抗硫酸盐硅酸盐水泥熟料中硅酸三钙和铝酸三钙含量限制表

品种	中抗硫酸盐硅酸盐水泥	高抗硫酸盐硅酸盐水泥
硅酸三钙含量不大于,%	55.0	50.0
铝酸三钙含量不大于,%	5.0	3.0

抗硫酸盐硅酸盐水泥的抗侵蚀能力以抗硫酸盐腐蚀系数 F 来评定。它是指水泥试件在人工配制的硫酸根离子浓度分别为 2 500 mg/L(对中抗硫酸盐水泥)和 8 000 mg/L(对高抗硫酸盐水泥)的硫酸钠溶液中,浸泡 6 个月后的强度与同时浸泡在饮用水中试件的强度之比。抗硫酸盐硅酸盐水泥的抗硫酸盐腐蚀系数不得小于 0.8。

国家标准《抗硫酸盐硅酸盐水泥》(GB 748—2005)规定:抗硫酸盐硅酸盐水泥熟料中氧化镁含量不得超过 5.0%;三氧化硫含量不得超过 2.5%;水泥中不溶物不得超过 1.5%;烧失量不得超过 3.0%;水泥的比表面积不小于 280 m²/kg;初凝时间不得早于 45 min,终凝时间不得迟于 10 h;体积安定性用沸煮法检验必须合格。

根据 3 d、28 d 的抗压强度和抗折强度大小,抗硫酸盐硅酸盐水泥分 32.5 和 42.5 两个强度等级,各强度等级水泥在各龄期的强度值不得低于表 3.8 中的数值。

表 3.8　抗硫酸盐硅酸盐水泥各龄期的强度要求表(GB 748—2005)

强度等级	抗压强度/MPa		抗折强度/MPa	
	3 d	28 d	3 d	28 d
32.5	10.0	32.5	2.5	6.0
42.5	15.0	42.5	3.0	6.5

抗硫酸盐硅酸盐水泥具有较高的抗硫酸盐侵蚀能力,水化热较低,主要用于受硫酸盐侵蚀的海港、水利、地下隧道、引水、道路与桥梁基础等工程。

3. 铝酸盐水泥

凡以铝酸钙为主的铝酸盐水泥熟料,磨细制成的水硬性胶凝材料,称为铝酸盐水泥,代号为 CA。

(1)铝酸盐水泥的矿物组成

铝酸盐水泥的矿物成分主要为铝酸一钙($CaO·Al_2O_3$,简写为 CA),其含量约占铝酸盐水泥质量的 70%,此外还有少量的硅酸二钙($2CaO·SiO_2$)与其他铝酸盐,如七铝酸十二钙($12CaO·7Al_2O_3$,简写为 $C_{12}A_7$)、二铝酸一钙($CaO·2Al_2O_3$,简写为 CA_2)和硅铝酸二钙($2CaO·Al_2O_3·SiO_2$,简写为 C_2AS)等。

(2)铝酸盐水泥的水化和硬化

铝酸盐水泥的水化和硬化主要是铝酸一钙的水化及其水化产物的结晶。其水化产物会随外界温度的不同而异。当温度低于 20 ℃时,水化产物为水化铝酸一钙（CaO·Al_2O_3·$10H_2O$,简写为 CAH_{10}）。水化反应式为

$$CaO·Al_2O_3+10H_2O=CaO·Al_2O_3·10H_2O$$

当温度为 20～30 ℃时,水化产物为水化铝酸二钙（$2CaO·Al_2O_3·8H_2O$,简写为 C_2AH_8）和氢氧化铝（$Al_2O_3·3H_2O$,简写为 AH_3）。水化反应式为

$$2(CaO·Al_2O_3)+11H_2O=2CaO·Al_2O_3·8H_2O+Al_2O_3·3H_2O$$

当温度高于 30 ℃时,水化产物为水化铝酸钙（$3CaO·Al_2O_3·6H_2O$,简写为 C_3AH_6）和氢氧化铝。水化反应式为

$$3(CaO·Al_2O_3)+12H_2O=3CaO·Al_2O_3·6H_2O+2(Al_2O_3·3H_2O)$$

水化产物水化铝酸一钙和水化铝酸二钙为针状或板状结晶,能相互交织成坚固的结晶共生体,析出的氢氧化铝难溶于水,填充于晶体骨架的空隙中,形成比较致密的结构,使水泥石具有很高的强度。水化反应集中在早期,5～7 d 后水化产物的数量很少增加。所以,铝酸盐水泥早期强度增长很快。

随硬化时间的延长,不稳定的水化铝酸一钙和水化铝酸二钙会逐渐转化为比较稳定的水化铝酸钙,转化过程会随着外界温度的升高而加快。转化结果使水泥石内部析出游离水,增大了孔隙体积,同时水化铝酸钙晶体本身缺陷较多,强度较低,因而水泥石后期强度明显降低。

(3)铝酸盐水泥的技术要求

铝酸盐水泥呈黄、褐或灰色,其密度和堆积密度与硅酸盐水泥接近,密度为 3.0～3.2 g/cm³;堆积密度为 1 000～1 300 kg/m³。

国家标准《铝酸盐水泥》（GB 201—2000）规定:铝酸盐水泥按 Al_2O_3 含量百分数分为 CA—50、CA—60、CA—70、CA—80 四种类型;水泥细度用比表面积法测定时不得低于 300 m²/kg,或者 45 μm 筛余不得超过 20%;对于 CA—50、CA—70、CA—80 水泥初凝时间不得早于 30 min,终凝时间不得迟于 6 h;对于 CA—60 水泥初凝时间不得早于 60 min,终凝时间不得迟于 18 h;体积安定性检验必须合格。

各类型水泥在各龄期的强度值不得低于表 3.9 中的数值。

表 3.9　铝酸盐水泥的 Al_2O_3 含量和各龄期的强度要求表（GB 201—2000）

水泥类型	Al_2O_3 含量/%	抗压强度/MPa				抗折强度/MPa			
		6 h	1 d	3 d	28 d	6 h	1 d	3 d	28 d
CA—50	50≤Al_2O_3<60	20	40	50	—	3.0	5.5	6.5	—
CA—60	60≤Al_2O_3<68	—	20	45	85	—	2.5	5.0	10.0
CA—70	68≤Al_2O_3<77		30	40			5.0	6.0	
CA—80	77≤Al_2O_3		25	30			4.0	5.0	

(4)铝酸盐水泥的特点与应用

①凝结硬化快,早期强度增长快,适用于紧急抢修工程和早期强度要求高的混凝土工程。

②硬化后的水泥石在高温下（900 ℃以上）仍能保持较高的强度,具有较高的耐热性能。如采用耐火的粗细骨料（如铬铁矿等）,可制成使用温度达 1 300～1 400 ℃的耐热混凝土,也可作为高炉炉衬材料。

③具有较好的抗渗性和抗硫酸盐侵蚀能力。这是因为铝酸盐水泥的水化产物主要为低钙铝酸盐,游离的氧化钙含量极少,硬化后的水泥石中没有氢氧化钙,并且水泥石结构比较致密,因此,铝酸盐水泥具有较高的抗渗性、抗冻性和抗硫酸盐侵蚀能力,适用于有抗渗、抗硫酸盐侵蚀要求的混凝土工程。但铝酸盐水泥不耐碱,不能用于与碱溶液接触的工程。

④水化热大,而且集中在早期放出。铝酸盐水泥的 1 d 放热量大约相当于硅酸盐水泥的 7 d 放热量。因此,适用于混凝土的冬季施工,但不宜用于大体积混凝土工程。

铝酸盐水泥使用时应注意:

①由于铝酸盐水泥水化产物晶体易发生转换,导致铝酸盐水泥的后期强度会有所降低,尤其是在高于 30 ℃ 的湿热环境下,强度下降更加明显,甚至会引起结构的破坏。因此,铝酸盐水泥不宜用于长期承受荷载作用的结构工程。

②铝酸盐水泥最适宜的硬化温度为 15 ℃ 左右。一般施工时环境温度不宜超过 30 ℃,否则,会产生晶体转换,水泥石强度降低。所以,铝酸盐水泥拌制的混凝土构件不能进行蒸汽养护。

③铝酸盐水泥使用时,严禁与硅酸盐水泥或石灰相混,也不得与尚未硬化的硅酸盐水泥接触,否则将产生瞬凝现象,以至于无法施工,且强度很低。

4. 白色硅酸盐水泥

由氧化铁含量少的硅酸盐水泥熟料、适量石膏及规定的混合材料,经磨细制成的水硬性胶凝材料称为白色硅酸盐水泥(简称白水泥),代号为 P·W。

一般硅酸盐水泥呈灰色或灰褐色,这主要是由于水泥熟料中的氧化铁所引起的。普通硅酸盐水泥的氧化铁含量大约为 3%～4%,当氧化铁的含量在 0.5% 以下时,水泥接近白色。生产白色硅酸盐水泥的原料应采用着色物质(氧化铁、氧化锰、氧化钛、氧化铬等)含量极少的矿物质,如纯净的石灰石、纯石英砂、高岭土。由于水泥原料中氧化铁的含量少,煅烧的温度要提高到 1 550 ℃ 左右。为了保证白度,煅烧时应采用天然气、煤气或重油作为燃料。粉磨时不能直接用铸钢板和钢球,而应采用白色花岗岩或高强陶瓷衬板,用烧结瓷球等作为研磨体。由于这些特殊的生产措施,使得白色硅酸盐水泥的生产成本较高,因此白色硅酸盐水泥的价格较贵。

国家标准《白色硅酸盐水泥》(GB/T 2015—2005)规定:白色硅酸盐水泥熟料中氧化镁含量不得超过 5.0%;初凝时间不得早于 45 min,终凝时间不得迟于 10 h;细度用 80 μm 方孔筛,筛余量不得超过 10.0%;体积安定性用沸煮法检验必须合格。

根据 3 d、28 d 的抗压强度和抗折强度大小,白色硅酸盐水泥分为 32.5、42.5、52.5 三个强度等级。各强度等级水泥在各龄期的强度值不得低于表 3.10 中的数值。

表 3.10　白色硅酸盐水泥各龄期的强度要求表(GB/T 2015—2005)

强度等级	抗压强度/MPa		抗折强度/MPa	
	3 d	28 d	3 d	28 d
32.5	12.0	32.5	3.0	6.0
42.5	17.0	42.5	3.5	6.5
52.5	22.0	52.5	4.0	7.0

白度是白色硅酸盐水泥的一个重要指标。白色硅酸盐水泥的白度值不得低于 87。

将白色硅酸盐水泥熟料、颜料和石膏共同磨细,可制成彩色硅酸盐水泥。所用的颜料要能耐碱,对水泥不能产生有害作用。常用的颜料有氧化铁(红、黄、褐、黑色)、二氧化锰(黑、褐色)、氧化铬(绿色)、赭石(赭色)和炭黑(黑色)等。也可将颜料直接与白水泥粉末混合拌匀,配制彩色水泥砂浆和彩色混凝土。后者方法简便易行,色彩可以调节,但拌制不均匀,会存在一定的色差。

白色硅酸盐水泥具有强度高,色泽洁白的特点,可用来配制彩色砂浆和涂料、彩色混凝土等,用于建筑物的内外装修,也是生产彩色硅酸盐水泥的主要原料。

知识拓展

1. 低水化热水泥

低水化热水泥包括低热硅酸盐水泥、中热硅酸盐水泥和低热矿渣硅酸盐水泥。

以适当成分的硅酸盐水泥熟料,加入适量石膏,磨细制成的具有低水化热的水硬性胶凝材料,称为低热硅酸盐水泥(简称低热水泥),代号为 P·LH。

以适当成分的硅酸盐水泥熟料,加入适量石膏,磨细制成的具有中等水化热的水硬性胶凝材料,称为中热硅酸盐水泥(简称中热水泥),代号为 P·MH。

以适当成分的硅酸盐水泥熟料,加入粒化高炉矿渣、适量石膏,磨细制成的具有低水化热的水硬性胶凝材料,称为低热矿渣硅酸盐水泥(简称低热矿渣水泥),代号为 P·SLH。水泥中矿渣掺量按质量百分比计为 $20\% \sim 60\%$,允许用不超过混合材料总量 50% 的磷渣或粉煤灰代替部分矿渣。

从熟料的矿物成分来看,铝酸三钙和硅酸三钙水化热较大,同时游离氧化钙也会增加水泥的水化热,降低水泥的抗拉强度,所以对其含量应加以限制。水泥熟料中铝酸三钙含量对于低热硅酸盐水泥和中热硅酸盐水泥不得超过 6%,对于低热矿渣硅酸盐水泥不得超过 8%;水泥熟料中硅酸三钙含量对于中热硅酸盐水泥不得超过 55%;水泥熟料中游离氧化钙含量对于低热硅酸盐水泥和中热硅酸盐水泥不得超过 1.0%;对于低热矿渣硅酸盐水泥不得超过 1.2%。

国家标准《低热硅酸盐水泥、中热硅酸盐水泥和低热矿渣硅酸盐水泥》(GB 200—2003)规定:低热硅酸盐水泥、中热硅酸盐水泥和低热矿渣硅酸盐水泥熟料中氧化镁含量不得超过 5.0%;三氧化硫含量不得超过 3.5%;细度用比表面积法测定时,不得低于 $250\ m^2/kg$;初凝时间不得早于 $60\ min$,终凝时间不得迟于 $12\ h$;体积安定性用沸煮法检验必须合格。

按照规定龄期的抗压强度和抗折强度大小,低热硅酸盐水泥和中热硅酸盐水泥的强度等级为 42.5;低热矿渣硅酸盐水泥的强度等级为 32.5。各强度等级水泥在各龄期的强度值不得低于表 3.11 中的数值。

表 3.11　低热硅酸盐水泥、中热硅酸盐水泥和低热矿渣硅酸盐水泥各龄期的强度要求表(GB 200—2003)

水泥品种	强度等级	抗压强度/MPa			抗折强度/MPa		
		3 d	7 d	28 d	3 d	7 d	28 d
低热水泥	42.5	—	13.0	42.5	—	3.5	6.5
中热水泥	42.5	12.0	22.0	42.5	3.0	4.5	6.5
低热矿渣水泥	32.5	—	12.0	32.5	—	3.0	5.5

低热硅酸盐水泥和中热硅酸盐水泥水化热较低,抗冻性与耐磨性较高,抗硫酸盐侵蚀性能好,适用于水利大坝、大体积水工建筑物,以及其他要求低水化热、高抗冻性、高耐磨、

有抗硫酸盐侵蚀要求的混凝土工程。低热矿渣硅酸盐水泥水化热更低,抗硫酸盐侵蚀性能好,适用于大体积构筑物、厚大基础等大体积混凝土工程,还可用于有抗硫酸盐侵蚀要求的混凝土工程。

2. 膨胀水泥和自应力水泥

一般硅酸盐水泥在空气中硬化时,体积会发生收缩。收缩会使水泥石结构产生微裂缝或裂缝,降低水泥石结构的密实性,影响结构的抗渗、抗冻、耐腐蚀性和耐久性。膨胀水泥在硬化过程中体积不但不发生收缩,而且还略有不同程度的膨胀。当这种膨胀受到水泥混凝土中钢筋的约束而膨胀率又较大时,钢筋和混凝土会一起发生变形,钢筋受到拉力,混凝土受到压力,这种压力是由水泥水化产生的体积变化所引起的,所以叫自应力。自应力值大于 2 MPa 的水泥称为自应力水泥。由于这一过程发生在水泥浆体完全硬化之前,所以,能够使水泥石的结构更加密实而不致引起破坏。

(1)膨胀作用机理

在水泥生产过程中加入石膏、膨胀剂(如明矾石、铝酸盐水泥等),使水泥浆体中产生大量的水化硫铝酸钙晶体,进而使水泥石体积产生膨胀。

(2)膨胀水泥的种类

按水泥的主要矿物成分,膨胀水泥可分为硅酸盐型膨胀水泥、铝酸盐型膨胀水泥和硫铝酸盐型膨胀水泥三类。根据水泥的膨胀值及其用途又可分为收缩补偿水泥和自应力水泥两类。

硅酸盐膨胀水泥是以硅酸盐水泥为主要组分,外加铝酸盐水泥和石膏配制而成的一种水硬性胶凝材料。这种水泥膨胀值的大小可通过改变铝酸盐水泥和石膏的含量来调节。例如用85%～88%的硅酸盐水泥熟料、6%～7.5%的铝酸盐水泥、6%～7.5%的石膏可配制成收缩补偿水泥。用这种水泥配制的混凝土可做屋面刚性防水层、锚固地脚螺栓或修补等用。如适当提高其膨胀组分即可增加膨胀量,可配制成自应力水泥。自应力硅酸盐水泥常用于制造自应力钢筋混凝土压力管及其配件。

铝酸盐膨胀水泥是以一定量的铝酸盐水泥熟料和二水石膏为组成材料,经磨细而成的大膨胀率水硬性胶凝材料。该水泥具有自应力值高、抗渗性、气密性好,质量比较稳定等优点,但水泥生产成本较高,膨胀稳定期较长。可用于制作大口径或较高压力的压力管。

硫铝酸盐膨胀水泥是以无水硫铝酸钙熟料为主要组成材料,加入较多的石膏,经磨细制成的强膨胀性水硬性胶凝材料。可制作大口径或较高压力的压力管,石膏掺量较少时,可用做收缩补偿混凝土。

(3)膨胀水泥的特点与应用

膨胀水泥在约束变形条件下所形成的水泥石结构致密,具有良好的抗渗性和抗冻性。可用于配制防水砂浆和防水混凝土,浇灌构件的接缝及管道的接头,结构的加固与修补,浇筑机器底座和固结地脚螺丝等。自应力水泥主要用于自应力钢筋混凝土结构工程和制造自应力压力管道等。

3. 砌筑水泥

凡由一种或一种以上的水泥混合材料,加入适量硅酸盐水泥熟料和石膏,经磨细制成的工作性较好的水硬性胶凝材料,称为砌筑水泥,代号为 M。砌筑水泥中混合材料掺量按质量百分比计为不少于 50%。

国家标准《砌筑水泥》(GB/T 3183—2003)规定:砌筑水泥熟料中三氧化硫含量不得超过4.0%;细度用 80 μm 方孔筛,筛余量不得超过 10.0%;初凝时间不得早于 45 min,终凝时间不得迟于 12 h;保水率不低于 80%;体积安定性用沸煮法检验必须合格。

根据 7 d、28 d 的抗压强度和抗折强度大小,砌筑水泥分为 12.5 和 22.5 两个强度等级。各强度等级水泥在各龄期的强度值不得低于表 3.12 中的数值。

表 3.12　砌筑水泥各龄期的强度要求表(GB/T 3183—2003)

强度等级	抗压强度/MPa		抗折强度/MPa	
	7 d	28 d	7 d	28 d
12.5	7.0	12.5	1.5	3.0
22.5	10.0	22.5	2.0	4.0

砌筑水泥凝结硬化慢,强度较低,在生产过程中以大量的工业废渣作为原材料,水泥的生产成本低,工作性较好。适用于配制砌筑砂浆、抹面砂浆、基础垫层混凝土。

4. 道路硅酸盐水泥

由道路硅酸盐水泥熟料(以硅酸钙和铁铝酸盐为主要成分)、0～10%活性混合材料和适量石膏磨细制成的水硬性胶凝材料,称为道路硅酸盐水泥(简称道路水泥),代号为 P·R。

道路硅酸盐水泥是为适应我国水泥混凝土路面的需要而发展起来的。为提高道路混凝土的抗折强度、耐磨性和耐久性,道路硅酸盐水泥熟料中铝酸三钙含量不得大于 5.0%;铁铝酸四钙含量不得小于 16.0%。

国家标准《道路硅酸盐水泥》(GB 13693—2005)规定:道路硅酸盐水泥熟料中三氧化硫含量不得超过 3.5%;氧化镁含量不得超过 5.0%;游离氧化钙含量不得超过 1.0%;烧失量不得大于 3.0%;细度用比表面积法测定时为 300～450 m²/kg;初凝时间不得早于 1.5 h,终凝时间不得迟于 10 h;体积安定性用沸煮法检验必须合格;28 d 干缩率不得大于 0.10%;28 d 磨耗量不得大于 3.0 kg/m²。

根据 3 d、28 d 的抗压强度和抗折强度大小,道路硅酸盐水泥分为 32.5、42.5、52.5 三个强度等级。各强度等级水泥在各龄期的强度值不得低于表 3.13 中的数值。

表 3.13　道路硅酸盐水泥各龄期的强度要求表(GB 13693—2005)

强度等级	抗压强度/MPa		抗折强度/MPa	
	3 d	28 d	3 d	28 d
32.5	16.0	32.5	3.5	6.5
42.5	21.0	42.5	4.0	7.0
52.5	26.0	52.5	5.0	7.5

道路硅酸盐水泥具有早强和抗折强度高、干缩性小、耐磨性好、抗冲击性好、抗冻性和耐久性比较好、裂缝和磨耗病害少的特点,主要用于公路路面、机场跑道、城市广场、停车场等工程。

 项目小结

本项目是本课程的主要内容之一,应重点掌握通用硅酸盐水泥的主要矿物成分、技术性能检测方法、特点与适用范围,能准确阅读水泥技术标准,熟知水泥进场验收内容与保管要求,能根据不同的工程环境合理选择水泥的品种。

复习思考题

1. 生产通用水泥的主要原料有哪些？

2. 生产通用水泥时为什么要掺入适量石膏？

3. 试述水泥细度对水泥性能有何影响？怎样检测水泥细度？

4. 导致水泥体积安定性不良的原因有哪些？如何检验？

5. 水泥检验中，哪些性能不符合要求时，该水泥属于不合格品？怎样处理不合格品水泥？

6. 何谓混合材料？在水泥生产中起什么作用？

7. 为什么掺入活性混合材料的硅酸盐水泥早期强度比较低，后期强度发展比较高？

8. 与硅酸盐水泥相比，普通水泥、矿渣水泥、火山灰水泥和粉煤灰水泥在性能上有哪些不同？

9. 某工程使用一批普通硅酸盐水泥，强度检验结果如下，试评定该批水泥的强度等级。

龄期	抗折强度/MPa	抗压破坏荷载/kN
3 d	4.05,4.20,4.10	41.5,42.2,46.1,45.5,44.2,43.1
28 d	7.05,7.50,8.40	111.9,125.0,114.1,113.5,108.0,115.0

10. 不同品种且同一强度等级以及同品种但不同强度等级的水泥能否掺混使用？

11. 试述快凝快硬硅酸盐水泥的矿物组成有哪些特点。

12. 铝酸盐水泥有何特点？使用时应注意哪些问题？

13. 白色硅酸盐水泥对原料和工艺有什么要求？

14. 根据下列工程条件，选择适宜的水泥品种：

①现浇混凝土梁、板、柱，冬季施工。

②高层建筑基础底板（具有大体积混凝土特性和抗渗要求）。

③受海水侵蚀的钢筋混凝土工程。

④高炉炼铁炉基础。

⑤高强度预应力混凝土梁。

⑥紧急抢修工程。

⑦我国东北地区某大桥的沉井基础及桥梁墩台。

⑧采用蒸汽养护的预制构件。

项目 4　混凝土性能检测

 项目描述

本项目主要介绍混凝土各组成材料在混凝土中的作用、混凝土用砂石与混凝土的技术性能及其质量检测方法、普通混凝土的配合比计算方法、其他混凝土的特点及应用范围。只有掌握混凝土组成材料和混凝土质量检测方法，准确阅读混凝土用砂石、混凝土质量技术标准，了解施工过程和外部环境条件对混泥土性能的影响规律，能够根据使用环境和工程要求合理选择原材料、确定混凝土配合比，才能获得性能、质量满足要求的混凝土。

 拟实现的教学目标

1. 能力目标
● 能按国家标准要求进行混凝土用砂石见证取样及送检；
● 能正确使用试验仪器对混凝土用砂石各项技术性能指标进行检测，并依据国家标准对混凝土用砂石质量作出准确评价；
● 能正确使用试验仪器对混凝土拌合物和易性进行检测；
● 能按国家标准要求进行试件的制作；
● 能正确使用试验仪器对混凝土强度进行检测，并依据国家标准对混凝土强度等级作出准确评定；
● 会运用国家标准确定混凝土配合比；
● 在工作中能根据工程所处环境条件、设计与质量要求合理选用混凝土外加剂。

2. 知识目标
● 了解混凝土外加剂的作用、混凝土的质量控制内容、其他品种混凝土的特点；
● 掌握混凝土各组成材料的技术性能、混凝土的技术性能、混凝土配合比设计的方法。

3. 素质目标
● 具有良好的职业道德，勤奋学习，勇于进取；
● 具有科学严谨的工作作风；
● 具有较强的身体素质和良好的心理素质。

混凝土是由胶凝材料、骨料、外加剂和水等按适当比例配合，拌和制成具有一定可塑性的浆体，经一段时间后硬化而成的具有一定形状和强度的人造石材。

100 多年来，混凝土已成为现代土木工程中用量最大、用途最广的建筑材料之一，在人类生产建设发展过程中起着巨大的作用，广泛应用于工业与民用建筑、铁路、工路、桥梁隧道、水工结构及海港、军事等土木工程。与其他材料相比，混凝土具有如下优良的性能。

（1）易塑性。混凝土拌合物在凝结前具有良好的可塑性，可浇筑成任意形状和不同尺寸且整体性很强的构件。

（2）适应性。通过调整混凝土配合比，可配制不同性能的混凝土，以满足不同工程的要求。

（3）强度高。具有较高的抗压强度，并且与钢筋有较高的黏结力制成钢筋混凝土。

（4）耐久性。混凝土具有良好的耐久性，一般情况下不需要维护保养，维修费用低。

（5）经济性。混凝土原材料来源广泛，价格低廉，并可充分利用工业废料作掺合料，如粉煤灰、矿渣、硅灰等，有利于环境保护。

混凝土也存在诸多缺点，主要体现在自重大、抗拉强度低、变形能力小、性脆易开裂、硬化养护时间长、破损后不易修复、施工质量波动性较大等方面，这对混凝土的使用有一定的影响。

按表观密度混凝土可分为重混凝土（$\rho_0 > 2\ 500\ \mathrm{kg/m^3}$）、普通混凝土（$\rho_0 = 1\ 950 \sim 2\ 500\ \mathrm{kg/m^3}$）和轻混凝土（$\rho_0 < 1\ 950\ \mathrm{kg/m^3}$）。

按用途混凝土可分为结构混凝土、道路混凝土、防水混凝土、耐热混凝土、耐酸混凝土、防辐射混凝土、装饰混凝土等。

按所用胶凝材料混凝土可分为水泥混凝土、石膏混凝土、水玻璃混凝土、沥青混凝土、聚合物水泥混凝土及树脂混凝土等。

按施工方法混凝土可分为泵送混凝土、喷射混凝土、压力灌浆混凝土、挤压混凝土、离心混凝土及碾压混凝土等。

典型工作任务 1　混凝土的组成材料性能检测

普通混凝土是由水泥、砂、石子和水按适当比例配合搅拌，浇筑成型，经一定时间后凝结硬化而成的人造石材。随着混凝土技术的发展，现常在混凝土中加入外加剂和矿物掺合料，以改善混凝土的技术性能。

混凝土的结构如图 4.1 所示，一般砂子和石子的总含量约占混凝土总体积的 70%～80%，主要起骨架作用，称为"骨料"；石子为"粗骨料"，砂子为"细骨料"。其余为水泥与水组成的水泥浆和少量残留的空气。水泥浆填充砂子空隙并包裹砂粒，形成砂浆；砂浆又填充石子空隙并包裹石子颗粒。水泥浆起润滑作用，使尚未凝固的混凝土拌合物具有一定的流动性，并通过水泥浆的凝结硬化将砂石骨料胶结成整体。

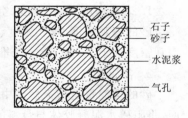

图 4.1　混凝土结构示意图

混凝土的质量在很大程度上取决于各组成材料的相对含量、施工工艺（如搅拌、振捣和养护）等。为了保证混凝土施工质量，所选各组成材料的各项技术性能必须满足一定的质量要求。

4.1.1　水泥

水泥品种和用量是影响混凝土强度、耐久性和经济性的重要因素。因此，合理地选择水泥的品种和强度，将直接关系到混凝土的耐久性和经济性。

1. 水泥品种的选择

应根据工程特点、所处的环境条件、施工条件等因素合理进行选择，常用的有硅酸盐水泥、普通硅酸盐水泥、矿渣硅酸盐水泥、粉煤灰硅酸盐水泥、火山灰质硅酸盐水泥和复合硅酸盐水泥。所用水泥的性能必须符合现行国家有关标准的规定。

2. 水泥强度等级的选择

水泥强度等级的选择,应与所配制的混凝土强度等级相适应。原则上是高强度等级的水泥配制高强度等级的混凝土,低强度等级的水泥配制低强度等级的混凝土。如用高强度等级的水泥配制低强度等级混凝土,会使水泥用量偏少,影响混凝土和易性与耐久性。如用低强度等级的水泥配制高强度等级混凝土,势必会使水泥用量过多,不经济,同时还会影响混凝土的其他技术性质,如增大混凝土的干缩变形、徐变等。一般情况下,水泥强度等级约为所配混凝土强度等级的 1.5~2.0 倍。

4.1.2　细骨料

粒径小于 4.75 mm 的骨料称为细骨料。混凝土的细骨料主要采用天然砂和人工砂。天然砂根据产源不同,可分为河砂、湖砂、山砂和淡化海砂。山砂富有棱角,表面粗糙,与水泥浆黏结性好,但含泥量和有机杂质含量较多。海砂颗粒表面圆滑,比较洁净,与水泥浆黏结性差,常混有贝壳碎片,而且含盐分较多,对混凝土中的钢筋有锈蚀作用。河砂介于山砂和海砂之间,比较洁净,而且分布较广,是我国混凝土用砂的主要来源。人工砂是岩石轧碎筛选而成,富有棱角,比较洁净,但石粉和片状颗粒较多且成本较高。在铁路混凝土中,若就近没有河砂和山砂,则常用由白云岩、石灰岩、花岗岩和玄武岩爆破、机械轧碎而成的机制砂。

砂按技术要求分为Ⅰ类、Ⅱ类、Ⅲ类。Ⅰ类砂宜用于强度等级大于 C60 的混凝土;Ⅱ类砂宜用于强度等级 C30~C60 及有抗冻、抗渗或其他要求的混凝土;Ⅲ类砂宜用于强度等级小于 C30 的混凝土和建筑砂浆。

根据国家标准《建筑用砂》(GB/T 14684—2001)的规定,混凝土用砂应尽量选用洁净、坚硬、表面粗糙有棱角、有害杂质少的砂,具体质量要求如下。

1. 表观密度、堆积密度、空隙率

砂的表观密度、堆积密度、空隙率检测方法详见项目 1 材料的基本性质,要求混凝土用砂表观密度大于 2 500 kg/m³、堆积密度大于 1 350 kg/m³、空隙率小于 47%。

2. 含泥量

砂的含泥量是指天然砂中粒径小于 75 μm 的颗粒含量。细小的泥土颗粒包裹在骨料表面,将阻碍水泥凝胶体与骨料的黏结,同时,这些细小颗粒的存在,还增大了骨料的表面积与拌和用水量,使混凝土的强度和耐久性降低,干缩量增加。

(1)主要仪器设备

①天平:称量 1 kg,感量 0.1 g。

②标准筛:孔径为 75 μm 及 1.18 mm 的方孔筛各一只。

③烘箱:能使温度控制在(105±5)℃。

④筒、浅盘等:要求淘洗试样时,保证试样不溅出。

(2)检测准备

按规定取样,用四分法将试样缩分到约 1 100 g,放在烘箱中于(105±5)℃下烘干至恒重,待冷却至室温后,分成大致相等的两份备用。

(3)检测步骤

①称取试样 500 g,精确至 0.1 g。将试样倒入淘洗容器中,注入清水,使水面高于试样面约 150 mm,充分搅拌均匀后,浸泡 2 h,然后用手在水中淘洗试样,使尘屑、淤泥、黏土与砂粒分离,把浑水慢慢倒入 1.18 mm 及 75 μm 的套筛上(1.18 mm 筛放在 75 μm 筛上面),滤去小于 75 μm 的颗粒。试验前筛子的两面应先用水润湿,在整个过程中应小心,防止试样流失。

②再次向容器中加入清水,重复上述操作,直至容器内的水目测清澈为止。

③用水冲洗剩余在筛上的细粒,并将 75 μm 筛放在水中来回摇动,以充分洗掉小于 75 μm 的颗粒,然后将两只筛上筛余的颗粒和清洁容器中已经洗净的试样一并倒入浅盘中,置于烘箱中在(105±5)℃下烘干至恒重,待冷却至室温后,称出试样的质量 m_2,精确至 1 g。

(4)检测结果

按下式计算砂的含泥量,精确到 0.1%,并以两次检测结果的算术平均值作为最终检测结果。若两次检测结果相差大于 0.5%,须重新检测。

$$Q_a = \frac{m_1 - m_2}{m_1} \times 100\% \tag{4.1}$$

式中 Q_a——砂的含泥量,%;

m_1——检测冲洗前烘干试样的质量,g;

m_2——检测冲洗后烘干试样的质量,g。

天然砂的含泥量应符合表 4.1 的规定。

3. 泥块含量

泥块含量是指砂中原粒径大于 1.18 mm,经水浸洗、手捏后小于 600 μm 的颗粒含量。泥块包裹

表 4.1 天然砂的含泥量表(GB/T 14684—2001)

项目	Ⅰ类	Ⅱ类	Ⅲ类
含泥量(按质量计)/%,小于	1.0	3.0	5.0

在骨料表面,将阻碍水泥凝胶体与骨料的黏结,在混凝土中形成薄弱部位,降低混凝土的强度和耐久性。同时,体积不稳定的泥块,自身强度很低,浸水后溃散,干燥时收缩,对混凝土有很大的破坏作用。

(1)主要仪器设备

①天平:称量 1 kg,感量 0.1 g。

②标准筛:孔径为 600 μm 和 1.18 mm 的方孔筛各一只。

③烘箱:能使温度控制在(105±5)℃。

④筒、浅盘等容器:要求淘洗试样时,保证试样不溅出。

(2)检测准备

按规定取样,用四分法将试样缩分至 5 000 g,放在烘箱内于(105±5)℃下烘干至恒重,冷却至室温后,筛除小于 1.18 mm 的颗粒,分成大致相等的两份备用。

(3)检测步骤

①称取试样 200 g,精确至 0.1 g。将试样倒入淘洗容器中,注入清水,使水面高于试样面约 150 mm,充分搅拌均匀后,浸水 24 h。用手在水中碾碎泥块,再把试样放在 600 μm 筛上,用水淘洗,直至容器内的水目测清澈为止。

②将保留下来的试样小心地从筛中取出,装入浅盘后,放在烘箱中于(105±5)℃下烘干至恒重,冷却至室温后,称出其质量 m_2,精确至 0.1 g。

(4)检测结果

按下式计算砂中泥块含量,精确至 0.1%,并以两次试验测定值的算术平均值作为最终检

测结果。若两次检测结果之差大于 0.15%，须重新检测。

$$Q_b = \frac{m_1 - m_2}{m_1} \times 100\%$$ (4.2)

式中　Q_b——砂中泥块含量，%；

　　　m_1——1.18 mm 筛筛余试样的质量，g；

　　　m_2——检测后烘干试样的质量，g。

天然砂的泥块含量应符合表 4.2 的规定。

4. 石粉含量

石粉含量是指人工砂中粒径小于 75 μm 的颗粒含量，其矿物组成和化学成分与母岩相同。过多

表 4.2　天然砂的泥块含量表（GB/T 14684—2001）

项目	Ⅰ类	Ⅱ类	Ⅲ类
泥块含量（按质量计）/%，小于	0	1.0	2.0

的石粉会妨碍水泥与骨料的黏结，从而导致混凝土的强度、耐久性降低。但研究和实践表明：在混凝土中掺入适量的石粉，对改善混凝土细骨料颗粒级配、提高混凝土密实性有很大的益处，进而提高混凝土的综合性能。

人工砂的石粉含量和泥块含量应符合表 4.3 的规定。亚甲蓝试验是用于检测人工砂中粒径小于 75 μm 的颗粒主要是泥土还是石粉的一种试验方法。

表 4.3　人工砂的石粉含量和泥块含量表（GB/T 14684—2001）

项目			Ⅰ类	Ⅱ类	Ⅲ类
亚甲蓝试验	MB 值<1.40 或合格	石粉含量（按质量计）/%，小于	3.0	5.0	7.0（注）
		泥块含量（按质量计）/%，小于	0	1.0	2.0
	MB 值≥1.40 或不合格	石粉含量（按质量计）/%，小于	1.0	3.0	5.0
		泥块含量（按质量计）/%，小于	0	1.0	2.0

注：根据使用地区和用途，在试验验证的基础上，可由供需双方协商确定。

5. 粗细程度和颗粒级配

砂的粗细程度是指不同粒径的砂混合在一起后的总体粗细程度，粗细程度将直接影响骨料总表面积大小。砂越细，骨料总表面积就越大；砂越粗，骨料总表面积就越小。砂的粗细程度用细度模数来表示。

砂的颗粒级配是指粒径大小不同的颗粒互相搭配的情况，级配优劣将直接影响骨料内部的密实程度，级配良好也就意味着骨料内部空隙率小。砂的颗粒级配用级配区表示。

（1）主要仪器设备

①标准筛：包括孔径为 9.50 mm、4.75 mm、2.36 mm、1.18 mm、600 μm、300 μm 和 150 μm 的方孔筛各一只，并附有筛底和筛盖。

②天平：称量 1 000 g，感量 1 g。

③烘箱：能使温度控制在（105±5）℃。

④摇筛机、浅盘和毛刷等。

（2）检测准备

按规定取样，并将试样缩分至 1 100 g，置于（105±5）℃的烘箱中烘至恒重，冷却至室温后，筛除大于 9.50 mm 的颗粒，分为大致相等的两份备用。

（3）检测步骤

①称取烘干试样 500 g，精确至 1 g。

②将试样倒入按孔径大小从上到下组合的套筛上(即 4.75 mm 方孔筛),然后进行筛分。

③将套筛装入摇筛机内固紧,摇筛 10 min 左右。若无摇筛机,也可手筛。取下套筛,按筛孔大小顺序再逐个进行手筛,直至每分钟的筛出量不超过试样总量的 0.1% 为止。通过的试样并入下一号筛中,并和下一号筛中的试样一起过筛,按这样顺序进行,直到各号筛全部筛完为止。

④称出各号筛的筛余量,精确至 1 g。试样在各号筛上的筛余量不得超过按下式计算出的量

$$G=\frac{A\times\sqrt{d}}{200} \tag{4.3}$$

式中　G——在一个筛上的筛余量,g;

　　　A——筛面面积,mm²;

　　　d——筛孔尺寸,mm。

超过时应按下列方法之一进行处理。

①将该粒级试样分成少于上式计算出的量,分别筛分,并以筛余量之和作为该号筛的筛余量。

②将该粒级及以下各粒级的筛余混合均匀,称出其质量,精确至 1 g。再用四分法缩分为大致相等的两份,取其中一份,称出其质量,精确至 1 g,继续筛分。计算该粒级及以下各粒级的分计筛余量时应根据缩分比例进行修正。

(4)检测结果

①计算分计筛余百分率:各号筛的筛余量与试样总量之比,精确至 0.1%。

②计算累计筛余百分率:该号筛的筛余百分率与该号筛以上各筛余百分率之和,精确至 0.1%。筛分后,如每号筛的筛余量与筛底的剩余量之和同原试样质量之差超过 1% 时,须重新检测。

③按下式计算砂的细度模数,精确至 0.01

$$M_x=\frac{A_2+A_3+A_4+A_5+A_6-5A_1}{100-A_1} \tag{4.4}$$

式中　　　　　M_x——砂的细度模数;

A_1、A_2、A_3、A_4、A_5、A_6——分别为孔径 4.75 mm、2.36 mm、1.18 mm、600 μm、300 μm、150 μm 筛的累计筛余百分率。

④根据各筛的累计筛余百分率评定该试样的颗粒级配情况。

累计筛余百分率取两次检测结果的算术平均值,精确至 1%;细度模数取两次检测结果的算术平均值作为最终检测结果,精确至 0.1。如果两次检测所得的细度模数之差大于 0.02,应重新取样检测。

细度模数越大,表示砂越粗。按细度模数大小将砂分为粗砂 $M_x=3.7\sim3.1$;中砂 $M_x=3.0\sim2.3$;细砂 $M_x=2.2\sim1.6$。

根据国家标准《建筑用砂》(GB/T 14684—2001)的规定,砂按 600 μm 筛孔的累计筛余率(A_4)可分为 3 个级配区,$A_4=71\%\sim85\%$ 为Ⅰ区,$A_4=41\%\sim70\%$ 为Ⅱ区,$A_4=16\%\sim40\%$ 为Ⅲ区,建筑用砂的实际颗粒级配(各 A 值)应处于表 4.4 中的任何一个级配区内,说明砂子的级配良好。表中所列的累计筛余率,除 4.75 mm 和 600 μm 筛外,允许有超出分区界线,但其总量不应大于 5%,否则为级配不合格。

表 4.4　砂的颗粒级配表（GB/T 14684—2001）

筛孔尺寸	级配区			筛孔尺寸	级配区		
	Ⅰ区	Ⅱ区	Ⅲ区		Ⅰ区	Ⅱ区	Ⅲ区
	累计筛余率/%				累计筛余率/%		
9.50 mm	0	0	0	600 μm	85～71	70～41	40～16
4.75 mm	10～0	10～0	10～0	300 μm	95～80	92～70	85～55
2.36 mm	35～5	25～0	15～0	150 μm	100～90	100～90	100～90
1.18 mm	65～35	50～10	25～0				

注：Ⅰ区人工砂中150 μm 筛孔的累计筛余率可以放宽到100%～85%，Ⅱ区人工砂中150 μm筛孔的累计筛余率可以放宽100%～80%，Ⅲ区人工砂中150 μm 筛孔的累计筛余率可以放宽到100%～75%。

以累计筛余百分率为纵坐标，以筛孔尺寸为横坐标，根据表 4.4 的规定，可画出三个级配区的筛分曲线，如图 4.2 所示。当试验砂的筛分曲线落在三个级配区之一的上下线界限之间时，可认为砂的级配为合格。

Ⅰ区砂粗粒较多，保水性较差，宜于配制水泥用量较多或流动性较小的普通混凝土。Ⅱ区砂颗粒粗细程度适中，级配最好。Ⅲ区砂颗粒偏细，用它配制的普通混凝土拌合物黏聚性稍大，保水性较好，容易插捣，但干缩性较大，表面容易产生微裂纹。

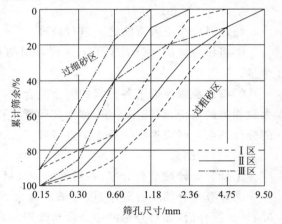

图 4.2　砂的级配曲线

【例 4.1】 某工地用 500 g 烘干砂样做筛分析试验，筛分结果如表 4.5 所示，试判断该砂的粗细程度和级配情况。

表 4.5　砂样筛分结果表

筛孔尺寸	分计筛余量/g	分计筛余率/%	累计筛余率/%
4.75 mm	30	6.0	6.0
2.36 mm	45	9.0	15.0
1.18 mm	151	30.2	45.2
600 μm	90	18.0	63.2
300 μm	76	15.2	78.4
150 μm	88	17.6	96.0
筛底	20	4.0	100.0

解：（1）计算细度模数

$$M_x = \frac{A_2 + A_3 + A_4 + A_5 + A_6 - 5A_1}{100 - A_1} = \frac{15.0 + 45.2 + 63.2 + 78.4 + 96.0 - 5 \times 6.0}{100 - 6.0} = 2.8$$

（2）判断粗细程度和级配情况

因为 $M_x = 2.8$，在 3.0～2.3 之间，所以该砂为中砂。

由于该砂在 600 μm 筛上的累计筛余 $A_4 = 63.2\%$，在 41%～70% 之间，属Ⅱ区；又将计算的各累计筛余 A 值与Ⅱ区标准逐一对照，由于各 A 值均落入Ⅱ区内，因此该砂的级配良好。

6. 有害杂质含量

天然砂中常含有云母、轻物质、硫化物、硫酸盐、有机质、氯化物及草根、树叶、树枝、塑料品、煤块、炉渣等有害杂质,这些杂质过多会影响混凝土的质量。

云母呈薄片状,表面光滑,与水泥石的黏结性差,影响界面强度,且易风化,会降低混凝土强度和耐久性;硫酸盐、硫化物将对硬化的水泥凝胶体产生硫酸盐侵蚀;有机物通常是植物腐烂的产物,妨碍、延缓水泥的正常水化,降低混凝土强度;氯盐引起混凝土中钢筋锈蚀,破坏钢筋与混凝土的黏结,使混凝土保护层开裂。密度小于 2 g/cm³ 的轻物质(如煤屑、炉渣),会降低混凝土的强度和耐久性。为了保证混凝土的质量,上述有害物质的含量应符合表 4.6 的规定。

表 4.6　砂中有害物质限量表(GB/T 14684—2001)

项目	I 类	II 类	III 类
云母含量(按质量计)/%,小于	1.0	2.0	2.0
硫化物及硫酸盐含量(按 SO₃ 质量计)/%,小于	0.5	0.5	0.5
有机物含量(用比色法试验)	合格	合格	合格
氯化物含量(按氯离子质量计)/%,小于	0.01	0.02	0.06
轻物质含量(按质量计)/%,小于	1.0	1.0	1.0

7. 坚固性

坚固性是指砂在自然风化和其他外界物理化学因素作用下抵抗破裂的能力。根据国家标准《建筑用砂》(GB/T 14684—2001)的规定,天然砂的坚固性用硫酸钠溶液法检验,砂样经 5 次干湿循环后的质量损失应符合表 4.7 的规定;人工砂采用压碎指标法进行试验,压碎指标应符合表 4.7 的规定。

表 4.7　砂的坚固性指标表(GB/T 14684—2001)

项目	I 类	II 类	III 类
天然砂的质量损失/%,小于	8	8	10
人工砂的单级最大压碎指标/%,小于	20	25	30

4.1.3　粗骨料

粒径大于 4.75mm 的骨料称为粗骨料。常用的粗骨料有卵石和碎石两种。卵石是岩石由于自然条件作用而形成的,可分为河卵石、海卵石和山卵石。河卵石比较洁净,表面光滑,少棱角,与水泥石之间的胶结能力较低;而山卵石含黏土等杂质较多,使用前须冲洗干净。人工碎石是由天然岩石或卵石经机械破碎、筛分而成,颗粒表面粗糙,富有棱角,与水泥浆的黏结力强,但流动性较差。

粗骨料的选用应根据就地取材的原则和工程的具体要求而定,一般情况下配制高强度等级的混凝土宜采用碎石,但其品质必须符合国家标准《建筑用碎石、卵石》(GB/T 14685—2001)的规定。按技术性能将粗骨料分为三类,I 类宜用于强度等级大于 C60 的混凝土;II 类宜用于强度等级为 C30~C60 及有抗冻、抗渗或其他要求的混凝土;III 类宜用于强度等级小于 C30 的混凝土。粗骨料的质量要求,主要包括以下几个方面。

1. 含泥量

卵石或碎石中粒径小于 75 μm 的颗粒含量成为含泥量。如果在卵石或碎石表面附着过多的泥土,将影响水泥凝胶体与卵石、碎石的黏结,降低混凝土的强度和耐久性。

(1)主要仪器设备

①天平:称量 10 kg,感量 1 g。

②标准筛:孔径为 75 μm 及 1.18 mm 标准筛各一只。

③烘箱:能使温度控制在(105±5)℃。

④筒、浅盘等容器:要求淘洗试样时,保持试样不溅出。

⑤毛刷、搪瓷盘等。

(2)检测准备

按规定取样,并将试样缩分至略大于表 4.8 规定的数量,放在烘箱中于(105±5)℃下烘干至恒重,冷却至室温后,分成大致相等的两份备用。

表 4.8 含泥量、泥块含量检测所需试样数量表

石子最大粒径/mm	9.5	16.0	19.0	26.5	31.5	37.5	63.0	75.0
最少试样质量/kg	2.0	2.0	6.0	6.0	10.0	10.0	20.0	20.0

(3)检测步骤

①按表 4.8 规定的数量称取试样一份,精确至 1 g。将试样放入淘洗容器中,注入清水,使水面高于试样上表面 150 mm,充分搅拌均匀后,浸泡 2 h,然后用手在水中淘洗试样,使尘屑、淤泥、黏土与石子颗粒分离,把浑水缓缓倒入 1.18 mm 及 75 μm 套筛上(1.18 mm 筛放在 75 μm 筛上面),滤去小于 75 μm 的颗粒。试验前筛子的两面应先用水润湿。在整个试验过程中要小心,防止大于 75 μm 颗粒流失。

②再次向容器中加入清水,重复上述操作,直至容器内的水目测清澈为止。

③用水冲洗剩余在筛上的细粒,并将 75 μm 筛放在水中(使水面略高出筛中石子颗粒的上表面)来回摇动,以充分洗掉小于 75 μm 的颗粒,然后将两只筛上筛余的颗粒和清洗容器中已经洗净的试样一并倒入搪瓷盘中,置于烘箱中在(105±5)℃下烘干至恒重,待冷却至室温后,称出试样的质量,精确至 1 g。

(4)检测结果

按下式计算碎石或卵石的含泥量大小,精确至 0.1%,并取两次检测结果的算术平均值作为最终检测结果。两次检测结果相差应小于 0.3%,否则须重新检测。

$$Q_a = \frac{m_1 - m_2}{m_1} \times 100\% \tag{4.5}$$

式中 Q_a——碎石或卵石含泥量,%;

m_1——检测前烘干试样的质量,g;

m_2——检测后烘干试样的质量,g。

卵石或碎石中的含泥量应符合表 4.9 规定。

表 4.9 卵石或碎石含泥量表(GB/T 14685—2001)

项目	Ⅰ类	Ⅱ类	Ⅲ类
含泥量(按质量计)/%,小于	0.5	1.0	1.5

2. 泥块含量

泥块含量是指卵石、碎石中原粒径大于 4.75 mm,经水浸洗、手捏后小于 2.36 mm 的颗粒

含量。泥块包裹在卵石、碎石表面,将阻碍水泥凝胶体与卵石、碎石的黏结,在混凝土中形成薄弱部位,降低混凝土的强度和耐久性。同时,体积不稳定的泥块,自身强度很低,浸水后溃散,干燥时收缩,对混凝土有很大的破坏作用。

(1)主要仪器设备

①天平:称量 10 kg,感量 1 g。

②标准筛:孔径为 2.36 mm 及 4.75 mm 方孔筛各一只。

③烘箱:能使温度控制在(105±5)℃。

④筒、浅盘等容器:要求淘洗试样时,保持试样不溅出。

⑤毛刷、搪瓷盘等。

(2)检测准备

按规定取样,并将试样缩分至略大于表 4.8 规定的数量,放在烘箱中于(105±5)℃下烘干至恒重,冷却至室温后,筛除小于 4.75 mm 的颗粒,分成大致相等的两份备用。

(3)检测步骤

①按表 4.8 规定的数量称取试样一份,精确至 1 g。将试样倒入淘洗容器中,注入清水,使水面高于试样上表面。充分搅拌均匀后,浸泡 24 h。然后用手在水中碾碎泥块,再把试样放在 2.36 mm 筛上,用水淘洗,直至容器内的水目测清澈为止。

②将保留下来的试样小心地从筛中取出,装入搪瓷盘后,放在烘箱中于(105±5)℃下烘干至恒重,待冷却至室温后,称出其质量,精确至 1 g。

(4)检测结果

按下式计算碎石或卵石泥块含量的大小,精确至 0.1%,并取两次检测结果的算术平均值作为最终检测结果。两次检测结果相差应小于 0.1%,否则须重新检测。

$$Q_b = \frac{m_1 - m_2}{m_1} \times 100\%　　　　　　　　　　(4.6)$$

式中　Q_b——碎石或卵石泥块含量,%;

　　　m_1——4.75 mm 筛筛余试样的质量,g;

　　　m_2——检测后烘干试样的质量,g。

卵石或碎石中的泥块含量应符合表 4.10 规定。

表 4.10　卵石或碎石泥块含量表(GB/T 14685—2001)

项目	Ⅰ类	Ⅱ类	Ⅲ类
泥块含量(按质量计)/%,小于	0	0.5	0.7

3. 颗粒形状

针状颗粒是指颗粒长度大于该颗粒平均粒径 2.4 倍的颗粒,片状颗粒是指颗粒厚度小于该颗粒平均粒径 0.4 倍的颗粒,平均粒径是指一个粒级的骨料其上、下限粒径的平均值。粗骨料的颗粒形状以接近立方体或球体为佳,不宜含有过多的针、片状颗粒,因为针、片状颗粒在外力作用下易折断,影响混凝土拌合物的和易性、强度和耐久性。混凝土用石子的针、片状颗粒含量应符合表 4.11 的规定。

表 4.11　卵石或碎石针、片状颗粒含量表(GB/T 14685—2001)

项目	Ⅰ类	Ⅱ类	Ⅲ类
针、片状颗粒含量(按质量计)/%,小于	5	15	25

4. 最大粒径

石子公称粒级的上限称为该粒级的最大粒径,例如 5～20 mm 粒级的石子,其最大粒径为 20 mm。

最大粒径反映了粗骨料总体的粗细程度,影响着骨料的总表面积。随着石子最大粒径的增大,其总表面积随之减小,从而使包裹骨料表面的水泥浆的数量也相应减少,因此在满足其他条件要求的前提下,尽可能采用粒径较大的骨料,这样不仅能节约水泥,而且还能提高混凝土的和易性与强度。但是在施工过程中,石子的最大粒径通常要受到结构物的截面尺寸、钢筋疏密及施工条件的限制,根据《混凝土结构工程施工质量验收规范》(GB 50204—2002)的规定,混凝土用粗骨料,其最大粒径不得超过构件截面最小尺寸的 1/4,同时不得超过钢筋最小净距的 3/4;对于混凝土实心板,粗骨料的最大粒径不宜超过板厚的 1/3 且不得超过 40 mm。对于泵送混凝土,骨料最大粒径与输送管道内径之比,碎石不宜大于 1：3,卵石不宜大于 1：2.5。

5. 颗粒级配

石子颗粒级配的原理与砂基本相同,颗粒级配直接影响骨料内部空隙的多少。级配良好的石子,内部空隙率小,用来包裹并填充骨料间空隙的水泥砂浆数量减少,这样不仅可以节约水泥,还可以提高混凝土质量。

石子的级配按粒径尺寸可分为连续粒级和单粒粒级两种。连续粒级是石子颗粒由大到小连续分级,每一级骨料都占有一定的比例。由于连续粒级是大小颗粒骨料互相搭配,能形成比较稳定的骨架,配制的混凝土拌合物和易性较好,不易发生分层离析现象,便于保证混凝土施工质量,目前应用比较广泛。

单粒粒级是人为地剔除石子中的某些粒级,造成颗粒粒级的间断,大颗粒间的空隙由比它小得多的小颗粒来填充,从而降低空隙率,增加密实度,达到节约水泥的目的,但是小粒径石子容易从大空隙中分离出来,使混凝土拌合物产生离析分层现象,导致施工难度增加,因此在工程中较少使用。对于低流动性或干硬性混凝土,如果采用机械强力振捣施工,可采用单粒粒级。

(1)主要仪器设备

①天平:称量 1 kg,感量 0.1 g。

②台称:称量 10 kg,感量 1 g。

③标准筛:孔径为 90.0 mm、75.0 mm、63.0 mm、53.0 mm、37.5 mm、31.5 mm、26.5 mm、19.0 mm、16.0 mm、9.5 mm、4.75 mm 及 2.36 mm 的方孔筛各一只,并附有筛底和筛盖。

④烘箱:能使温度控制在(105±5)℃。

⑤摇筛机:电动振动筛,振幅为(0.5±0.1)mm,频率为(50±3)Hz。

⑥搪瓷盘、毛刷等。

(2)检测准备

检测前按规定取样。用四分法将试样缩分至略重于表 4.12 所规定的试样量,放入烘箱内烘干至恒重,并冷却至室温后备用。

表 4.12　颗粒级配检测所需试样数量表

石子最大粒径/mm	9.5	16.0	19.0	26.5	31.5	37.5	63.0	75.0
最少试样数量/kg	1.9	3.2	3.8	5.0	6.3	7.5	12.6	16.0

(3)检测步骤

①按表 4.12 的规定数量称取试样一份,精确至 1 g。

②将试样倒入按孔径大小从上到下组合的套筛(附筛底)上,进行筛分。

③将套筛置于摇筛机上摇 10 min,取下套筛,按筛孔径大小顺序再逐个用手筛,筛至每分钟通过量小于试样总量 0.1% 为止。通过的颗粒并入下一号筛中,并和下一号筛中的试样一起过筛,按此顺序进行,直至各号筛全部筛完为止。

④称出各号筛上的筛余量,精确至 1 g。

(4)检测结果

①计算各号筛的分计筛余百分率:即各号筛的筛余量与试样总质量之比,精确至 0.1%。

②计算累计筛余百分率:该号筛的筛余百分率与该号筛以上各分计筛余百分率之和,精确至 1%。筛分后,如各号筛的筛余量与筛底的筛余量之和同原试样质量之差超过 1% 时,须重新检测。

③根据各号筛的累计筛余百分率,评定该试样的颗粒级配。

普通混凝土用碎石或卵石的颗粒级配应符合表 4.13 的规定。

表 4.13　碎石和卵石的颗粒级配范围(GB/T 14685—2001)

级配情况	公称粒级/mm	累计筛余(按质量计)/%											
		筛孔尺寸(方孔筛)/mm											
		2.36	4.75	9.50	16.0	19.0	26.5	31.5	37.5	53.0	63.0	75.0	90.0
连续粒级	5～10	95～100	80～100	0～15	0								
	5～16	95～100	85～100	30～60	0～10	0							
	5～20	95～100	90～100	40～80		0～10	0						
	5～25	95～100	90～100		30～70		0～5	0					
	5～31.5	95～100	90～100	70～90		15～45		0～5	0				
	5～40		95～100	70～90			30～65			0～5	0		
单粒粒级	10～20		95～100	85～100		0～15							
	16～31.5		95～100		85～100			0～10					
	20～40			95～100		80～100			0～10	0			
	31.5～63				95～100			75～100	45～75		0～10	0	
	40～80					95～100			70～100		30～60	0～10	0

6. 强度

石子在混凝土中起骨架作用,它的强度直接影响混凝土的强度,因此混凝土用石子必须具有足够的强度。石子强度可以用岩石的抗压强度或压碎指标值来表示。

岩石抗压强度是将生产碎石的母岩制成 50 mm×50 mm×50 mm 的立方体试件或 ϕ50 mm×50 mm 的圆柱体试件,在水中浸泡 48 h,使其达到吸水饱和状态后进行抗压强度检测。要求岩石抗压强度与所采用的混凝土强度等级之比不应小于 1.5,而且在吸水饱和状态下火成岩的抗压强度不应小于 80 MPa,变质岩的抗压强度不应小于 60 MPa,水成岩的抗压强度不应小于 50 MPa。

以岩石抗压强度来表示粗骨料强度虽然比较直观,但试件加工较困难,且不能反映石子在混凝土中的真实强度,因此常采用压碎指标来衡量粗骨料强度。压碎指标值是通过直接测定堆积状态下的石子抵抗破碎的能力,间接反映石子强度大小的指标。

(1)主要仪器设备

①压碎指标值测定仪:组成与结构如图 4.3 所示。

②压力试验机:量程 400 kN 以上。

③标准筛:孔径分别为 2.36 mm、9.5 mm 和 19.0 mm 的方孔筛各一只。

④天平:称量 1 kg,感量 1 g。

⑤台秤:称量 10 kg,感量 10 g。

⑥垫棒:直径为 10 mm,长为 500 mm 的圆钢。

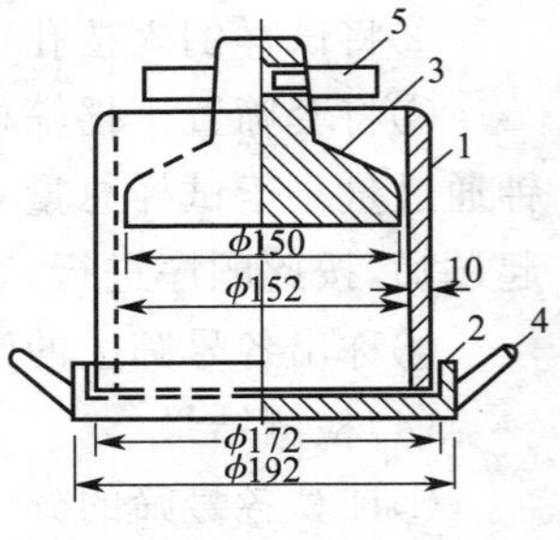

图 4.3　压碎指标值测定仪(单位:mm)
1—圆模;2—底盘;3—加压头;4—手把;5—把手

(2)检测准备

按规定取样,风干后筛除大于 19.0 mm 及小于 9.5 mm 的颗粒,并除去针片状颗粒,分成大致相等的三份备用。

(3)检测步骤

①称取试样 3 000 g,精确至 1 g。将试样分两层装入圆模(置于底盘上)内,每装完一层试样后,在底盘下面垫放一直径为 10 mm 的圆钢,将圆模按住,左右交替颠击地面 25 次,两层颠实后,平整模内试样表面,盖上压头。

②将装有试样的模子置于压力机上,开动压力试验机,按 1 kN/s 速度均匀加荷至 200 kN 并稳荷 5 s,然后卸荷。取下加压头,倒出试样,用孔径为 2.36 mm 的筛筛除被压碎的细粒,称出留在筛上的试样质量,精确至 1 g。

(4)检测结果

按下式计算碎石或卵石的压碎指标值,精确至 0.1%,并以三次检测结果的算术平均值作为最终检测结果

$$Q_e = \frac{m_1 - m_2}{m_1} \times 100\% \qquad (4.7)$$

式中　Q_e——碎石或卵石的压碎指标值,%;

　　　m_1——试样质量,g;

　　　m_2——经压碎筛分后筛余的试样质量,g。

压碎指标值越小,表示石子抵抗破碎的能力越强,石子的强度越高。对不同强度等级的混凝土,所用石子的压碎指标值应符合表 4.14 的规定。

表 4.14　压碎指标值(GB/T 14685—2001)

项　目	指　标		
	Ⅰ类	Ⅱ类	Ⅲ类
碎石压碎指标/%,小于	10	20	30
卵石压碎指标/%,小于	12	16	16

7. 有害杂质含量

粗骨料中常含有一些有害杂质,如淤泥、细屑、硫酸盐、硫化物、有机物质、蛋白石等含有活性二氧化硅的矿物,它们的含量应符合表 4.15 的规定。

表 4.15　石子中有害物质限量表(GB/T 14685—2001)

项　目	Ⅰ类	Ⅱ类	Ⅲ类
硫化物及硫酸盐含量(按 SO_3 质量计)/%,小于	0.5	1.0	1.0
有机物含量(用比色法试验)	合格	合格	合格

8. 坚固性

为保证混凝土的耐久性,作为混凝土骨架的石子应具有足够的坚固性。坚固性是指碎石及卵石在气候、外力、环境变化或其他物理化学因素作用下抵抗破裂的能力。用硫酸钠溶液进行试验,经 5 次干湿循环后其质量损失应符合表 4.16 的规定。

表 4.16　坚固性指标表(GB/T 14685—2001)

项　　　目	指　　标		
	Ⅰ 类	Ⅱ 类	Ⅲ 类
质量损失/%,小于	5	8	12

4.1.4　水

混凝土用水包括拌和用水与养护用水。凡可供饮用的自来水或清洁的天然水,一般均可用来拌制和养护混凝土。

混凝土用水的水质必须符合国家标准《混凝土用水标准》(JGJ 63—2006)的规定,不能含有影响水泥正常凝结与硬化的有害杂质;不得有损于混凝土强度发展;不得降低混凝土的耐久性;不得加快钢筋腐蚀及导致预应力钢筋脆断;不得污染混凝土表面;各物质含量限值应符合表 4.17 的要求。

表 4.17　混凝土拌和用水水质要求表(JGJ 63—2006)

项　　　目	预应力混凝土	钢筋混凝土	素混凝土
pH 值/不小于	5.0	4.5	4.5
不溶物/mg/L,不大于	2 000	2 000	5 000
可溶物/mg/L,不大于	2 000	5 000	10 000
氯化物(以 Cl^- 计)/mg/L,不大于	500	1 000	3 500
硫酸盐(以 SO_4^{2-} 计)/mg/L,不大于	600	2 000	2 700
碱含量/mg/L,不大于	1 500	1 500	1 500

注:碱含量按 $Na_2O + 0.658 K_2O$ 计算值来表示。

处理后的工业废水经检验合格后方可使用;海水中含有硫酸盐、镁盐和氯化物,会锈蚀钢筋,且会引起混凝土表面潮湿和盐霜,因此不得用于拌制和养护钢筋混凝土、预应力混凝土和有饰面要求的混凝土。

典型工作任务 2　混凝土技术性能检测

要配制质量优良的混凝土,不仅要选用质量合格的组成材料,还要求混凝土拌合物具有适于施工的和易性,以期硬化后能够得到均匀密实的混凝土;要求具有足够的强度,以保证建筑物能够安全地承受各种设计荷载;要求具有一定的耐久性,以保证结构物在所处环境中能够经久耐用。

4.2.1　混凝土拌合物的和易性

混凝土各组成材料拌和后,在未凝结硬化之前称为混凝土拌合物。它必须具有良好的和易性,以便于施工并获得均匀密实的浇筑质量,因此和易性是关系到混凝土质量好坏的一个重要性质。

1. 混凝土拌合物和易性检测

混凝土拌合物和易性是指混凝土拌合物易于施工操作(如拌和、运输、浇筑、捣实),并能获得质量均匀、成型密实的综合技术性能,包括流动性、黏聚性和保水性三个方面。

流动性是指混凝土拌合物在本身自重或施工机械振捣作用下,能够产生流动并均匀、密实地填满模板的性能。流动性的大小反映混凝土拌合物的稀稠情况,直接影响混凝土拌合物浇捣施工的难易程度和施工质量。

黏聚性是指混凝土拌合物在施工(如运输、浇筑、振捣)过程中,能保持各组成材料组分均匀,不发生分层离析现象的性能。黏聚性差,会使混凝土硬化后产生蜂窝、麻面、薄弱夹层等缺陷,影响混凝土的强度和耐久性。

保水性指混凝土拌合物具有保持水分不易析出的能力。保水性差,混凝土拌合物在施工过程中出现泌水现象,使硬化后的混凝土内部存在许多孔隙,降低混凝土的抗渗性、抗冻性。另外,上浮的水分还会聚积在石子或钢筋的下方形成较大孔隙(水囊),削弱了水泥浆与石子、钢筋间的黏结力,影响混凝土的质量。

由于混凝土拌合物和易性是一项综合性的技术性能,到目前为止还没有一个科学的测试方法和定量指标能够比较全面地反映和易性。通常采用测定混凝土拌合物的流动性,辅以对黏聚性和保水性的目测观察,再根据测定和观察的结果,综合评判混凝土拌合物的和易性是否符合要求。

混凝土拌合物的流动性是坍落度或维勃稠度表示的,坍落度适用于流动性和塑性混凝土拌合物,维勃稠度适用于干硬性混凝土拌合物。

(1)主要仪器设备

①坍落度筒:由薄钢板制成的截圆锥体形筒,应符合《混凝土坍落度仪》(JG 3021—1994)的要求。其内壁应光滑,无凹凸部位,底面和顶面应互相平行并与锥体的轴线垂直。在坍落度筒外距底面三分之二高度处安有两个手把,下端焊有脚踏板。筒内部尺寸及允许偏差如下:底部直径为(200±2)mm;顶部直径为(100±2)mm;高度为(300±2)mm;筒壁厚度≥1.5 mm。其形状与结构如图 4.4 所示。

②维勃稠度仪:应符合《维勃稠度仪》(JG 3043—1997)的要求,其形状与结构如图 4.5 所示。

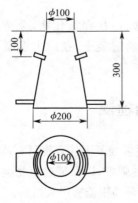

图 4.4　坍落度筒
（单位：mm）

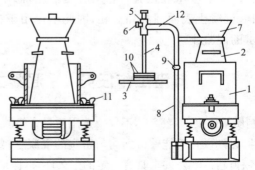

图 4.5　维勃稠度仪图
1—容器;2—坍落度筒;3—透明圆盘;4—测杆;5—套筒;
6—测杆螺丝;7—漏斗;8—支柱;9—定位螺丝;
10—荷重;11—元宝螺丝;12—旋转架

③弹头形捣棒：直径为 16 mm，长为 600 mm 的金属棒，端部应磨圆。

④搅拌机：容积为 75～100 L，转速为 18～22 r/min。

⑤磅秤：称量 50 kg，感量 50 g。

⑥天平：称量 5 kg，感量 1 g。

⑦量筒、铁板、钢抹子、小铁铲、钢尺等。

（2）检测规定

①同一组混凝土拌合物的取样应从同一盘混凝土或同一车混凝土中取样。取样量应多于检测所需量的 1.5 倍，且宜不小于 20 L。

②混凝土拌合物的取样应具有代表性，宜采用多次采样的方法。一般在同一盘混凝土或同一车混凝土中的 1/4 处、1/2 处和 3/4 处之间分别取样，从第一次取样到最后一次取样不宜超过 15 min，然后人工搅拌均匀。

③从取样完毕到开始做各项性能检测不宜超过 5 min。

④原材料应符合技术要求，并与施工实际用料相同。在试验室制备混凝土拌合物时，所用原材料与拌和时试验室的温度均应保持在（20±5）℃。

⑤试验室拌制混凝土时，材料用量应以质量计。称量的精度：水泥、混合材料、水和外加剂为±0.5%；骨料为±1%。

⑥混凝土试配最小拌和量：当骨料最大粒径小于 31.5 mm 及以下时，拌制数量为 15 L，当最大粒径不小于 40 mm 时取 25 L；当采用机械搅拌时，搅拌量不应小于搅拌机额定搅拌量的 1/4。

⑦拌和方法

Ⅰ 人工拌和方法

a. 测定砂、石含水率，按所确定混凝土配合比称取各材料用量。

b. 用湿布把拌板与拌铲润湿后，将砂倒在拌板上，然后加入水泥，用拌铲自拌板一端翻拌至另一端，如此反复，直至充分混合，颜色均匀为止。再放入称好的粗骨料与之拌和，继续翻拌，直至混合均匀。

c. 把干拌合料堆成堆，中间作一凹槽，将已称量好的水倒入一半左右在凹槽中（注意勿使水流出），然后仔细翻拌。在翻拌过程中，徐徐加入剩余的水。每翻拌一次，用铲在拌合物上铲切一次，直至拌和均匀为止。拌和时力求动作敏捷，拌和时间从加水时算起，应大致符合下列规定：

拌合物体积为 30 L 以下时，4～5 min；拌合物体积为 30～50 L 时，5～9 min；拌合物体积为 51～75 L 时，9～12 min。

d. 拌好后应根据试验要求，立即做坍落度试验或成型试件。

从开始加水时算起，全部操作必须在 30 min 内完成。

Ⅱ 机械搅拌方法

a. 按所确定混凝土配合比称取各材料用量。

b. 搅拌前，用按配合比称量的水泥、砂和水组成的砂浆及少量石子，在搅拌机中进行涮膛，然后倒出并刮去多余的砂浆。其目的是让水泥砂浆薄薄地黏附在搅拌机的筒壁上，以防止正式拌和时因水泥浆挂失而影响混凝土拌合物的配合比。

c. 开动搅拌机，将称好的石子、砂、水泥按顺序依此倒入搅拌机内，干拌均匀。再将水徐徐倒入搅拌机内一起拌和，全部加料时间不得超过 2 min，水全部加入后，继续拌和 2 min。

d. 将混凝土拌合物从搅拌机中卸出,倾倒在拌板上,再经人工翻拌 1～2 min,使拌合物均匀一致,即可进行拌合物各项检测试验。

从开始加水时算起,全部操作必须在 30 min 内完成。

（3）检测步骤

Ⅰ 坍落筒法

坍落筒法适用于骨料最大粒径不大于 40 mm,坍落度值不小于 10 mm 的混凝土拌合物的流动性测定。

①润湿坍落度筒及其用具,并将坍落筒放在铁板中心,用脚踩住两边的脚踏板,使坍落度筒在装料时应保持固定的位置。

②把按要求拌和好的混凝土拌合物试样用小铁铲分三层均匀地装入筒内,使捣实后每层高度为筒高的 1/3 左右。每层用捣棒插捣 25 次,插捣应沿螺旋方向由外向中心进行,各次插捣应在截面上均匀分布。插捣筒边混凝土时,捣棒可以稍稍倾斜。插捣底层时,捣棒应贯穿整个深度。插捣第二层和顶层时,捣棒应插透本层至下一层的表面。浇灌顶面时,混凝土拌合物应灌到高出筒口。插捣过程中,如混凝土拌合物沉落到低于筒口,则应随时添加。顶层捣完后,刮去多余的混凝土拌合物,并用抹刀抹平。

③清除筒边底板上的混凝土拌合物后,垂直平稳地提起坍落度筒。坍落度筒的提离过程应在 5～10 s 内完成;从开始装料到提起坍落度筒的整个过程应不间断地进行,并应在 150 s 内完成。

④提起坍落度筒后,测量筒顶与坍落后混凝土拌合物最高点之间的垂直距离,即为该混凝土拌合物的坍落度值,精确至 1 mm,如图 4.6 所示。坍落度筒提离后,如混凝土发生崩塌或一边剪坏现象,则应重新取样另行测定。如第二次试验仍出现上述现象,则表示该混凝土的和易性不好,应予以记录备查。

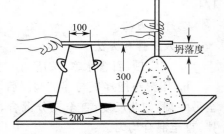

图 4.6　坍落度测定示意图(单位:mm)

⑤观察、评定混凝土拌合物的黏聚性及保水性。在测量坍落度值之后,应目测观察混凝土试体的黏聚性及保水性。黏聚性的检查方法是用捣棒在已坍落的混凝土拌合物锥体侧面轻轻敲打,此时如果锥体逐渐下沉,则表示黏聚性良好,如果锥体倒塌、部分崩裂或出现离析现象,则表示黏聚性差。保水性是以混凝土拌合物中水泥浆析出的程度来评定的。坍落度筒提起后如有较多的水泥浆从底部析出,锥体部分的混凝土拌合物因失浆而骨料外露,则表示此混凝土拌合物的保水性差;如坍落度筒提起后无水泥浆或仅有少量水泥浆自底部析出,则表示此混凝土拌合物保水性良好。混凝土拌合物的黏聚性和保水性观察方法见表 4.18 和表 4.19。

表 4.18　混凝土拌合物黏聚性的观察方法表

测定坍落度后,用弹头形捣棒轻轻敲打锥体侧面	判断
锥体渐渐向下沉落,侧面看到砂浆饱满,不见蜂窝	黏聚性良好
锥体突然倒塌或溃散,侧面看到石子裸露,浆体流淌	黏聚性差

表 4.19　混凝土拌合物保水性的观察方法表

做坍落度试验在插捣和提起坍落度筒后	判断
有较多水分从底部流出	保水性差
有少量水分从底部流出	保水性稍差
无水分从底部流出	保水性良好

Ⅱ 工作度法

工作度法适用于骨料最大粒径不大于 40 mm,维勃稠度在 5～30 s 之间的混凝土拌合物稠度测定。

①维勃稠度仪应放置在坚实水平面上,用湿布把容器、坍落度筒、喂料斗内壁及其他用具润湿。

②将喂料斗提到坍落度筒上方扣紧,校正容器位置,使其中心与喂料斗中心重合,然后拧紧固定螺丝。

③把按要求取样或拌制的混凝土拌合物试样用小铁铲分三层经喂料斗均匀地装入坍落度筒内,装料及插捣的方法与坍落筒法相同。

④把喂料斗转离,垂直地提起坍落度筒,此时应注意不使混凝土试体产生横向的扭动。

⑤把透明圆盘转到混凝土圆台体顶面,放松测杆螺丝,降下圆盘,使其轻轻接触到混凝土顶面。

⑥拧紧定位螺丝,并检查测杆螺丝是否已经完全放松。

⑦在开启振动台的同时用秒表计时,当振动到透明圆盘的底面被水泥浆布满的瞬间停止计时,并关闭振动台。

⑧由秒表读出的时间即为该混凝土拌合物的维勃稠度值,精确至 1 s。

(4)检测结果

①坍落筒法:筒顶与坍落后混凝土拌合物最高点之间的垂直距离为该混凝土拌合物的坍落度值,测量精确至 1 mm,结果表达修约至 5 mm,并以一次检测结果的测定值作为最终检测结果。

②工作度法:由秒表读出的时间即为该混凝土拌合物的维勃稠度值,精确至 1 s,并以一次检测结果的测定值作为最终检测结果。

坍落度越大或维勃稠度越小,表示混凝土拌合物的流动性越大。

根据坍落度或维勃稠度的大小,可将混凝土拌合物分为低塑性混凝土(坍落度为 10～40 mm)、塑性混凝土(坍落度为 50～90 mm)、流动性混凝土(坍落度为 100～150 mm)、大流动性混凝土(坍落度大于或等于 160 mm);半干硬性混凝土(维勃稠度为 5～10 s)、干硬性混凝土(维勃稠度为 11～20 s)、特干硬性混凝土(维勃稠度为 21～30 s)、超干硬性混凝土(维勃稠度大于或等于 31 s)。

混凝土拌合物坍落度的选择,应根据结构物的截面尺寸、钢筋疏密和施工方法等,并参考有关经验资料确定。原则上,在便于施工操作和捣固密实的条件下,应尽可能选择较小的坍落度,以节约水泥并获得质量较高的混凝土。

2. 影响混凝土拌合物和易性的因素

(1)水泥浆数量

在混凝土拌合物中,骨料本身是干涩而无流动性的,而水泥浆使混凝土拌合物具有一定的流动性。水泥浆填充于骨料之间的空隙并包裹骨料,在骨料表面形成水泥浆润滑层。润滑层的厚度越大,骨料颗粒之间产生相对移动的阻力就越小,所以,混凝土中水泥浆数量越多,混凝土拌合物的流动性越大。但如果水泥浆数量过多,骨料则相对减少,将出现流浆现象,混凝土拌合物的黏聚性和保水性变差,不仅浪费水泥,而且还会降低混凝土的强度和耐久性,因此,水泥浆的数量应以使混凝土拌合物达到要求的流动性为宜。

(2)水泥浆稠度

水泥浆的稠度取决于水灰比,水灰比是指在混凝土拌合物中水的质量与水泥质量之比(W/C)。在水泥、骨料用量不变的情况下,水灰比增大,水泥浆较稀,混凝土拌合物的流动性提高,但黏聚性和保水性降低;若水灰比减小,则会使混凝土拌合物过于干涩,流动性降低,影响施工质量。因此,水灰比的大小应根据混凝土强度和耐久性要求合理选用。

（3）砂率

砂率是指混凝土拌合物中砂的质量占砂石总质量的百分率。实践证明,砂率对混凝土拌合物的和易性影响很大,一方面是砂形成的砂浆在粗骨料间起润滑作用,在一定砂率范围内随砂率的增大,润滑作用越明显,流动性将提高;另一方面,在砂率增大的同时,骨料的总表面积随之增大,需要润滑的水分增多,在用水量一定的条件下,拌合物流动性降低,因此,当砂率超过一定范围后,流动性反而随砂率的增大而降低;另外如果砂率过小,砂浆数量不足,会使混凝土拌合物的黏聚性和保水性降低,产生离析和流浆现象。为保证混凝土拌合物和易性,应采用最佳砂率。

最佳砂率是指在水灰比不变的条件下能使混凝土拌合物能获得最大的流动性,并且具有良好的黏聚性和保水性的砂率;或是指在混凝土拌合物获得所要求的和易性条件下水泥用量为最小的砂率,如图 4.7 所示。

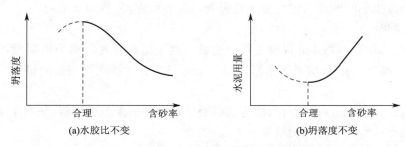

图 4.7 砂率与混凝土拌合物流动性、水泥用量关系图

（4）水泥品种及细度

不同品种的水泥,因需水量不同,使所拌制混凝土拌合物的流动性也不尽相同。采用矿渣水泥及火山灰质水泥拌制的混凝土拌合物流动性较小,保水性较差;而采用粉煤灰水泥拌制的混凝土拌合物流动性较大,保水性及黏聚性好。

水泥的细度对混凝土拌合物和易性也有影响。水泥细度越大,其表面积越大,拌和用水量增加,在相同条件下所拌制的混凝土拌合物流动性降低,但黏聚性和保水性提高。

（5）骨料的级配、粒形及粒径

级配良好的骨料,用来填充骨料之间空隙所需的水泥浆数量较少,包裹骨料表面的水泥浆厚度增大,使得混凝土拌合物流动性较大,黏聚性与保水性较好;表面光滑的骨料如河砂、卵石等,混凝土拌合物流动性提高;骨料粒径增大,则总表面积减小,流动性增大。

（6）外加剂

在拌制混凝土时,加入少量的外加剂,如减水剂、引气剂等,能提高混凝土拌合物的流动性,改善黏聚性与保水性。

（7）施工方法与条件

采用机械搅拌和捣实可使混凝土拌合物流动性增大;搅拌时间过长会降低混凝土拌合物的流动性;环境温度升高时,水泥水化加快,且水分蒸发较多,将使混凝土拌合物的流动性降低。

3. 改善混凝土拌合物和易性的技术措施

（1）采用最佳砂率,不仅有利于混凝土拌合物和易性的改善,同时可以节省水泥,提高混凝土的强度。

(2)选用级配良好的骨料,特别是粗骨料的级配,并尽量采用较粗的砂、石。

(3)改进施工工艺,采用机械化施工和二次加水拌和等。

(4)掺入外加剂和矿物掺合料。

4.2.2　混凝土的强度

混凝土经过一段时间后,便开始硬化,并具备一定的强度,混凝土强度是工程施工中控制和评定混凝土质量的主要指标。按照国家标准《普通混凝土力学性能试验方法标准》(GB/T 50081—2002)的规定,混凝土强度主要有立方体抗压强度、棱柱体抗压强度、劈裂抗拉强度。

1. 混凝土立方体抗压强度检测

(1)主要仪器设备

①钢制试模。

②压力试验机:应符合《液压式压力试验机》(GB/T 3722)的要求。测量精度为±1%,试件破坏荷载应大于压力机全量程的20%且小于压力机全量程的80%;应具有加荷速度指示装置或加荷速度控制装置,能够均匀、连续地加荷;试验机上、下压板之间可垫以钢垫板。

(2)试件的制作

①检查试模尺寸是否符合要求,试模内表面应涂一薄层矿物油或其他不与混凝土发生反应的脱模剂。

②在试验室拌制混凝土时,各材料用量应以质量计。称量精度:水泥、混合材料、水和外加剂为±0.5%;骨料为±1%。取样或试验室拌制的混凝土应在拌制后尽短的时间内成型,一般不宜超过15 min。

③试件的成型方法应根据混凝土拌合物的稠度确定。坍落度不大于70 mm的混凝土宜采用振动振实;大于70 mm的宜用捣棒人工捣实;检验现浇混凝土或预制构件的混凝土,试件成型方法宜与实际采用的方法相同。

④取样或拌制好的混凝土拌合物应至少用铁锹再来回拌和三次。

⑤当采用振动台振实成型时,首先将混凝土拌合物一次装入试模,装料时应用抹刀沿各试模壁插捣,并使混凝土拌合物高出试模口。然后将试模放在振动台上,并要求振动台在振动时试模不得有任何跳动现象。振动应持续到表面出浆为止,不得过振。

⑥当采用人工插捣制作试件时,首先将混凝土拌合物分两层装入模内,每层的装料厚度大致相等。插捣应按螺旋方向从边缘向中心均匀进行。在插捣底层混凝土时,捣棒应达到试模底部;插捣上层时,捣棒应贯穿上层后插入下层20~30 mm;插捣时捣棒应保持垂直,不得倾斜。然后再用抹刀沿试模内壁插拔数次,每层插捣次数按在10 000 mm^2 截面积内不得少于12次。插捣后应用橡皮锤轻轻敲击试模四周,直至插捣棒孔留下的空洞消失为止。

⑦刮除试模上口多余的混凝土,待混凝土临近初凝时,用抹刀抹平。

(3)试件的养护

①试件成型后应立即用不透水的薄膜覆盖表面,以防止水分蒸发。

②采用标准养护的试件,应在温度为(20±5)℃的环境中静置1~2昼夜,然后编号、拆模。拆模后应立即放入温度为(20±2)℃、相对湿度为95%以上的标准养护室中养护,或在温度为(20±2)℃并且不流动的 Ca(OH)$_2$ 饱和溶液中养护。标准养护室内的试件应放在支架上,彼此间隔10~20 mm,试件表面应保持潮湿,并不得被水直接冲淋。

③同条件养护试件的拆模时间可与实际构件的拆模时间相同,拆模后,试件仍需保持同条件养护。

④标准养护龄期为 28 d(从搅拌加水开始计时)。

(4)检测步骤

①试件从养护地点取出后应及时进行检测,以免试件内部的温度与湿度发生显著变化。

②将试件表面与上、下承压板面擦干净,并检查其外观,测量试件尺寸,精确至 1 mm,并据此计算试件的承压面积,如实际尺寸与公称尺寸之差不超过 1 mm,可按公称尺寸进行计算。

③将试件安放在试验机的下压板或钢垫板上,试件的承压面应与成型时的顶面垂直。试件的中心应与试验机下压板中心对准,开动试验机,当上压板与试件或钢垫板接近时,调整球座,使接触均衡。

④在检测过程中应连续均匀地加荷。混凝土强度等级低于 C30 时,加荷速度取 $0.3 \sim 0.5$ MPa/s;混凝土强度等级不低于 C30 且低于 C60 时,加荷速度取 $0.5 \sim 0.8$ MPa/s;混凝土强度等级不低于 C60 时,加荷速度取 $0.8 \sim 1.0$ MPa/s。

⑤当试件接近破坏开始急剧变形时,应停止调整试验机油门,直至试件破坏,并记录破坏荷载。

(5)检测结果

①按下式计算混凝土立方体试件的抗压强度,精确至 0.1 MPa,并以三个试件检测结果的算术平均值作为该组试件的最终检测结果

$$f_{cu} = \frac{F}{A} \tag{4.8}$$

式中　f_{cu}——混凝土立方体试件的抗压强度,MPa;

　　　F——试件破坏荷载,N;

　　　A——试件承压面积,mm^2。

②三个测值中的最大值或最小值中如有一个与中间值的差值超过中间值的 15% 时,应把最大值及最小值一并舍去除,取中间值作为该组试件的抗压强度值。如果最大值和最小值与中间值的差值均超过中间值的 15%,则该组试件的检测结果无效。

③当混凝土强度等级＜C60 时,如采用非标准试件测得的强度值,均应乘以表 4.20 规定的尺寸换算系数。当混凝土强度等级≥C60 时,宜采用标准试件;使用非标准试件时,尺寸换算系数应由试验确定。

根据混凝土立方体抗压强度标准值大小确定混凝土强度等级。混凝土立方体抗压强度标准值是指按标准方法制作和养护

表 4.20　混凝土立方体试件抗压强度换算系数表

试件尺寸/mm	换算系数
100×100×100	0.95
150×150×150	1.0
200×200×200	1.05

的边长为 150 mm 的立方体试件,在 28 d 龄期时,用标准试验方法测得的强度总体分布中具有不低于 95% 保证率的立方体抗压强度值,用 $f_{cu,k}$ 表示,单位为 MPa。

混凝土强度等级用符号 C 与立方体抗压强度标准值表示,分为 C15、C20、C25、C30、C35、C40、C45、C50、C55、C60、C65、C70、C75、C80 十四个等级。例如 C30 表示混凝土立方体抗压强度标准值为 30 MPa。

2. 混凝土轴心抗压强度(棱柱体抗压强度)

在钢筋混凝土结构设计中,考虑到受压构件常为棱柱体(或圆柱体),所以采用棱柱体试件

比用立方体试件更能反映混凝土的实际受压情况。由棱柱体试件测得的抗压强度称为轴心抗压强度。现行国家标准《普通混凝土力学性能试验方法标准》(GB/T 50081—2002)规定,采用 150 mm×150 mm×300 mm 的棱柱体试件,在标准条件下养护 28 d,测得的抗压强度值称为混凝土轴心抗压强度,又称棱柱体抗压强度,用 f_{cp} 表示,单位为 MPa。

大量试验表明:由于受"环箍效应"的影响,混凝土轴心抗压强度值通常为立方体抗压强度值的 0.7～0.8 倍。

3. 混凝土抗拉强度检测

混凝土属于脆性材料,抗拉强度很低。为反映混凝土的开裂性能,通常采用劈裂法检测混凝土的抗拉强度。

(1)主要仪器设备

①压力试验机:应符合《液压式压力试验机》(GB/T 3722)的要求。

②垫块:采用直径为 150 mm 的钢制弧形垫块,其横截面尺寸如图 4.8 所示。垫块的长度与试件相同。

③垫条:采用木质三合板制成,垫条宽度为 20 mm,厚度为 3～4 mm,长度不应短于试件边长,垫条不得重复使用。

④支架:为钢支架,其结构形式如图 4.9 所示。

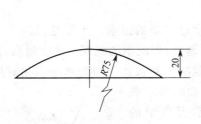

图 4.8　垫块(单位:mm)

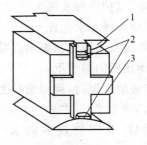

图 4.9　支架
1—垫块;2—垫条;3—支架

(2)检测步骤

①试件从养护地点取出后应及时进行检测。先将试件表面与上、下承压板面擦干净,检查试件外观,测量试件尺寸,精确至 1 mm,并在试件中部画线定出劈裂面的位置,劈裂面应与试件成型时的顶面垂直。

②将试件放在试验机下压板的中心位置,劈裂承压面和劈裂面应与试件成型时的顶面垂直;在上、下压板与试件之间垫以圆弧形垫块及垫条各一条,垫块与垫条应与试件上、下面的中心线对准,并与成型时的顶面垂直。为了保证上、下垫条对准及提高检测效率,可以把垫条及试件安装在定位架上使用。

③开动试验机,当上压板与圆弧形垫块接近时,调整球座,使接触均衡。在整个检测过程中加荷应连续均匀。当混凝土强度等级低于 C30 时,加荷速度取 0.02～0.05 MPa/s;当混凝土强度等级不低于 C30 且低于 C60 时,加荷速度取 0.05～0.08 MPa/s;当混凝土强度等级不低于 C60 时,加荷速度取 0.08～0.10 MPa/s。当试件接近破坏时,应停止调整试验机油门,直至试件破坏,记录破坏荷载。

(3)检测结果

①按下式计算混凝土劈裂抗拉强度,精确至 0.01 MPa,并以三个试件检测结果的算术平

均值作为该组试件的劈裂抗拉强度值

$$f_{ts}=\frac{2F}{\pi A}=0.637\frac{F}{A} \tag{4.9}$$

式中　f_{ts}——混凝土劈裂抗拉强度,MPa;

　　　F——试件破坏荷载,N;

　　　A——试件劈裂面面积,mm^2。

②三个测值中的最大值或最小值中如有一个与中间值的差值超过中间值的15%时,应把最大值及最小值一并舍除,取中间值作为该组试件的劈裂抗拉强度值。如最大值和最小值与中间值的差值均超过中间值的15%,则该组试件的检测结果无效。

混凝土劈裂抗拉强度与立方体抗压强度之间的关系,可用经验公式表达为

$$f_{ts}=0.35(f_{cu})^{\frac{3}{4}} \tag{4.10}$$

4. 影响混凝土强度的因素

在外力作用下混凝土的破坏形式通常有三种:最常见的是骨料与水泥石的界面处破坏;其次是水泥石本身的破坏;第三种是骨料的破坏。在普通混凝土中,由于骨料自身强度通常远远大于水泥石的强度及其与骨料表面的黏结强度,因此骨料破坏的可能性很小。水泥石的强度及其与骨料的黏结强度与水泥的强度等级、水灰比及骨料的质量有很大关系。此外,混凝土强度还受硬化龄期、养护条件及施工质量的影响。

(1)水泥强度等级和水灰比

水泥强度等级及水灰比是影响混凝土强度最主要的因素。水泥是混凝土中的活性组分,在混凝土配合比相同的条件下,水泥强度等级越高,则配制的混凝土强度越高。当采用同一品种、同一强度等级的水泥时,混凝土强度主要取决于水灰比。因为水泥水化时所需的结合水,一般只占水泥质量的23%左右,但混凝土拌和物为了获得必要的流动性,常需要较多的水(约占水泥质量的40%~70%),即采用较大的水灰比。当混凝土硬化后,多余的水分就残留在混凝土中形成水泡或蒸发后形成气孔,大大减少了混凝土抵抗荷载的有效截面,在孔隙周围产生应力集中现象。因此,在水泥强度等级相同的情况下,水灰比越小,水泥石的强度越高,与骨料黏结力越大,混凝土的强度越高。但是,如果水灰比太小,拌和物过于干稠,很难保证浇筑、振实的质量,混凝土拌和物将出现较多的孔洞,导致混凝土的强度下降,如图4.10所示。

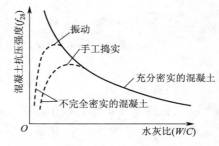

图 4.10　混凝土强度与水灰比
(W/C)的关系

大量试验结果表明,混凝土强度和水泥强度、灰水比之间的关系,可用鲍罗米公式表述为

$$f_{cu}=\alpha_a f_{ce}\left(\frac{C}{W}-\alpha_b\right) \tag{4.11}$$

式中　f_{cu}——混凝土 28 d 龄期抗压强度值,MPa;

　　　f_{ce}——水泥 28 d 抗压强度实测值,MPa;

　　　$\dfrac{C}{W}$——灰水比;

　　　α_a,α_b——回归系数,其值应根据工程所使用的骨料品种和水泥种类,通过试验建立水灰比与混凝土强度的关系式确定。当不具备条件进行试验时,可按《普通混凝土

配合比设计规程》(JGJ 55—2000)提供的经验系数采用:对于碎石混凝土:$\alpha_a=0.46,\alpha_b=0.07$;对于卵石混凝土:$\alpha_a=0.48,\alpha_b=0.33$。

（2）骨料

骨料在混凝土中起着骨架和稳定的作用。一般骨料本身的强度都比水泥石的强度高,因此骨料的强度对混凝土强度几乎没有影响。但是,如果含有大量软弱颗粒、针状与片状颗粒、风化的岩石,则会降低混凝土的强度。另外,骨料的表面特征也会影响混凝土强度,表面粗糙的骨料有利于提高水泥石与骨料之间的黏结力。因此,在水泥强度等级和水灰比相同情况下,用碎石配制的混凝土强度高于用卵石配制的混凝土强度。

（3）龄期

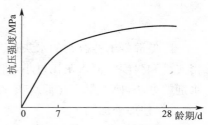

图 4.11　混凝土强度增长曲线

在正常养护条件下,混凝土强度随着硬化龄期的延长呈对数曲线趋势增长,如图 4.11 所示,最初的 3～7 d 发展较快,28 d 即可达到设计强度规定的数值,之后强度增长速度逐渐缓慢,在适宜的温度和湿度下,混凝土强度在几十年之内都会有增长的趋势。

试验表明:在标准养护条件下,混凝土强度与硬化龄期之间的关系可用下式表述

$$f_n = f_{28}\frac{\lg n}{\lg 28} \tag{4.12}$$

式中　f_n——n d 龄期的混凝土抗压强度,MPa;

　　　f_{28}——28 d 龄期的混凝土抗压强度,MPa;

　　　n——养护龄期,d,$n \geqslant 3$ d。

（4）养护条件

新拌混凝土浇筑完毕后,必须保持适当的温度和足够的湿度,才能为水泥的充分水化提供必要的有利条件,以保证混凝土强度的不断增长。

养护温度是影响水泥水化速度的重要因素。养护温度较高时,水泥水化速度加快,混凝土强度增长也较快;当温度低于 0 ℃时,混凝土中的水分大量结冰,水泥颗粒不再发生水化反应,混凝土强度不但会停止增长,而且还会因混凝土孔隙中的冰胀而使混凝土强度遭到破坏。因此,当室外昼夜平均温度低于＋5 ℃或最低温度低于－3 ℃时,混凝土施工必须采取保暖措施。

水是水泥水化反应的必要条件。在混凝土硬化初期,如果不能及时供水而使混凝土处于干燥环境,则水泥水化反应会随着水分逐渐蒸发而停止,混凝土强度不能正常增长,并且会因毛细孔中水分枯竭导致混凝土内部产生干缩裂缝,严重影响混凝土的强度和耐久性。为此,《混凝土结构工程施工质量验收规范》(GB 50204—2002)规定,应在混凝土浇筑完毕后的 12 h之内对混凝土加以覆盖进行保湿养护。对于采用硅酸盐水泥、普通硅酸盐水泥和矿渣硅酸盐水泥配制的混凝土,保湿养护时间不得少于 7 d;对于采用火山灰质硅酸盐水泥、粉煤灰硅酸盐水泥、掺有缓凝剂或有抗渗要求的混凝土,保湿养护时间不得少于 14 d。

（5）施工质量

在浇筑混凝土时应充分捣实,才能得到密实坚固的混凝土。捣实质量直接影响混凝土的强度,捣实方法有人工振捣与机械振捣两种。对于相同条件下的混凝土,采取机械振捣比人工振捣的施工质量好。

在使用机械振捣时,振捣时间长、频率大,混凝土的密实度高。但对于流动性大的混凝土,往往会因长时间振捣而使大骨料颗粒下沉,产生离析、泌水现象,导致混凝土质量不均匀,强度下降。因此,在浇筑混凝土时,应根据具体情况选择适当的振捣时间和频率。

5. 提高混凝土强度的措施

(1)选用高强度等级水泥和特种水泥

在混凝土配合比不变的情况下,采用高强度等级水泥可提高混凝土强度。对于抢修工程、桥梁拼装接头、严寒地区的冬季施工,以及其他要求早强的结构物,可采用特种水泥配制混凝土。

(2)降低水灰比

降低混凝土拌合物的水灰比,可以大大减少混凝土拌合物中的游离水,从而提高混凝土的密实度和强度。但水灰比过小,将影响混凝土拌合物的流动性,造成施工困难,可采取掺入减水剂的办法,使混凝土在低水灰比的情况下,仍然具有良好的流动性。

(3)掺加外加剂

在混凝土中掺入外加剂,可改善混凝土的性能。掺早强剂,可提高混凝土的早期强度;掺加减水剂,在不改变流动性的条件下,可减小水灰比,提高混凝土的强度。

(4)改善养护条件

①蒸气养护。将混凝土放在低于 100 ℃的常压蒸气中养护,经 16～20 h 养护后,其强度可达正常养护条件下 28 d 强度的 70%～80%。蒸气养护最适合掺活性混合材料的矿渣硅酸盐水泥、火山灰质硅酸盐水泥、粉煤灰硅酸盐水泥,不仅能提高早期强度,而且后期强度也得到提高,28 d 强度可提高 10%～40%。

②蒸压养护。将混凝土在 100 ℃以上温度和一定大气压的蒸压釜中进行养护。主要适用于硅酸盐混凝土拌合物及其制品,如灰砂砖、石灰粉煤灰砌块、石灰粉煤灰加气混凝土等。

(5)改进施工工艺

混凝土拌合物在强力搅拌和振捣作用下,暂时破坏水泥浆的凝聚结构,降低水泥浆的黏度和骨料间的摩阻力,使混凝土拌合物能更好地充满模型并均匀密实,强度得到提高。

🔑 知识拓展

4.2.3　混凝土的变形

混凝土在硬化和使用过程中,由于受物理、化学及外力等因素作用,会产生各种变形。当混凝土发生变形时,会因约束而引起拉应力。由于混凝土的抗拉强度较低,变形过大会引起混凝土开裂,导致混凝土构件承载力降低,影响抗渗性和耐久性。

混凝土的变形有非荷载作用下的变形,如温度变形、湿涨干缩变形及荷载作用下的变形。

1. 温度变形

混凝土在凝结硬化过程中随着温度的变化而产生膨胀或收缩称为温度变形。

对于大体积混凝土,热膨胀易产生裂缝。这是因为混凝土在硬化初期,水泥水化会释放较多的热量,混凝土又是热的不良导体,因而其内部的热量很难消散,有时可达 50～70 ℃,这将使混凝土内部产生较大的体积膨胀,而外部混凝土却因气温降低而产生收缩。这样内部的膨胀与外部的收缩相互制约,使混凝土外表产生很大的拉应力,严重时使混凝土产生裂缝。

2. 干湿变形

混凝土因周围环境湿度的变化而引起的体积变化称为干湿变形,其表现为湿涨干缩,是由于混凝土中水分的变化所引起的。当混凝土在水中硬化时,会产生微小的膨胀;当混凝土在空气中硬化时,随着水分的蒸发会产生收缩。

混凝土湿涨变形量很小,一般无破坏作用,但干缩变形对混凝土的危害较大,是引起混凝土开裂的主要原因之一,严重影响混凝土强度和耐久性。为了减少混凝土的干缩变形,应尽量降低水灰比和减少水泥浆的用量;调节骨料的级配,增大粗骨料的粒径;选择合适的水泥品种;加强混凝土的早期养护。

3. 徐变

混凝土在长期持续荷载作用下,随荷载作用时间的延长而增大的变形,称为徐变。

混凝土的徐变在加荷初期增长较快,以后逐渐减慢,延续 2～3 年才会逐渐稳定。当混凝土卸载后,一部分变形瞬间恢复;一部分变形在卸载后的一段时间内逐渐恢复,称为徐变恢复;还有一部分不可恢复的塑性变形,称为残余变形。一般认为,混凝土的徐变是由于水泥凝胶体发生缓慢的黏性流动并沿毛细孔迁移的结果。

混凝土徐变可以抵消钢筋混凝土内部的应力集中,使应力较均匀地重新分布,但在预应力钢筋混凝土结构中,徐变会使钢筋的预加应力受到损失,使结构的承载能力受到影响。

混凝土的徐变与许多因素有关,在骨料级配不良、水泥用量过多、水灰比过大、硬化龄期短、荷载持续作用时间长的情况下,徐变会随之增大。而最根本的影响因素是水灰比与水泥用量,即水泥用量越大,水灰比越大,徐变越大。

4.2.4　混凝土的耐久性

暴露在自然环境中的混凝土结构物,经常受到各种物理、化学和生物因素的破坏作用,如温度湿度变化、冻融循环、压力水或其他液体的渗透、环境水和土壤中有害介质以及有害气体的侵蚀等。混凝土结构物在使用过程中抵抗周围环境各种因素作用破坏的能力称为混凝土的耐久性。混凝土的耐久性是一项综合性质,包括抗冻性、抗渗性、抗化学侵蚀性、抗碳化作用、碱—骨料反应、氯离子渗透及钢筋混凝土中的钢筋锈蚀等方面。

1. 抗冻性

混凝土的抗冻性是指混凝土在吸水达饱和状态下经受多次冻融循环作用而不破坏,同时也不明显降低强度的性能。

混凝土的抗冻性用抗冻等级 F_n 表示。抗冻等级是以标准养护 28 d 龄期的立方体试件吸水饱和后,在 $-15～15$ ℃条件下进行冻融循环试验,以抗压强度降低不超过 25%、质量损失不超过 5% 时混凝土所能承受的最大冻融循环次数来确定,如 F50、F100、F150、F200 和 F300 等。

冻融破坏的原因是混凝土微小孔隙中的水结成冰后,体积发生膨胀,当冰胀应力超过混凝土的抗拉强度时,使混凝土产生微细裂缝,反复冻融使裂缝不断扩展,导致混凝土强度降低直至破坏。

提高混凝土抗冻性的有效途径是通过减小水灰比和掺入引气剂、引气型减水剂等技术措施,提高混凝土结构的密实度和改善孔隙结构。

2. 抗渗性

混凝土抵抗压力水渗透的能力称为抗渗性。

混凝土的抗渗性用抗渗等级 P_n 表示,抗渗等级是以标准养护 28 d 龄期的标准试件,按规定方法进行抗渗检测,以混凝土所能承受的最大水压力来确定,如 P6、P8、P10 和 P12 等分别表示混凝土试件抵抗 0.6 MPa、0.8 MPa、1.0 MPa 和 1.2 MPa 的水压力作用而不发生渗透。

影响混凝土抗渗性的最主要因素是混凝土结构内部的孔隙率和孔隙特征。混凝土密实度越高,连通型孔隙越少,则抗渗性能越好。通过采用降低水灰比、改善骨料级配、加强振捣和养护、掺用引气剂和优质粉煤灰掺合料等技术措施,可以提高混凝土的抗渗性能。

3. 抗化学侵蚀性

当混凝土所处使用环境中有侵蚀性介质时,混凝土很可能遭受侵蚀,通常有硫酸盐侵蚀、镁盐侵蚀、一般酸侵蚀与强碱腐蚀等。

混凝土被侵蚀的原因是由于混凝土不密实,外界侵蚀性介质可以通过开口连通的孔隙或毛细管通路,侵入到水泥石内部进行化学反应,从而引起混凝土的腐蚀破坏。所以,提高耐侵蚀性的关键在于选用耐蚀性好的水泥、提高混凝土内部的密实性和改善孔隙结构。

4. 碳化

混凝土的碳化,是指空气中的二氧化碳与水泥石的水化产物氢氧化钙在湿度合适的条件下发生化学反应,生成碳酸钙和水,使混凝土碱度降低的过程。碳化反应发生在潮湿的环境中,而在水下和干燥环境中一般不发生。

碳化使混凝土内部碱度降低,破坏了保护钢筋的碱性环境,引起钢筋锈蚀。另外,也可使混凝土表层产生碳化收缩,导致微细裂缝的产生,降低混凝土强度。混凝土的碳化也存在有利的一面,即表层混凝土碳化时生成的碳酸钙,可填充水泥石的孔隙,提高密实度,防止有害物质的侵入。

影响混凝土碳化的因素主要有水泥品种、水灰比、空气中的二氧化碳浓度及环境湿度。

5. 碱—骨料反应

碱—骨料反应是指骨料中的活性二氧化硅与混凝土内水泥中的碱(Na_2O 及 K_2O)发生化学反应,生成碱—硅酸凝胶,其吸水后会产生体积膨胀,从而导致混凝土受到膨胀压力而开裂的现象。

多年来,碱—骨料反应已经使许多处于潮湿环境中的结构物受到破坏,包括桥梁、大坝和堤岸。发生碱—骨料反应必须具备三个条件:①水泥中含有较高的碱量(总含碱量>0.6%);②骨料中存在活性二氧化硅且超过一定数量;③有水存在。

为防止碱—骨料反应所产生的危害,可采取以下措施:使用水泥的含碱量小于 0.6%;采用火山灰质硅酸盐水泥,或在硅酸盐水泥中掺加沸石岩或凝灰岩等火山灰质材料,以便于吸收钠离子和钾离子;降低水灰比,提高混凝土密实度;适当掺入引气剂,以降低由于碱—骨料反应时膨胀带来的破坏作用。

6. 提高混凝土耐久性的措施

为提高混凝土耐久性,所采取的技术措施主要有:

(1)根据工程所处环境及要求,合理选用水泥品种。

(2)严格控制水灰比并保证足够的水泥用量。

(3)选用质量较好的砂石,并采用级配较好的骨料,以利于提高混凝土的密实度。

(4)掺入减水剂、引气剂等外加剂,改善混凝土内部的孔隙结构。

(5)在混凝土施工中,应搅拌均匀、振捣密实、加强养护,提高混凝土施工质量。

典型工作任务3　外加剂

混凝土外加剂是指为改善混凝土的性能以适应不同的需要,或为了节约水泥用量,在混凝土中加入除胶凝材料、骨料和水之外的其他外加材料。外加剂用量虽小,但效果显著,已成为改善混凝土性能、提高混凝土施工质量、节约原材料、缩短施工周期及满足工程各种特殊要求的一个重要途径。国外已把外加剂称为混凝土不可缺少的"第五组成材料"。外加剂有化学外加剂与矿物外加剂两种。

在混凝土拌制过程中掺入的用以改善混凝土性能,且掺量不超过水泥质量5%(特殊情况除外)的物质,称为化学外加剂(又称混凝土外加剂)。

混凝土外加剂种类繁多,按其主要使用功能,可分为五类:

(1)改善混凝土拌合物流动性能的外加剂:减水剂、引气剂、泵送剂等。

(2)调节混凝土凝结时间、硬化速度的外加剂:缓凝剂、早强剂、速凝剂等。

(3)改善混凝土耐久性的外加剂:防冻剂、引气剂、阻锈剂、减水剂、抗渗剂等。

(4)调节混凝土内部含气量的外加剂:引气剂、加气剂、泡沫剂等。

(5)为混凝土提供特殊性能的外加剂:膨胀剂、防冻剂、着色剂、碱—骨料反应抑制剂等。

4.3.1　减水剂

在混凝土坍落度基本相同的条件下,能减少拌和用水量的外加剂。

1. 减水剂的作用原理

常用减水剂属于表面活性物质,是由亲水基团和憎水基团两个部分组成。如图 4.12(a)所示。当水泥加水拌和后,由于水泥颗粒很细小,对水的吸附力很强,许多的小水珠被吸附在其上的水泥颗粒所包围,形成一种絮凝结构,如图 4.12(b)所示,这部分水未能发挥作用,从而降低了混凝土拌合物的流动性。如在水泥浆中加入适量的减水剂,使水泥颗粒表面带有相同电荷,在电斥力作用下,使水泥颗粒互相分开,如图 4.12(c)所示,絮凝结构解体,包裹的游离水被释放出来,从而显著地增大混凝土的流动性,如图 4.12(d)所示。当水泥颗粒表面吸附足够的减水剂后,使水泥颗粒表面形成一层稳定的薄膜层,润滑性能增强,也改善了混凝土拌合物的和易性。因而,减水剂可在不增加用水量的前提下,提高混凝土拌合物的和易性。

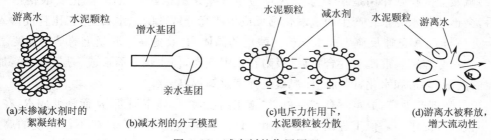

(a)未掺减水剂时的　　　　(b)减水剂的分子模型　　　(c)电斥力作用下,　　　(d)游离水被释放,
　　絮凝结构　　　　　　　　　　　　　　　　　　　　水泥颗粒被分散　　　　　增大流动性

图 4.12　减水剂的作用原理

2. 减水剂的技术经济效果

在混凝土中加入减水剂后,一般可取得以下效果:

(1)增大流动性。在水泥量和用水量不变时,坍落度可增大 100~200 mm,且不影响混凝土的强度。

(2)提高混凝土强度。在保持流动性和水泥用量不变时,可减少拌和用水量,从而降低水灰比,使混凝土强度提高 15%～20%,特别是早期强度提高更为显著。

(3)节约水泥。在保持流动性及水灰比不变的条件下,在减少拌和用水量的同时,相应减少水泥用量,即在保持混凝土强度不变时,可节约水泥用量 10%～15%。

(4)改善耐久性。由于水泥颗粒被充分分散,与水的接触面增大,水化较完全,使混凝土的密实度提高,透水性降低 40%～80%,从而可提高混凝土结构物的抗渗、抗冻、抗化学腐蚀及抗锈蚀能力。

3. 目前常用的减水剂

根据减水剂的作用效果及功能情况,可分为普通减水剂、高效减水剂、早强减水剂、缓凝减水剂、引气减水剂等。按其化学成分分为木质素系、萘系、树脂系、糖蜜系和腐殖酸等几类。

(1)普通减水剂

混凝土工程中常用的普通减水剂有木质素磺酸盐类、木质素磺酸钙、木质素磺酸钠、木质素硫酸镁等。

(2)高效减水剂

高效减水剂用于高强混凝土、大流动度混凝土、商品混凝土及其他如高耐久性、高抗渗、桥梁、轨枕等混凝土工程。主要的类型有多环芳香族磺酸盐类、水溶性树脂磺酸盐类、聚羧酸盐类、聚丙烯盐类等。

普通减水剂、高效减水剂进入工地或混凝土搅拌站的检验项目包括 PH 值、密度(或细度)、混凝土减水率。检验结果符合要求后方可使用。

4.3.2　早强剂

能加速混凝土早期强度发展的外加剂称为早强剂。早强剂可促进水泥的水化和硬化过程,加快施工进度,提高模板周转率,适用于需要早强、冬季施工和抢修抢建的工程中。目前使用的早强剂有氯化物、硫酸盐系、三乙醇胺系及以它们为基材的复合早强剂。

1. 早强剂的作用原理

(1)氯盐早强原理是与水泥中的 C_3A 作用生成水化氯铝酸钙,同时与水泥的水化产物 $Ca(OH)_2$ 反应生成氧氯化钙。以上产物都是不溶性复盐,可从水泥浆中析出,增加水泥浆中固相的比例,形成骨架,从而提高混凝土的早期强度。

(2)硫酸盐的早强作用是基于与 C_3A 反应生成水化硫铝酸钙晶体,如把硫酸钠掺入混凝土中后,会迅速与水泥水化产生的氢氧化钙反应生成高分散性的二水石膏,它比直接掺入的二水石膏更易与 C_3A 迅速反应生成水化硫铝酸钙的晶体,有效提高了混凝土的早期强度。

(3)三乙醇胺加入混凝土拌合物后,吸附在水泥表面,使水泥表面形成一层亲水膜,加快水对水泥的润湿、渗透和水化,因而能使混凝土强度迅速提高。

由于早强剂产地广,成本不高,又可加快施工速度,缩短施工周期,从而降低成本,在 20 世纪 80 年代被广泛采用。但工程调查表明,由于许多盐类对混凝土会产生不同程度的腐蚀,目前规范中已做了严格规定,应尽可能少加或不加盐类早强剂。三乙醇胺早强剂主要是通过分散水泥,提高早期水泥水化程度获得高强度,还具有密实水泥石的作用,与其他盐类早强剂复合使用时可起到事半功倍的效果。

2. 早强剂的应用

早强剂及早强减水剂适用于蒸养混凝土及常温、低温和最低温度不低于 −5 ℃环境中施工的有早强要求的混凝土工程。炎热环境条件下不宜使用早强剂、早强减水剂。掺入混凝土后对人体产生危害或对环境产生污染的化学物质严禁用作早强剂。工程中常用早强剂掺量限制见表 4.21。

表 4.21　工程中常用早强剂掺量限制表

混凝土种类	使用环境	早强剂名称	掺量限制(水泥质量百分数)/不大于,%
预应力混凝土	干燥环境	三乙醇胺	0.05
		硫酸钠	1.0
钢筋混凝土	干燥环境	氯离子	0.6
		硫酸钠	2.0
钢筋混凝土	干燥环境	与缓凝减水剂复合的硫酸钠	3.0
		三乙醇胺	0.05
	潮湿环境	硫酸钠	1.5
		三乙醇胺	0.05
有饰面要求的混凝土		硫酸钠	0.8
素混凝土		氯离子	1.8

注:①预应力混凝土及潮湿环境中使用的钢筋混凝土中不得掺氯盐早强剂;
　　②含钾、钠离子的早强剂用于骨料具有碱活性的混凝土结构时,由外加剂带入的碱含量不得超过 1 kg/m³。

4.3.3　引气剂

能使混凝土在搅拌过程中引入大量均匀分布、稳定而封闭微小气泡的外加剂称为引气剂。产生的气泡可以增加拌合物的流动性,同时阻断泌水通道,抑制膨胀。常用于提高混凝土或砂浆的保水性、抗渗性、抗冻性和耐久性。工程中常用的引气剂有:松香热聚物、松香酸钠、烷基磺酸钠、烷基苯磺酸钠、脂肪醇硫酸钠等。

1. 引气剂的作用

引气剂是一种表面活性剂,能显著降低水的表面张力和界面能,使水溶液在搅拌过程中极易产生许多微小的封闭气泡,同时引气剂定向吸附在气泡表面,形成较为牢固的液膜,使气泡稳定而不破裂。引气剂的掺量甚微,一般只为水泥质量的 0.005%～0.012%,能使混凝土的含气量为混凝土体积的 3%～5%。掺入引气剂的混凝土,性能将有如下的变化。

(1)改善混凝土拌合物的和易性

这些气泡在搅拌、浇捣时起润滑作用,它如同滚珠,使拌合物颗粒间摩阻力减小,流动性明显提高,且具有较好的黏聚性和保水性。若保持流动性不变,可减少水量。

(2)显著提高混凝土的抗渗性、抗冻性

这些封闭气泡不仅自身不透水,还能切断混凝土中的渗水通道,显著提高混凝土的抗渗性。同时,封闭气泡有较大的弹性变形能力,对由水结冰产生的膨胀应力具有一定的缓冲作用,因而混凝土的抗冻性得到提高。

(3)降低混凝土强度

由于大量气泡的存在,使混凝土的强度有所降低,含气量越大,强度下降越多。一般孔隙每增加 1%,混凝土强度下降 3%～5%,虽然由于减水可使强度损失得到一些补偿,但引气量绝不能过大,即引气剂掺量必须严格控制。

2. 引气剂的应用

引气剂及引气减水剂,可用于抗冻混凝土、抗渗混凝土、抗硫酸盐混凝土、泌水严重的混凝土、轻骨料混凝土、人工骨料配制的普通混凝土、高性能混凝土以及有饰面要求的混凝土。引气剂、引气减水剂不宜用于蒸养混凝土及预应力混凝土,必要时,应经试验确定。

4.3.4　缓凝剂

缓凝剂是指能延长混凝土凝结时间,并对混凝土后期强度发展无不利影响的外加剂。

工程上常用的缓凝剂主要有四类:糖类、木质素磺酸盐类、羟基羧酸及其盐类、无机盐类。我国工程上应用较多的缓凝剂是木质素磺酸钙和糖钙。它们的掺量一般为水泥质量的 $0.1\%\sim0.3\%$。可延缓混凝土的凝结时间约 $2\sim4$ h。应特别注意的是:当掺量过多或拌和不均匀时,可使混凝土不凝,引发工程质量事故。混凝土工程中可采用由缓凝剂与高效减水剂复合而成的缓凝高效减水剂。

缓凝剂、缓凝减水剂及缓凝高效减水剂可用于大体积混凝土、碾压混凝土、炎热气候条件下施工的混凝土、大面积浇筑的混凝土、避免冷缝产生的混凝土、需较长时间停放或长距离运输的混凝土、自留平免振混凝土、滑模施工或拉模施工的混凝土及其他需要延长凝结时间的混凝土。缓凝剂不适用于在日最低气温 5 ℃ 以下施工的混凝土,也不宜单独用于有早强要求的混凝土及蒸养混凝土。

缓凝剂、缓凝减水剂及缓凝高效减水剂进入工地(或混凝土搅拌站)时检验项目包括 PH 值、密度(或细度)、混凝土凝结时间。对于缓凝减水剂及缓凝高效减水剂,应增测减水率。检验结果符合要求后方可使用。

4.3.5　速凝剂

能使混凝土迅速凝结硬化的外加剂称为速凝剂。速凝剂主要有无机盐类和有机物类两类。我国常用的速凝剂是无机盐类,主要型号有红星 Ⅰ 型、7 Ⅱ 型、728 型、8604 型等。

速凝剂掺入混凝土后,能使混凝土在 5 min 内初凝,10 min 内终凝,1 h 就可以产生强度,1 d 的强度提高 $2\sim3$ 倍,但后期的强度会下降,28 d 强度约为不掺时的 $80\%\sim90\%$。速凝剂与水泥加水拌和后,立即与水泥中的石膏发生反应,使水泥中的石膏变成硫酸钠,失去其缓凝作用,从而让 C_3A 迅速水化并很快析出其水化物,导致水泥浆迅速凝固。

速凝剂是混凝土喷锚支护中必不可少的一种外加剂,在矿山井巷、铁路隧道、引水涵洞等工程中应用极为普遍。在喷射混凝土工程中,常采用的粉状速凝剂和液体速凝剂。喷射混凝土施工应选用与水泥适应性好、凝结硬化快、回弹小、28 d 强度损失少、低掺量的速凝剂品种。速凝剂掺量一般为 $2\%\sim8\%$,掺量可随速凝剂品种、施工温度和工程要求适当增减。

速凝剂进入工地(或混凝土搅拌站)时检验项目有密度(或细度)、凝结时间、1 d 抗压强度,检验结果符合要求后方可使用。

4.3.6　防冻剂

防冻剂是指能使混凝土在负温下硬化,并在规定养护条件下达到预期性能的外加剂。它是一种能在低温下防止物料中水分结冰的物质。

防冻剂能显著降低混凝土的冰点,使混凝土液相不冻结或仅部分冻结,以保证水泥的水化作用,并在一定的时间内获得预期强度,防止混凝土早期受冻破坏。常用的外加剂有亚硝酸钠、亚硝酸钙、氯化钙、氯化钙和尿素等。目前工程使用的都是复合防冻剂。

防冻剂用于负温条件下施工的混凝土。在我国北方地区冬期施工是非常需要的。当在很低气温下施工时,除加入防冻剂外,还应增加其他混凝土冬季施工的措施,如暖棚法、原料(砂、石、水)预热法等。

4.3.7　膨胀剂

能使混凝土产生补偿收缩或微膨胀的外加剂称为膨胀剂。

工程中常用的膨胀剂有硫铝酸钙类、硫铝酸钙—氧化钙类、氧化钙类。

膨胀剂组分在混凝土中,因化学反应产生膨胀效应的水化硫铝酸钙或氧化钙,在钢筋的约束作用下,这种膨胀转变为压应力,减少或消除混凝土干缩裂缝,同时提高混凝土的抗裂性和抗渗性。膨胀剂主要用于补偿收缩混凝土、防水混凝土、自应力混凝土及接缝、地脚螺栓灌浆。

4.3.8　泵送剂

改善混凝土拌和物泵送性能的外加剂称作泵送剂。在混凝土工程中,可采用由减水剂、缓凝剂、引气剂等复合而成的泵送剂。

混凝土原材料中掺入泵送剂,可以配制出不离析不泌水、和易性及可泵型好,具有一定含气量和缓凝性能的大坍落度混凝土。

泵送剂适用于各种需要采用泵送工艺的混凝土,特别适用于大体积混凝土、高层建筑和超高层建筑施工。

泵送剂进入工地(或混凝土搅拌站)时检验项目包括 PH 值、密度(或细度)、坍落度增加值及坍落度损失。检验结果符合要求后方可使用。

4.3.9　防水剂

防水剂是在混凝土拌和物中掺入,能改善混凝土耐久性、降低其在静水压力下透水性的外加剂。

防水剂品种众多,防水的作用机理也不一样,所以应根据工程要求选择防水剂的品种。工程上常用的防水剂有以下四类:①无机化合物类:氯化铁、硅灰粉末、锆化合物等。②有机化合物类:脂肪酸及其盐类、有机硅表面活性剂(甲基硅醇钠、乙基硅醇钠、聚乙基轻基硅氧烷)、石蜡、地沥青、橡胶及水溶性树脂乳液等。③混合物类:无机类混合物、有机类混合物、无机类与有机类混合物。④复合类:上述各类与引气剂、减水剂、调凝剂等外加剂复合的复合型防水剂。

防水剂可用于建筑物的屋面、地下室及隧道、给排水池等有防水抗渗要求的混凝土工程。

4.3.10　外加剂的选择和质量控制

在混凝土中掺入外加剂,可明显改善混凝土的技术性能,取得显著的经济效果。但若选择或使用不当会造成事故,因此在使用外加剂时,一定要注意以下几点:

(1)外加剂的品种应根据工程需要、现场的材料条件、工程设计和施工要求选择,通过试验及技术经济比较确定。工程上严禁使用对人体产生危害、对环境产生污染的外加剂。

(2)选用的外加剂应有供货单位提供的产品说明书(应标明产品主要成分)、出厂检验报告及合格证、掺外加剂混凝土性能检验报告。

(3)外加剂掺量过小,往往达不到预期效果;掺量过大,则会影响混凝土的质量,甚至造成质量事故。因此,应通过试验试配确定最佳掺量。

(4)外加剂应按不同供货单位、不同品种、不同牌号分别存放,标识应清楚。粉状外加剂应防止受潮结块,如有结块,经性能检验合格后应粉碎至全部通过 0.63 mm 筛后方可使用。外加剂应放置阴凉干燥处,防止日晒、受冻、污染、进水或蒸发,如有沉淀等现象,经检验合格后方可使用。

(5)外加剂的掺和方法。外加剂的掺量很少,必须保证其均匀分散,一般不能直接加入混凝土搅拌机内。对于可溶于水的外加剂,应先配成一定浓度的溶液,随水加入搅拌机。对于不溶于水的外加剂,应与适量的水泥或砂均匀混合后在加入搅拌机内。另外,外加剂的掺入时间对其效果的发挥也有很大影响,如为保证减水剂的减水效果,减水剂有同掺法、后掺法、分次掺入三种方法。

典型工作任务 4 混凝土的配合比设计

混凝土的配合比是指混凝土各组成材料数量之间的比例关系。配合比的表示方法有两种:(1)以每立方米混凝土中各组成材料的质量表示,如每立方米混凝土需用水泥 300 kg、砂 720 kg、石子 1 260 kg、水 180 kg;(2)以各组成材料相互之间的质量比来表示,其中以水泥质量为 1,其他组成材料数量为水泥质量的倍数。将上例换算成质量比为水泥∶砂∶石子＝1∶2.4∶4.2,水灰比＝0.6。

4.4.1 混凝土配合比设计的基本要求

混凝土配合比设计的目的,就是根据原材料性能、结构形式、施工条件和对混凝土的技术要求,通过计算和试配调整,确定出满足工程技术经济指标的各组成材料的用量。

为达到该目的,混凝土的配合比设计应满足下列四项基本要求:

(1)满足混凝土拌合物施工的和易性要求,以便于混凝土的施工操作和保证混凝土的施工质量。

(2)满足混凝土结构设计的强度要求,以保证达到工程结构设计或施工进度所要求的强度。

(3)满足与工程所处环境和使用条件相适应的混凝土耐久性要求。

(4)符合经济性原则,在保证质量的前提下,应尽量节约水泥、降低成本。

4.4.2 混凝土配合比设计的资料准备

(1)熟知工程设计要求的混凝土强度等级、施工单位生产质量水平和混凝土强度标准差,以确定混凝土的配制强度。熟知工程设计要求的混凝土强度等。

(2)了解结构物所处环境和使用条件对混凝土耐久性要求,以确定所配制混凝土的最大水灰比和最小水泥用量。

(3)了解结构物截面尺寸、配筋设置情况,熟知混凝土施工方法及和易性要求,以确定混凝土拌和物的坍落度和用水量。

(4)熟知混凝土各项组成材料的性能指标,如水泥的品种、密度、实测强度;骨料的粒径、表观密度、堆积密度、含水率;拌和用水的来源、水质;外加剂的品种、掺量等。

4.4.3　混凝土配合比设计的三个基本参数

混凝土配合比设计的核心内容是确定三个基本参数,即水灰比、砂率和单位用水量,这三个基本参数与混凝土配合比设计的基本要求密切相关。

1. 水灰比

单位体积混凝土中的用水量与水泥质量的比值称为水灰比。它对混凝土拌合物的和易性、强度、耐久性和经济性都有较大影响。水灰比较小时,可以提高混凝土强度和耐久性;在满足强度和耐久性要求时,选用较大水灰比,可以节约水泥,降低生产成本。

2. 砂率

砂率即混凝土中砂的质量占砂石总量的百分比,它能够影响混凝土拌合物的和易性。砂率的选用应合理,在保证混凝土拌合物和易性要求的前提下,选用较小值可节约水泥。

3. 单位用水量

单位用水量是指每立方米混凝土拌合物中水的用量。在水灰比不变的条件下,单位用水量如果确定,那么水泥用量和骨料的总用量也随之确定。因此单位用水量反映了水泥浆与骨料之间的比例关系。为节约水泥和改善混凝土耐久性,在满足流动性条件下,应尽可能取较小的单位用水量。

混凝土配合比中三个参数的关系,如图 4.13 所示。

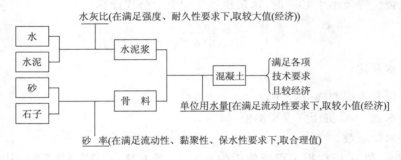

图 4.13　混凝土配合比参数示意图

4.4.4　混凝土配合比设计步骤

完整的混凝土配合比设计,应包括初步配合比、试验室配合比和施工配合比三部分内容。

1. 初步配合比的确定

根据混凝土所选原材料的性能和混凝土配合比设计的基本要求,借助于经验公式和经验参数,计算出混凝土各组成材料的用量,以得出供试配用的初步配合比。

(1)确定混凝土配制强度 $f_{cu,o}$

根据《普通混凝土配合比设计规程》(JGJ 55—2000)规定,混凝土配制强度可按下式计算

$$f_{cu,o} \geqslant f_{cu,k} + 1.645\sigma \tag{4.13}$$

式中　$f_{cu,o}$——混凝土配制强度,MPa;

$f_{cu,k}$——混凝土立方体抗压强度标准值,MPa;

σ——混凝土强度标准差,MPa。

混凝土强度标准差,可根据生产单位近期同一品种混凝土(是指混凝土强度等级相同且配合比和生产工艺条件基本相同的混凝土)28 d 抗压强度统计资料,按下式计算

$$\sigma=\sqrt{\frac{\sum_{i=1}^{n}f_{cu,i}^2-n\,\overline{f}_{cu}^2}{n-1}}\tag{4.14}$$

式中　$f_{cu,i}$——统计周期内同一品种混凝土第 i 组试件的立方体抗压强度值，MPa；

　　　$\overline{f}_{cu}$——统计周期内同一品种混凝土 n 组试件的立方体抗压强度平均值，MPa；

　　　n——统计周期内同一品种混凝土试件的总组数，$n\geqslant25$。

对预拌混凝土厂和预制混凝土构件厂，统计周期可取为一个月；对现场预拌混凝土的施工单位，统计周期可根据实际情况确定，但不宜超过三个月。当混凝土强度等级为 C20 或 C25 时，若计算的 $\sigma<2.5$ MPa，则取 $\sigma=2.5$ MPa；当混凝土强度等级大于或等于 C30 时，若计算的 $\sigma<3.0$ MPa，则取 $\sigma=3.0$ MPa。

当施工单位没有混凝土强度历史统计资料时，混凝土强度标准差可根据混凝土强度等级，按表 4.22 选用。

表 4.22　强度标准差 σ 值的选用表

混凝土强度等级	低于 C20	C20~C35	高于 C35
σ/MPa	4.0	5.0	6.0

（2）计算水灰比 W/C

当混凝土强度等级小于 C60 时，水灰比可按鲍罗米公式计算

$$\frac{W}{C}=\frac{\alpha_a\times f_{ce}}{f_{cu,o}+\alpha_a\times\alpha_b\times f_{ce}}\tag{4.15}$$

式中　$\dfrac{W}{C}$——水灰比；

　$f_{cu,o}$——混凝土配制强度，MPa；

　f_{ce}——水泥 28 d 抗压强度实测值，MPa；

　α_a、α_b——回归系数。

回归系数 α_a 和 α_b 应根据工程所使用的水泥、骨料种类，通过试验由建立的水灰比与混凝土强度关系式确定。当不具备上述试验统计资料时，其回归系数可按表 4.23 采用。

表 4.23　回归系数选用表（JGJ 55—2000）

回归系数	碎石	卵石
α_a	0.46	0.48
α_b	0.07	0.33

当水泥 28 d 抗压强度实测值无法得到时，可采用下列公式计算

$$f_{ce}=\gamma_c f_{ce,g}\tag{4.16}$$

式中　f_{ce}——水泥 28 d 抗压强度实测值，MPa；

　$f_{ce,g}$——水泥强度等级值，MPa；

　γ_c——水泥强度等级值的富余系数，应按各地区实际统计资料确定；当没有统计资料时，根据现场经验宜取 1.05~1.08。

水泥 28 d 抗压强度实测值也可根据 3 d 强度或快测强度推定 28 d 强度关系式推定得出。

根据不同结构物的暴露条件、结构部位和气候条件等，表 4.24 对混凝土的最大水灰比做出了规定。根据混凝土所处的环境条件，水灰比值应满足混凝土耐久性对最大水灰比的要求，即：按强度计算得出的水灰比不得超过表 4.24 规定的最大水灰比限值。如果计算得出的水灰比大于表 4.24 规定的最大水灰比限值，则采用规定的最大水灰比限值。

表 4.24　混凝土的最大水灰比和最小水泥用量表（JGJ 55—2000）

环境条件		结构物类别	最大水灰比			最小水泥用量/kg		
			素混凝土	钢筋混凝土	预应力混凝土	素混凝土	钢筋混凝土	预应力混凝土
干燥环境		正常的居住或办公用房屋内部件	不做规定	0.65	0.60	200	260	300
潮湿环境	无冻害	高湿度的室内部件 室外部件 在非侵蚀性土和（或）水中的部件	0.70	0.60	0.60	225	280	300
	有冻害	经受冻害的室外部件 在非侵蚀性土和（或）水中且经常受冻害的部件 高湿度且经受冻害的室内部件	0.55	0.55	0.55	250	280	300
有冻害和除冰剂的潮湿环境		经受冻害和除冰剂作用的室内和室外部件	0.50	0.50	0.50	300	300	300

注：①当用活性掺合料取代部分水泥时，表中的最大水灰比及最小水泥用量为替代前的水灰比和水泥用量。

②配制 C15 级及其以下等级的混凝土，可不受本表限制。

（3）确定单位用水量 m_{wo}

①干硬性混凝土和塑性混凝土用水量的确定

当水灰比在 0.40~0.80 范围内时，应根据粗骨料的品种、最大粒径及施工要求的混凝土拌和物稠度，按表 4.25、表 4.26 选取单位用水量 m_{wo}。

表 4.25　干硬性混凝土的用水量表（JGJ 55—2000）　　　　　（单位：kg/m³）

拌和物稠度		卵石最大粒径/mm			碎石最大粒径/mm		
项目	指标	10	20	40	16	20	40
维勃稠度/s	16~20	175	160	145	180	170	155
	11~15	180	165	150	185	175	160
	5~10	185	170	155	190	180	165

表 4.26　塑性混凝土的用水量表（JGJ 55—2000）　　　　　（单位：kg/m³）

拌和物稠度		卵石最大粒径/mm				碎石最大粒径/mm			
项目	指标	10	20	31.5	40	16	20	31.5	40
坍落度/mm	10~30	190	170	160	150	200	185	175	165
	35~50	200	180	170	160	210	195	185	175
	55~70	210	190	180	170	220	205	195	185
	75~90	215	195	185	175	230	215	205	195

注：①本表用水量系采用中砂时的平均值。采用细砂时，每立方米混凝土用水量可增加 5~10 kg；采用粗砂时，则可减少 5~10 kg。

②掺用各种外加剂或掺合料时，用水量应相应调整。

水灰比小于 0.40 的混凝土以及采用特殊成型工艺的混凝土用水量，应通过试验确定。

②流动性和大流动性混凝土用水量的确定

未掺外加剂时的混凝土用水量,以表 4.26 中坍落度 90 mm 时的用水量为基础,按坍落度每增大 20 mm 用水量增加 5 kg 来计算。

掺外加剂时的混凝土用水量,可按下式来计算

$$m_{wa} = m_{wo}(1-\beta) \tag{4.17}$$

式中　m_{wa}——掺外加剂混凝土每立方米混凝土的用水量,kg;

　　　　m_{wo}——未掺外加剂混凝土每立方米混凝土的用水量,kg;

　　　　β——外加剂的减水率,%。其值应根据试验确定。

(4)计算水泥用量 m_{co}

根据已确定的单位用水量 m_{wo} 和水灰比 W/C,可按式(4.18)计算每立方米混凝土水泥用量。

$$m_{co} = \frac{m_{wo}}{W/C} \tag{4.18}$$

水泥的用量不仅影响混凝土的强度,而且还影响混凝土的耐久性,因此计算得出的水泥用量还要满足表 4.24 中所规定的最小水泥用量的要求。如果计算得出的水泥用量小于表 4.24 规定的最小水泥用量限值,则应选取规定的最小水泥用量。

(5)确定砂率 β_s

合理的砂率值,应使砂浆的用量除能填满石子颗粒间的空隙外还稍有富余,借以拨开石子颗粒,满足混凝土拌和物的和易性。当无历史资料可参考时,混凝土的砂率应按下列方法选用。

①坍落度为 10~60 mm 的混凝土,可根据粗骨料的品种、粒径和水灰比大小,按表 4.27 选用。

表 4.27　混凝土的砂率表(JGJ 55—2000)

水灰比	卵石最大粒径/mm			碎石最大粒径/mm		
	10	20	40	16	20	40
0.40	26~32	25~31	24~30	30~35	29~34	27~32
0.50	30~35	29~34	28~33	33~38	32~37	30~35
0.60	33~38	32~37	31~36	36~41	35~40	33~38
0.70	36~41	35~40	34~39	39~44	38~43	36~41

注:①本表数值系中砂的选用砂率,对细砂或粗砂,可相应的减小或增大砂率。

　　②只用一个单粒级粗骨料配制混凝土时,砂率值应适当增大。

　　③对薄壁构件,砂率取偏大值。

②坍落度大于 60 mm 的混凝土,砂率可由试验确定,也可在表 4.27 的基础上,按坍落度每增大 20 mm,砂率增大 1% 的幅度予以调整。

③坍落度小于 10 mm 的混凝土,其砂率应由试验确定。

④掺用外加剂或掺合料的混凝土,其砂率应由试验确定。

(6)计算砂用量 m_{so} 和石子用量 m_{go}

砂、石的用量,可采用质量法和体积法求得。

①质量法

质量法又称假定表观密度法,认为混凝土的质量等于各组成材料质量之和。

根据经验,如果原材料情况比较稳定,所配制的混凝土拌合物的表观密度将接近一个固定

值,这样就可以先假定一个混凝土拌合物的表观密度,那么各组成材料的单位用量之和,即为表观密度。在砂率已知的条件下,砂用量 m_{so} 和石子用量 m_{go} 可按下式计算

$$\begin{cases} m_{co}+m_{so}+m_{go}+m_{wo}=\rho_{cp} & (4.19) \\ \beta_s=\dfrac{m_{so}}{m_{so}+m_{go}}\times100\% & (4.20) \end{cases}$$

式中 m_{co}、m_{so}、m_{go}、m_{wo}——每立方米混凝土中的水泥、砂、石子和水的用量,kg;

  β_s——混凝土的砂率,%;

  ρ_{cp}——每立方米混凝土拌合物的表观密度,即每立方米混凝土拌合物的假定质量。其值可根据施工单位积累的试验资料确定。当缺乏资料时,可根据骨料粒径、混凝土强度等级,参考表 4.28 在 2 350～2 450 kg/m³ 范围内选用。

表 4.28 混凝土拌合物表观密度表

混凝土强度等级/MPa	C15	C20～C30	>C30
假定表观密度/kg/m³	2 300～2 350	2 350～2 400	2 450

②体积法

体积法又称绝对体积法,认为混凝土拌合物的体积等于各组成材料的绝对体积与混凝土所含空气体积之和。砂用量 m_{so} 和石子用量 m_{go} 可按下式计算

$$\begin{cases} \dfrac{m_{co}}{\rho_c}+\dfrac{m_{so}}{\rho_s}+\dfrac{m_{go}}{\rho_g}+\dfrac{m_{wo}}{\rho_w}+0.01\alpha=1 \\ \beta_s=\dfrac{m_{so}}{m_{so}+m_{go}}\times100\% \end{cases} \quad (4.21)$$

式中 ρ_c——水泥密度,可取 2 900～3 100 kg/m³;

  ρ_s——砂的表观密度,kg/m³;

  ρ_g——石子的表观密度,kg/m³;

  ρ_w——水的密度,可取 1 000 kg/m³;

  α——混凝土的含气量百分数,在不使用引气型外加剂时,可取 $\alpha=1$。

通过上述步骤的计算,将每立方米混凝土所需的水泥、砂、石子和水用量全部求出,得混凝土的初步配合比(质量比),即

$$水泥:砂:石子=m_{co}:m_{so}:m_{go}=1:\frac{m_{so}}{m_{co}}:\frac{m_{go}}{m_{co}};水灰比=\frac{m_{wo}}{m_{co}}$$

2. 试验室配合比的确定

混凝土的初步配合比是利用经验公式或经验资料获得的,由此配成的混凝土有可能不符合实际要求,所以应对配合比进行试配和调整。

混凝土的搅拌方法,应与生产时使用的方法相同。试拌时每盘混凝土的最小搅拌量为:骨料最大粒径在 31.5 mm 及以下时,拌合物数量取 15 L;骨料最大粒径为 40 mm 及以上时,拌合物数量取 25 L。当采用机械搅拌时,拌合物数量不应小于搅拌机额定搅拌量的 1/4。

(1)和易性调整

按初步配合比称取各材料数量进行试拌,混凝土拌合物搅拌均匀后测定其坍落度,同时观察拌合物的黏聚性和保水性。当不符合要求时,应进行调整。调整的基本原则为:若流动性太大,可在砂率不变的条件下,适当增加砂、石的用量;若流动性太小,应在保持水灰比不变的情

况下,适当增加水和水泥数量(增加 2%～5% 的水泥浆,可提高混凝土拌合物坍落度 10 mm);若黏聚性和保水性不良时,实质上是混凝土拌合物中砂浆不足或砂浆过多,可适当增大砂率或适当降低砂率。每次调整后再进行试拌、检测,直至符合要求为止。这种调整和易性满足要求时的配合比,即是供混凝土强度试验用的基准配合比,同时可得到符合和易性要求的实拌用量 $m_{c拌}$、$m_{s拌}$、$m_{g拌}$、$m_{w拌}$。

当试拌、调整工作完成后,即可测出混凝土拌合物的实测表观密度 $\rho_{c,t}$。

由于理论计算的各材料用量之和与实测表观密度不一定相同,且用料量在试拌过程中又可能发生了改变,因此应对上述实拌用料结合实测表观密度进行调整。

试拌时混凝土拌合物表观密度理论值可按下式计算

$$\rho_{c,c} = m_{c拌} + m_{s拌} + m_{g拌} + m_{w拌} \tag{4.22}$$

则每立方米混凝土各材料用量调整为

$$m_{c1} = \frac{m_{c拌}}{\rho_{c,c}} \times \rho_{c,t} \tag{4.23}$$

$$m_{s1} = \frac{m_{s拌}}{\rho_{c,c}} \times \rho_{c,t} \tag{4.24}$$

$$m_{g1} = \frac{m_{g拌}}{\rho_{c,c}} \times \rho_{c,t} \tag{4.25}$$

$$m_{w1} = \frac{m_{w拌}}{\rho_{c,c}} \times \rho_{c,t} \tag{4.26}$$

混凝土基准配合比为

$$m_{c1} : m_{s1} : m_{g1} = m_{c拌} : m_{s拌} : m_{g拌};水灰比 = \frac{m_{w1}}{m_{c1}}$$

(2)强度检测

经过和易性调整得出的混凝土基准配合比,混凝土的强度不一定符合要求,所以应对混凝土强度进行检测。检测混凝土强度时至少应采用三个不同的配合比。其中一个是基准配合比;另外两个配合比的水灰比值,应在基准配合比的基础上分别增加或减少 0.05,用水量保持不变,砂率也相应增加或减少 1%,由此相应调整水泥和砂石用量。

每组配合比制作一组标准试块,在标准条件下养护 28 d,测其抗压强度。用作图法把不同水灰比值的立方体抗压强度标在以强度为纵轴、灰水比为横轴的坐标系上,便可得到混凝土立方体抗压强度—灰水比的线性关系,从而计算出与混凝土配制强度 $f_{cu,o}$ 相对应的灰水比值。并按这个灰水比值与原用水量计算出相应的各材料用量,作为最终确定的试验室配合比,即每立方米混凝土中各组成材料的用量 m_c、m_s、m_g、m_w。

3. 施工配合比的确定

混凝土的初步配合比和试验室配合比,都是以骨料处于干燥状态为基准的,但施工现场存放的砂、石材料都会含有一定的水分,因此,施工现场各材料的实际称量,应按施工现场砂、石的含水情况进行修正,并调整相应的用水量,修正后的混凝土配合比即为施工配合比。施工配合比修正的原则是:水泥不变,补充砂石,扣除水量。

假设施工现场砂的含水率为 $a\%$、石子的含水率为 $b\%$,则各材料用量分别为:

$$m_c' = m_c \tag{4.27}$$

$$m_s' = m_s(1 + a\%) \tag{4.28}$$

$$m_g' = m_g(1 + b\%) \tag{4.29}$$

$$m_w' = m_w - m_s \times a\% - m_g \times b\% \tag{4.30}$$

式中　m_c'、m_s'、m_g'、m_w'——施工配合比中每立方米混凝土水泥、砂、石子和水的用量,kg;

　　　　m_c、m_s、m_g、m_w——试验室配合比中每立方米混凝土水泥、砂、石子和水的用量,kg。

【例 4.2】　某室内现浇钢筋混凝土梁,混凝土设计强度等级为 C25,无强度历史统计资料。原材料情况:水泥为 42.5 普通硅酸盐水泥,密度为 3.10 g/cm³,水泥强度等级富余系数为 1.08;砂为中砂,表观密度为 2 650 kg/m³;粗骨料采用碎石,最大粒径为 40 mm,表观密度为 2 700 kg/m³;水为自来水。混凝土施工采用机械搅拌,机械振捣,坍落度要求 35~50 mm,施工现场砂含水率为 3%,石子含水率为 1%,试设计该混凝土配合比。

解:1. 计算初步配合比

(1)确定配制强度 $f_{cu,o}$

由题意可知,设计要求混凝土强度为 C25,且施工单位没有历史统计资料,查表 4.22 可得 $\sigma = 5.0$ MPa。

$$f_{cu,o} = f_{cu,k} + 1.645\sigma = 25 + 1.645 \times 5.0 = 33.2 \text{(MPa)}$$

(2)计算水灰比 W/C

由于混凝土强度低于 C60,且采用碎石,所以

$$\frac{W}{C} = \frac{0.46 f_{ce}}{f_{cu,o} + 0.46 \times 0.07 f_{ce}} = \frac{0.46 \times 42.5 \times 1.08}{33.2 + 0.46 \times 0.07 \times 42.5 \times 1.08} = 0.61$$

由于混凝土所处的环境属于室内环境,查表 4.24 可知,按强度计算所得水灰比 $W/C = 0.61$ 满足混凝土耐久性要求。

(3)确定单位用水量 m_{wo}

查表 4.26 可知,骨料采用碎石,最大粒径为 40 mm,混凝土拌合物坍落度为 35~50 mm 时,每立方米混凝土的用水量 $m_{wo} = 175$ kg。

(4)计算水泥用量 m_{co}

$$m_{co} = \frac{m_{wo}}{\dfrac{W}{C}} = \frac{175}{0.61} = 287 \text{(kg)}$$

查表 4.24 可知,室内环境中钢筋混凝土最小水泥用量为 260 kg/m³,所以混凝土水泥用量 $m_{co} = 287$ kg。

(5)确定砂率 β_s

查表 4.27 可知,对于最大粒径为 40 mm、碎石配制的混凝土,取 $\beta_s = 35.8\%$。

(6)计算砂用量 m_{so} 和石子用量 m_{go}

①质量法

由于该混凝土强度等级为 C25,假设每立方米混凝土拌合物的表观密度为 2 350 kg/m³,

则由公式

$$\begin{cases} m_{co} + m_{so} + m_{go} + m_{wo} = \rho_{cp} \\ \beta_s = \dfrac{m_{so}}{m_{so} + m_{go}} \times 100\% \end{cases}$$

求得:$m_{so} + m_{go} = \rho_{cp} - m_{co} - m_{wo} = 2\,350 - 287 - 175 = 1\,888 \text{(kg)}$

$m_{so} = (\rho_{cp} - m_{co} - m_{wo}) \times \beta_s = 1\,888 \times 35.8\% = 676 \text{(kg)}$

$m_{go} = \rho_{cp} - m_{co} - m_{wo} - m_{so} = 1\,888 - 676 = 1\,212 \text{(kg)}$

②体积法

由公式

$$\begin{cases} \dfrac{m_{co}}{\rho_c} + \dfrac{m_{so}}{\rho_s} + \dfrac{m_{go}}{\rho_g} + \dfrac{m_{wo}}{\rho_w} + 0.01\alpha = 1 \\ \beta_s = \dfrac{m_{so}}{m_{so} + m_{go}} \times 100\% \end{cases}$$

代入数据得：

$$\begin{cases} \dfrac{287}{3\,100} + \dfrac{m_{so}}{2\,650} + \dfrac{m_{go}}{2\,700} + \dfrac{175}{1\,000} + 0.01 \times 1 = 1 \\ \dfrac{m_{so}}{m_{so} + m_{go}} = 0.358 \end{cases}$$

求得：
$$m_{so} = 694 \text{ kg}, m_{go} = 1\,244 \text{ kg}.$$

实际工程中常以质量法为准，所以混凝土的初步配合比为：

每立方米混凝土用料量/kg	水泥	砂	碎石	水
	287	694	1 244	175
质量比	1 : 2.42 : 4.33 : 0.61			

2. 确定试验室配合比

（1）和易性调整

因为骨料最大粒径为 40 mm，在试验室试拌取样 25 L，则试拌时各组成材料用量分别为

水泥：　$0.025 \times 287 = 7.18$（kg）

砂　：　$0.025 \times 676 = 16.9$（kg）

碎石：$0.025 \times 1\,212 = 30.3$（kg）

水　：　$0.025 \times 175 = 4.38$（kg）

按规定方法拌和，测得坍落度为 20 mm，低于规定坍落度 35～50 mm 的要求，黏聚性、保水性均好，砂率也适宜。为满足坍落度要求，增加 5% 的水泥和水，即加入水泥 $7.18 \times 5\% = 0.36$ kg，水 $4.38 \times 5\% = 0.22$ kg，再进行拌和检测，测得坍落度为 40 mm，符合要求。并测得混凝土拌合物的实测表观密度 $\rho_{c,t} = 2\,390$ kg/m³。

试拌完成后，各组成材料的实际拌和用量为：水泥 $m_{c拌} = 7.18 + 0.36 = 7.54$（kg）；砂 $m_{s拌} = 16.9$ kg；石子 $m_{g拌} = 30.3$ kg；水 $m_{w拌} = 4.38 + 0.22 = 4.6$（kg）。试拌时混凝土拌和物表观密度理论值 $\rho_{c,c} = 7.54 + 16.9 + 30.3 + 4.6 = 59.34$（kg）。

则每立方米混凝土各材料用量调整为：$m_{c1} = \dfrac{7.54}{59.34} \times 2\,390 = 304$（kg）

$$m_{s1} = \dfrac{16.9}{59.34} \times 2\,390 = 681（\text{kg}）$$

$$m_{g1} = \dfrac{30.3}{59.34} \times 2\,390 = 1\,220（\text{kg}）$$

$$m_{w1} = \dfrac{4.60}{59.34} \times 2\,390 = 185（\text{kg}）$$

混凝土基准配合比为水泥：砂：石子 = 304 : 681 : 1 220 = 1 : 2.24 : 4.01；水灰比 = 0.61。

（2）强度检验

以基准配合比为基准（水灰比为 0.61），另增加两个水灰比分别为 0.56 和 0.66 的配合比进行强度检验。用水量不变（均为 185 kg），砂率相应增加或减少 1%，并假设三组拌合物的实测表观密度也相同（均为 2 390 kg/m³），由此相应调整水泥和砂石用量，计算过程如下：

第一组：$W/C = 0.56$，$\beta_s = 34.8\%$，

每立方米混凝土用量为　　　水泥 $= \dfrac{185}{0.56} = 330(kg)$

砂 $= (2\,390 - 185 - 330) \times 34.8\% = 653(kg)$

石子 $= 2\,390 - 185 - 330 - 653 = 1\,222(kg)$

则配合比水泥：砂：石子：水 $= 330 : 653 : 1\,222 : 185 = 1 : 1.98 : 3.70 : 0.56$

第二组：$W/C = 0.61$，$\beta_s = 35.8\%$，配合比水泥：砂：石子：水 $= 304 : 681 : 1\,220 : 185$

$= 1 : 2.24 : 4.01 : 0.61$

第三组：$W/C = 0.66$，$\beta_s = 36.8\%$，

每立方米混凝土用量为　　　水泥 $= \dfrac{185}{0.66} = 280(kg)$

砂 $= (2\,390 - 185 - 280) \times 36.8\% = 708(kg)$

石子 $= 2\,390 - 185 - 280 - 708 = 1\,217(kg)$

则配合比水泥：砂：石子：水 $= 280 : 708 : 1\,217 : 185 = 1 : 2.53 : 4.35 : 0.66$

用上述三组配合比各制一组试件，标准养护，测得 28 d 抗压强度为

第一组　$W/C = 0.56$，$C/W = 1.79$，测得 $f_{cu} = 32.3$ MPa；

第二组　$W/C = 0.61$，$C/W = 1.64$，测得 $f_{cu} = 28.7$ MPa；

第三组　$W/C = 0.66$，$C/W = 1.52$，测得 $f_{cu} = 25.1$ MPa。

用作图法求出与混凝土配制强度 $f_{cu,o} = 28.2$ MPa，相对应的灰水比值为 1.78，即当 $W/C = \dfrac{1}{1.78} = 0.56$ 时，$f_{cu,o} = 28.2$ MPa，则每立方米混凝土中各组成材料的用量为（砂率 β_s 取 34.8%）：

$$m_c = \frac{185}{0.56} = 330(kg)$$

$$m_s = (2\,390 - 185 - 330) \times 34.8\% = 653(kg)$$

$$m_g = 2\,390 - 185 - 330 - 653 = 1\,222(kg)$$

$$m_w = 185(kg)$$

混凝土的试验室配合比为

每立方米混凝土用料量/kg	水泥	砂	碎石	水
	330	653	1 222	185
质量比	1 : 1.98 : 3.70 : 0.56			

3. 确定施工配合比

因测得施工现场砂含水率为 3%，石子含水率为 1%，则每立方米混凝土的施工配合比为

水泥：$m'_c = 330(kg)$

砂：$m'_s = 653 \times (1 + 3\%) = 673(kg)$

石子：$m'_g = 1\,222 \times (1 + 1\%) = 1\,234(kg)$

水：$m'_w = 185 - 653 \times 3\% - 1\,222 \times 1\% = 153(kg)$

混凝土的施工配合比及每两包水泥（100 kg）的配料量为：

每立方米混凝土用料量/kg	水泥	砂	石子	水
	330	673	1 234	153
质量比	1 : 2.04 : 3.74 : 0.46			
每两包水泥配料量/kg	100	204	374	46

典型工作任务 5　混凝土的质量控制

混凝土质量是影响混凝土结构可靠性的一个重要因素。混凝土质量受多种因素的影响，质量是不均匀的。即使是同一种混凝土，也受到原材料质量的波动、施工配料的误差和气温变化等的影响。因此，为保证混凝土结构的可靠性，必须对混凝土质量进行控制。

混凝土的质量控制包括初步控制、生产控制和合格控制。

4.5.1　初步控制

混凝土质量的初步控制包括混凝土生产前对设备的调试、原材料进场质量检测与控制、混凝土配合比的确定与调整。

1. 水泥

对所用水泥检测以下项目：水泥密度、细度、标准稠度用水量、凝结时间、体积安定性、水泥胶砂流动度和水泥胶砂强度。检测合格后方可使用。

2. 骨料

进场骨料应附有质量证明书，对骨料质量或质量证明书有疑问时，应按批检验其颗粒级配、含泥量及粗骨料的针片状颗粒含量，必要时还应检验其他质量指标。对海砂，还应检验氯盐含量。对含有活性二氧化硅或其他活性成分的骨料，应进行专门试验，验证无害方可使用。

施工过程中不得随意改变配合比，并应根据原材料的一些动态信息，如水泥强度、水灰比、砂子细度模数、石子最大粒径、坍落度等及时进行调整，以保证试验室配合比的正确实施。

4.5.2　生产控制

混凝土质量的生产控制包括混凝土各组成材料的计量，混凝土拌合物的搅拌、运输、浇筑和养护等工序的控制。

1. 计量

在正确计算配合比的前提下，各组成材料的准确称量是保证混凝土质量的首要环节。配料时必须保证称量准确，原材料计量按质量计的允许偏差不能超过下列规定。

(1)水、水泥、混合材料和外加剂的称量偏差应控制在±2%以内。

(2)粗、细骨料的称量偏差应控制在±3%以内。

(3)经常检查称量设备的精确度。

2. 搅拌

混凝土的搅拌可以采用人工搅拌或用搅拌机搅拌。人工搅拌不仅劳动强度大，而且拌合物的均匀性较差，仅在不得已时采用。搅拌机搅拌要求拌和均匀，且搅拌的最短时间应符合表4.29的规定，当掺入外加剂时，要适当延长搅拌时间，且外加剂应事先溶化在水里，待拌和物搅拌到规定时间的一半后再加入。

表 4.29　混凝土搅拌的最短时间表

混凝土坍落度	搅拌机机型	搅拌机出料量/L		
		<250	250～500	>500
≤30	强制式	60 s	90 s	120 s
	自落式	90 s	120 s	150 s

续上表

混凝土坍落度	搅拌机机型	搅拌机出料量/L		
		<250	250～500	>500
>30	强制式	60 s	60 s	90 s
	自落式	90 s	90 s	120 s

注：①混凝土搅拌的最短时间是指自全部材料装入搅拌机中起到开始卸料的时间。

②当采用其他形式的搅拌设备时，搅拌的最短时间应按设备说明书的规定或经验确定。

3. 运输

混凝土拌合物在运输过程中，容易产生离析、泌水、砂浆流失或流动性减小等现象，因此在运输时，应以最少的转载次数和最短的时间，从搅拌地点运至浇筑地点。混凝土在运输中，应保证其匀质性，做到不分层、不离析、不漏浆。浇筑时应具有符合规定的坍落度，当有离析现象时，必须在浇筑前进行二次搅拌。

4. 浇筑

浇筑前应检查模板、支架、钢筋和预埋件，清理模板内的杂物和钢筋上的油污，堵严模板内的缝隙和孔洞，并将模板浇水湿润且不得有积水。浇筑时应均匀灌入，同时注意限制卸料高度（混凝土自高处倾落的自由高度不应超过 2 m），以防止离析现象的产生；当遭遇雨雪天气时不应露天浇筑。混凝土从搅拌机中卸出到浇筑完毕的延续时间，不宜超过表 4.30 的规定。

表 4.30　混凝土从搅拌机中卸出到浇筑完毕的延续时间表

混凝土强度等级	气温	
	不高于 25 ℃	高于 25 ℃
不高于 C30	120 min	90 min
高于 C30	90 min	60 min

注：①对掺用外加剂或用快硬水泥拌制的混凝土，其延续时间应按试验确定。

②对轻骨料混凝土，其延续时间应适当缩短。

浇筑混凝土应连续进行，当必须有间歇时，其间歇时间应缩短，并应在前层混凝土凝结之前，将次层混凝土浇筑完毕。

5. 振捣

当采用振动器捣实时，对每层混凝土都应按照顺序全面振捣，防止漏振现象。同时应控制振捣时间，既要防止振捣过度，以免混凝土产生分层现象；又要防止振捣不足，使混凝土内部产生蜂窝和空洞，一般以拌和物表面出现浮浆和不再沉落为宜。

6. 养护

对已浇筑完毕的混凝土，应在 12 h 内加以覆盖和浇水，保持必要的温度和湿度，以保证水泥能够正常进行水化，并防止干缩裂缝的产生。正常情况下，养护时间不应少于 7～14 d。养护用水采用与拌和用水相同的水；养护时可用稻草或麻袋等物覆盖表面并经常洒水，浇水次数应以保持混凝土处于湿润状态为宜；冬季则应采取保温措施，防止冰冻。

4.5.3　合格控制

混凝土质量的合格控制是指对所浇筑的混凝土进行强度或其他技术指标的检验评定，主要有批量划分、确定批量取样数、确定检测方法和验收界限等项内容。混凝土的质量波动将直接反映到其最终的强度，而混凝土的抗压强度与其他性能有较好的相关性，因此，在混凝土生产质量管理中，常以混凝土的抗压强度作为评定和控制其质量的主要指标。

4.5.4　混凝土强度质量评定

对混凝土的强度检验是按规定的时间与数量在搅拌地点或浇筑地点抽取具有代表性的试样,按标准方法制作试件、标准养护至规定的龄期后,进行强度试验,以评定混凝土的质量。

1. 混凝土强度平均值、标准差、保证率

(1)强度平均值

$$\overline{f}_{cu}=\frac{1}{n}\sum f_{cu,i} \tag{4.31}$$

式中　$\overline{f}_{cu}$——强度平均值,MPa;

　　　n——试件组数;

　　　$f_{cu,i}$——第 i 组混凝土试件的立方体抗压强度值,MPa。

(2)混凝土强度标准差

$$\sigma_0=\sqrt{\frac{\sum\limits_{i=1}^{n}f_{cu,i}^2-n\times\overline{f_{cu}^2}}{n-1}} \tag{4.32}$$

式中　σ_0——混凝土强度标准差,MPa;

　　　n——试件组数;

　　　$f_{cu,i}$——第 i 组混凝土试件的立方体抗压强度值,MPa。

(3)混凝土强度保证率

在统计周期内混凝土强度大于或等于要求强度等级值的百分率按下式计算

$$P=\frac{N_0}{N} \tag{4.33}$$

式中　P——强度百分率,%;

　　　N_0——统计周期内同批混凝土试件强度大于或等于规定强度等级值的组数;

　　　N——统计周期内同批混凝土试件总组,$N\geqslant25$。

根据以上数值,按表 4.31 可确定混凝土生产质量水平。

表 4.31　混凝土生产质量水平

混凝土生产质量水平		优良		一般		差	
混凝土强度标准差/MPa	预拌混凝土厂和预制混凝土构件厂	<C20	≥C20	<C20	≥C20	<C20	≥C20
	集中搅拌混凝土的施工现场	≤3.0	≤3.5	≤4.0	≤5.0	>4.0	>5.0
强度等于或大于混凝土强度值的百分率/%	预拌混凝土厂、预制混凝土构件厂及集中搅拌混凝土的施工现场	≤3.5	≤4.0	≤4.5	≤5.5	>4.5	>5.5
		≥95		>85		≤85	

2. 混凝土强度的评定

根据国际《混凝土强度检验评定标准》(GB/T 50107—2010)规定,混凝土强度评定可分为统计方法及非统计方法两种,前者适用与预拌混凝土厂、预制混凝土构件厂和采用现场集中搅拌混凝土的施工单位;后者适用于零星生产那的预制构件厂或现场搅拌批量不大的混凝土。

(1)统计方法评定

根据混凝土强度的稳定性,混凝土强度评定的统计方法分为两种。一种是方差已知的统计方法,另一种是方差未知的统计法。

①方差已知的统计法

当混凝土的生产条件在较长时间内能保持一致,且同一品种混凝土的强度变异性能保持稳定时,每批的强度标准差可按常数考虑。

强度评定应由连续的三组试件组成以验收批,其强度应同时满足下式要求

$$\overline{f}_{cu} \geqslant f_{cu,k} + 0.7\sigma_0 \tag{4.34}$$

$$f_{cu,min} \geqslant f_{cu,k} - 0.7\sigma_0 \tag{4.35}$$

当混凝土强度等级不高于 C20 时,其强度的最小值尚应满足下式要求

$$f_{cu,min} \geqslant 0.85 f_{cu,k} \tag{4.36}$$

当混凝土强度等级高于 C20 时,其强度的最小值尚应满足下式要求

$$f_{cu,min} \geqslant 0.90 f_{cu,k} \tag{4.37}$$

式中　$\overline{f}_{cu}$——同一验收批混凝土立方体抗压强度的平均值,MPa;

　　　$f_{cu,k}$——混凝土立方体抗压强度标准值,MPa;

　　　$f_{cu,min}$——同一验收批混凝土立方体抗压强度的最小值,MPa;

　　　σ_0——验收批混凝土立方体抗压强度的标准差,MPa。

验收批混凝土立方体抗压强度的标准差,应根据前一个检验期内同一品种混凝土试件的强度数据,按下列公式计算

$$\sigma_0 = \frac{0.59}{m} \sum_{i=1}^{m} \Delta f_{cu,i} \tag{4.38}$$

式中　$\Delta f_{cu,i}$——第 i 批试件立方体抗压强度最大值与最小值之差;

　　　m——用以确定验收批混凝土立方体抗压强度标准差的数据总批数。

方差已知方案的 σ_0 由近期同类混凝土在生产周期不大于 3 个月,且不少于 15 个连续批的强度数据计算确定。此外假定其值延续在一个检验期(3 个月)内保持不变。3 个月后重新按上一个检验期的强度数据计算各值。

②方差未知的统计法

当混凝土的生产条件在较长时间内不能保持一致,且混凝土强度变异性不能保持稳定时,或在前一个检验期内的同一品种混凝土没有足够的数据以确定验收批混凝土立方抗压强度的标准差时,应由不少于 10 组的试件组成一个验收批,其强度应满足下列条件要求

$$\overline{f}_{cu} - \lambda_1\sigma_0 \geqslant 0.9 f_{cu,k} \tag{4.39}$$

$$f_{cu,min} \geqslant \lambda_2 f_{cu,k} \tag{4.40}$$

式中　λ_1,λ_2——合格判定系数,按表 4.32 取用;

　　　σ_0——同一验收批混凝土立方体抗压强度的标准差 MPa,当 σ_0 的计算值小于 $0.06 f_{cu,k}$ 时,取 $\sigma_0 = 0.06 f_{cu,k}$

表 4.32　混凝土强度的合格判定系数

试件组数	10~14	15~24	≥25
λ_1	1.70	1.65	1.60
λ_2	0.90	0.85	

混凝土立方体抗压强度的标准差 σ_0,可按下式计算

$$\sigma_0 = \sqrt{\frac{\sum_{i=1}^{n} f_{cu,i}^2 - n \times \overline{f}_{cu}^2}{n-1}} \tag{4.41}$$

式中　$f_{cu,i}$——第 i 组混凝土试件的立方体抗压强度值,MPa;

n———一个验收批混凝土试件的组数。

（2）非统计方法评定

按非统计方法评定混凝土强度，其强度同时满足下列要求时，该验收批混凝土强度为合格。

$$\overline{f_{cu}} \geqslant 1.15 f_{cu,k} \tag{4.42}$$
$$f_{cu,min} \geqslant 0.95 f_{cu,k} \tag{4.43}$$

此方法规定一定验收批的混凝土组数为 2～9 组，当一个验收批的混凝土试件仅有一组时，则该组时间强度值不低于强度标准值的 15%。对不合格批的结构或构件，必须及时处理。

典型工作任务 6　其他混凝土

4.6.1　高性能混凝土

随着高层、重载、大跨度结构的发展，混凝土技术已有很大的进展，已进入高科技领域，除了大量推广使用高强度混凝土（C40～C60）外，又研究试用以耐久性为基本要求，并满足工程其他特殊性能和匀质要求、用常规材料和常规工艺制造的水泥基混凝土，即高性能混凝土。

在《普通混凝土配合比设计规程》（JGJ 55—2000）中对高强混凝土的配制作出了如下的规定：以耐久性作为设计指标，强度等级在 C50 及以上，具有高工作性、高抗渗性、高耐久性和体积安定性的混凝土，应按照设计和高性能混凝土施工技术要求，制定专门的施工技术方案。

高性能混凝土是一种具有高强度、高耐久性（抗冻性、抗渗性、抗腐蚀性能好）、高工作性能（高流动性、黏聚性、自密实性）、体积稳定性好（低干缩、徐变、温度变形和高弹性模量）的混凝土。它具有不小于 180 mm 坍落度的大流动性，并且坍落度能保持在 90 min 内基本不下降，以适应泵送施工，满足所要求的工作性能。高性能混凝土的强度可达到 C80、C100 甚至 C120，并具有很高的抗渗性、抗腐蚀性和抵抗碱—骨料反应的性能，即很高的耐久性，以适应其所处环境，经久耐用。

高性能混凝土在原料选择、配制工艺、施工方法等方面均有特别要求。

1. 原材料选择

（1）水泥

水泥应选用强度等级不小于 42.5 级的硅酸盐水泥或中热硅酸盐水泥，严格控制其碱含量。

（2）采用高强度骨料

为提高混凝土的强度，采用花岗岩、石灰岩和硬质砂岩制作的碎石，岩石的抗压强度应比所配制的高性能混凝土抗压强度高 50% 以上，其压碎指标应小于 10%。采用二级级配，其最大粒径不宜大于 25 mm，针片状颗粒含量应小于 5%，不得混入风化颗粒，含泥量不应大于 0.5%。配制 C80 以上的超高强度混凝土时，粗骨料最大粒径不宜大于 20 mm，含泥量应小于 0.5%。细骨料应选用质地坚硬，级配良好的中、粗河砂，细度模数应大于 2.6，含泥量应小于 0.5%。配制 C80 以上的超高强度混凝土时，含泥量小于 1.0%。

（3）掺入矿物超细粉

掺入颗粒极细的硅灰（又称硅粉）和超细粉煤灰、矿渣、天然沸石，它们既能填充水泥石的孔隙，改善混凝土的微观结构，还可以提高水泥石对 Cl^-，SO_4^{2-}，Mg^{2+} 腐蚀的抵抗能力，避免发生碱—骨料反应，从而提高混凝土的强度和耐久性。与此同时，掺入粉煤灰和矿渣，可充分利用工业废料,减少水泥用量,降低生产成本,保护生态环境。

(4)掺用高效减水剂

以萘系、三聚氰胺系、多羧酸系和氨基磺酸盐系等高效减水剂为主体,加入能控制坍落度损失的保塑剂,便可得到高效减水剂,即 AE 减水剂,它具有 20%～30% 的减水率并能抑制混凝土拌合物坍落度的损失。

2. 采用合理的工艺参数

高性能混凝土的水灰比应小于 0.30,使水泥石具有足够的密实性;水泥用量较多,每 1 m³ 混凝土达 500～600 kg;粗骨料的体积含量稍低,只需要 40% 左右,每 1 m³ 混凝土为 1 050～1 100 kg;骨料的最大粒径不大于 25 mm;砂率以 34%～39% 为宜;高效减水剂的掺量为 0.8%～1.4%,使混凝土拌合物坍落度不小于 180 mm,并在 90 min 内坍落度基本不损失。

3. 施工方法的选择与控制

采用强制式搅拌机搅拌混凝土,泵送施工,高频振捣,以保证成型密实,拆模后用喷涂养护剂的方法进行养护。通过采取相应的技术措施,使混凝土内部具有密实的水泥石及合理的孔隙结构,便可得到具有高强度、高耐久性能的高性能混凝土。

4.6.2 商品混凝土及泵送混凝土

随着城市化的建设发展,人们对环境噪音污染的问题越来越重视,混凝土的集中搅拌得到发展,混凝土搅拌站远离市区,并且质量更易于控制,因而商品混凝土已占到所有城市建设中混凝土生产量的 95% 以上。

1. 商品混凝土

商品混凝土也称预拌混凝土,是指由水泥、骨料、水及外加剂和掺合料等组分按一定比例,在搅拌站经过计量,拌制后出售的,并采用运输车在规定时间内运至使用地点的拌和物。

国家标准《预拌混凝土》(GB 14902—2003)将预拌混凝土分为通用品和特制品两类。通用品是指强度等级不超过 C40,坍落度不大于 150 mm,粗骨料最大粒径不大于 40 mm,无特殊要求的混凝土。特制品是指超出通用品规定范围或有特殊要求的混凝土。

预拌混凝土的标识由类别、强度等级、坍落度值、粗骨料最大粒径、水泥品种几部分组成。

采用预拌混凝土可以提高设备的利用率,降低能耗;同时减少污染,改善施工环境。还可以节约材料。采用预拌混凝土有利于质量控制,拌制混凝土强度的变异系数一般只为 0.07～0.15,而现场搅拌混凝土的强度变异系数为 0.27～0.32。采用预拌混凝土还有利于新技术的推广,如散装水泥、外加剂、矿物掺合料等。

2. 泵送混凝土

混凝土拌合物的坍落度不低于 100 mm 并用泵送施工的混凝土称为泵送混凝土。

泵送混凝土是大流动性混凝土,坍落度应为 100～180 mm,用混凝土泵通过输送管道输送到浇筑地点进行浇筑,可以一次连续完成垂直和水平运输,提高生产效率,降低生产成本。它适用于工地狭窄和有障碍物的施工现场,以及隧道混凝土、高层建筑的混凝土、大面积或大体积浇筑的混凝土和其他混凝土的输送和浇灌。泵送混凝土的技术要求如下。

(1)水泥

泵送混凝土施工必须采用保水性好、泌水性小的水泥品种,其品质指标应符合国家标准《通用硅酸盐水泥》(GB 175—2006)的规定。

(2)细骨料

　　泵送混凝土施工用细骨料除应符合本标准普通混凝土用砂的规定外,宜采用中砂,通过 0.315 mm 筛孔的砂应不小于 15%。

　　(3)粗骨料

　　泵送混凝土施工用粗骨料除应符合普通混凝土用石的规定外,宜采用连续级配,其最大粒径与输送管道内径之比尚应符合下列规定:泵送高度在 50 m 以下时,碎石不宜大于 1∶3,卵石不宜大于 1∶2.5;泵送高度在 50~100 m 时,碎石不宜大于 1∶4,卵石不宜大于 1∶3;泵送高度在 100 m 以上时,碎石不宜大于 1∶5,卵石不宜大于 1∶4。

　　(4)外加剂与掺合料

　　在配制泵送混凝土时,可掺入适量的高效减水剂,以明显提高拌合物的流动性,因此减水剂是泵送混凝土必不可少的组分。为了改善混凝土的可泵性,还可以掺入一定数量的粉煤灰。掺入粉煤灰不仅对混凝土流动性和黏聚性有良好的作用,而且能减少泌水,降低水化热,提高混凝土的耐久性。

　　(5)配合比设计

　　泵送混凝土配合比设计除应符合普通混凝土规定外,还应符合下列规定:

　　①泵送混凝土的压力泌水率不宜大于 40%。

　　②泵送混凝土的坍落度选用应考虑坍落度损失值。泵送混凝土入泵坍落度不宜小于 80 mm;当泵送高度大于 100 m 时,不宜小于 180 mm。

　　③泵送混凝土的水灰比宜为 0.38~0.50。

　　④泵送混凝土的砂率宜为 38%~45%。

　　⑤泵送混凝土的水泥用量(含掺合料)不宜小于 300 kg/m³。

4.6.3　轻混凝土

　　普通混凝土的体积密度大是其一大弊病,自混凝土广泛用于建筑的近一百多年来,人们一直不懈地探求降低混凝土自重的途径。随着混凝土技术的发展,强度高、密度小的轻混凝土已成为现代混凝土技术一大亮点。轻混凝土是指干体积密度不大于 1 950 kg/m³ 的混凝土,包括轻骨料混凝土、加气混凝土和大孔混凝土,其中轻骨料混凝土是应用范围大、技术较为成熟的一种新型混凝土。

　　1. 轻骨料混凝土

　　用轻粗骨料、轻细骨料(如轻砂或普通砂)、水泥和水配制而成的混凝土称为轻骨料混凝土。它是一种轻质、多功能的新型工程材料,具有较好的抗冻性和抗渗性,有利于结构抗震,并可以减轻结构自重,改善结构的保温隔热和吸声、耐火等性能。

　　(1)轻骨料分类

　　按其来源不同,轻骨料分为三类:

　　①工业废料轻骨料:是利用工业废料加工制作的轻骨料,如粉煤灰陶粒、膨胀矿渣珠、煤渣及其轻砂。

　　②天然轻骨料:是由天然形成的多孔状岩石经加工而成的轻骨料,如浮石、火山渣、多孔凝灰岩及其轻砂。

　　③人造轻骨料:是以地方材料为原料加工而成的轻骨料,如页岩陶粒、勃土陶粒、膨胀珍珠岩及其轻砂。

　　按其粒型不同,轻骨料可分为以下类型:

①圆球型轻骨料:原材料经过造粒工艺浇制而成,呈圆球状的轻骨料,如粉煤灰陶粒和粉磨成球的页岩陶粒。

②普通型轻骨料:原材料经破碎烧制而成,呈非圆球型的轻骨料,如页岩陶粒、膨胀珍珠岩等。

③碎石型轻骨料:由天然轻骨料或多孔烧结块破碎加工而成,呈碎石状的轻骨料,如浮石、自燃煤矸石和煤渣等。

(2)轻骨料的技术性能

轻骨料的颗粒级配、粒型、堆积密度、筒压强度、吸水率及有害物质含量等技术性能,对轻骨料混凝土的和易性、强度、表观密度、收缩、徐变和耐久性都有直接影响,所以,轻骨料的各项技术性能指标,应符合《轻骨料混凝土技术规程》(JGJ 51—2002)的规定。要求轻粗骨料技术性质除了耐久性、体积安定性和有害成分含量应符合技术要求外,还必须检验其堆积密度、筒压强度、颗粒级配和吸水率。对轻砂必须检验其堆积密度和细度模数。

①堆积密度

根据堆积密度的大小,轻粗骨料可以分为 300、400、500、600、700、800、900、1 000 等八个等级;轻砂则分为 500、600、700、800、900、1 000、1 100、1 200 等八个等级。

②筒压强度和强度等级

轻粗骨料的强度有筒压强度和强度等级两种不同的表示方法。将 10~20 mm 粒级的试样,按规定方法装入 115 mm×100 mm 的带底圆筒内,上面加 113 mm×70 mm 的冲压模,当冲压模压入 20 mm 深时的压力除以承压面积(冲压模的底面积),所得强度即为轻骨料的筒压强度。由于轻粗骨料在承压筒内的受力状态呈点接触、多向挤压,因此筒压强度不能真实地反映轻粗骨料的强度大小,是一项间接反映轻骨料强度大小的指标。强度等级是将轻粗骨料按规定方法配制混凝土的合理强度值,用以反映混凝土中轻骨料的强度大小。它适用于粉煤灰陶粒、黏土和页岩陶粒。

③颗粒级配

轻粗骨料的颗粒级配是由 5 mm、10 mm、15 mm、20 mm、30 mm 和 40 mm 筛孔的套筛经筛分判定,仅控制最大、最小和中间粒级的含量及其空隙率。轻粗骨料的颗粒级配应符合表 4.33 要求,空隙率不应大于 50%。

表 4.33 轻粗骨料的级配表(JGJ 51—2002)

筛孔尺寸		d_{min}	$(1/2)d_{max}$	d_{max}	$2d_{max}$
圆球型及单一粒级	累计筛余(按质量计)/%	≥90	不作规定	≤10	0
普通型的混合级配			30~70		
碎石型的混合级配			40~60		

④吸水率

由于在新拌混凝土中,轻骨料内部多孔特征会产生大量吸水,一般在 1 h 内吸水最快,24 h 后几乎不再吸水。故国家标准对轻骨料的 1 h 吸水率有一定要求,规定粉煤灰陶粒 1 h 吸水率不大于 22%,黏土陶粒和页岩陶粒不大于 10%,同时还规定其软化系数不应小于 0.80。

(3)轻骨料混凝土的分类

①按轻骨料品种不同,分为全轻混凝土和砂轻混凝土。全轻混凝土中的粗、细骨料全部为轻骨料;砂轻混凝土中的粗骨料为轻骨料,细骨料则为部分轻骨料或全部普通砂。

②按轻骨料种类不同,分为浮石混凝土、粉煤灰陶粒混凝土、黏土陶粒混凝土、页岩陶粒混凝土、膨胀矿渣珠混凝土等。

③按用途不同,分为保温轻骨料混凝土,结构保温轻骨料混凝土和结构轻骨料混凝土。具体见表 4.34。

表 4.34　轻骨料混凝土按用途分类

类别名称	混凝土强度等级的合理范围	混凝土密度等级的合理范围	用途
保温轻骨料混凝土	CL5.0	800	用于保温的围护结构或热工构筑物
结构保温轻骨料混凝土	CL5.0、CL7.5、CL10、CL15	800～1 400	用于既承重又保温的围护结构
结构轻骨料混凝土	CL15、CL20、CL25、CL30、CL35、CL40、CL45、CL50	1 400～1 900	用于起承重作用的构件或构筑物

(4)轻骨料混凝土的技术性质

①和易性

和易性是指轻骨料混凝土拌合物的成型性能,它对原材料用量的确定和拌合物浇筑施工方法有很大程度的影响。由于轻骨料的吸水率较大,导致拌合物的稠度迅速改变,所以拌制轻骨料混凝土时,其用水量应增加轻骨料 1 h 的吸水量,或先将轻骨料吸水近于饱和,以保证混凝土的流动性(坍落度或维勃稠度)符合施工要求。

②强度等级

轻骨料混凝土按其立方体抗压强度标准值(即按标准方法制作和养护、边长为 150 mm 的立方体试块,28 d 龄期测得的具有 95% 保证率的抗压强度值)划分为 CL5.0、CL7.5、CL10、CL15、CL20、CL25、CL30、CL35、CL40、CL45 和 CL50 十一个强度等级。不同强度等级的轻骨料混凝土,其适用范围见表 4.34。

③密度等级

根据轻骨料混凝土的表观密度大小,分为十二个密度等级,等级号代表密度范围的中值,如密度等级 1 000 的轻骨料混凝土,其表观密度为 960～1 050 kg/m³。

④变形性能

轻骨料混凝土的弹性模量比较小,与普通混凝土相比,降低 25%～50%,因此受力后变形较大。同时轻骨料混凝土的干燥收缩和徐变都比普通混凝土大得多,这对结构会产生不良影响。

⑤导热性

轻骨料混凝土的导热系数较小,且随密度等级的降低而变小,$\lambda = 0.30 \sim 1.15$ W/(m·K),因此,轻骨料混凝土具有较好的保温性能。

⑥抗冻性

轻骨料混凝土的抗冻性,在非采暖地区要求不低于 F15;在采暖地区,干燥的或相对温度小于 60% 的条件下要求不低于 F25,在潮湿的或相对湿度大于 60% 的条件下要求不低于 F35,在水位变化的部位要求不低于 F50。

2.加气混凝土

加气混凝土是由含钙材料(水泥、石灰)、含硅材料(石英砂、粉煤灰、粒化高炉矿渣、页岩等)和发气剂为基本原料,经磨细、配料、搅拌、浇筑、发泡、凝结、切割、压蒸养护而成的硅酸盐混凝土。

发气剂一般采用铝粉,在加入混凝土浆料中后,发气剂与氢氧化钙发生反应产生氢气,形成许多分布均匀的微小气泡,使混凝土形成多孔结构。除用铝粉作发气剂外,还可以用双氧水、漂白粉等。

加气混凝土的主要技术性质包括体积密度、孔隙率、抗压强度、导热系数等。

加气混凝土是多孔轻质材料,具有保温隔热、吸声、耐火性能好和易于加工、施工方便等优点,适用于墙体砌块、配筋隔墙板、配筋屋面板、屋面保温块、管道保温瓦等。由于加气混凝土强度较低、耐水性差,不能用于浸水、高湿、化学侵蚀环境和表面温度高于 80 ℃等部位。

3. 无砂大孔混凝土

无砂大孔混凝土是由粒径相近的粗骨料、水泥和水配制而成的一种轻混凝土。这种混凝土由于没有细骨料,水泥浆只是包裹在粗骨料表面,将粗骨料胶结在一起,但不起填充空隙的作用,因而形成一种具有大孔结构的混凝土。

无砂大孔混凝土的体积密度为 1 500～1 800 kg/m³,抗压强度为 3.5～10 MPa,保温性能好,吸湿性较小,透水性大,由于不存在毛细孔,故抗冻性好。

无砂大孔混凝土由于无砂,故水泥用量较少,一般只需 150～250 kg/m³。在使用时水灰比较小,一般为 0.4～0.5,且应严格控制用水量,以免因浆稀导致水泥浆流淌沉入底部,造成上层骨料缺浆,致使混凝土强度不匀,质量下降。

无砂大孔混凝土可用于现浇基础、勒脚和墙体,或制作空心砌块和墙板,也可用作地坪材料和滤水材料。无砂大孔混凝土及其制品作为一种环保生态型的透水性路面材料,近年来在国外广泛使用,分为水泥透水性混凝土和高分子(沥青或树脂)透水性混凝土两类,可用于温室地面、护坡绿化、高速公路分隔带和路肩等。

4.6.4 抗渗混凝土

抗渗混凝土是一种通过提高自身抗渗性能,以达到防水目的的混凝土。主要用于地下建筑和水工结构物,如隧道、涵洞、地下工程、储水输水构筑物及其他要求防水的结构物。

抗渗混凝土的抗渗能力以抗渗等级表示。抗渗等级分为 P4、P6、P8、P10、P12、P16、P20 等。

可通过增加混凝土密实度、改善孔隙结构两个途径来提高防水混凝土自身的抗渗性能。防水混凝土按配制方法不同,可分为外加剂抗渗混凝土、膨胀水泥抗渗混凝土等。外加剂抗渗混凝土是在拌合物中,加入少量改善混凝土抗渗性的有机或无机物外加剂,以适应工程防渗要求的一系列混凝土。如减水剂抗渗混凝土、引气剂抗渗混凝土、三乙醇胺抗渗混凝土和氯化铁抗渗混凝土等。

抗渗混凝土应采用泌水少、水化热低的水泥。所用骨料应符合普通混凝土规定。细骨料宜采用中砂,其含泥量不应大于 3%,粗骨料宜采用连续粒级,其最大粒径不应大于 40 mm;含泥量不应大于 1%;泥块含量不应大于 0.25%。

抗渗混凝土的配合比设计除应符合普通混凝土规定外,抗渗试验时,其抗渗压力应比设计要求提高 0.2 MPa,水胶比不应大于 0.60。抗渗混凝土终凝后,应立即进行湿润养护,养护时间不得少于 14 d。

4.6.5 喷射混凝土

喷射混凝土是用压缩空气喷射施工的混凝土。它将水泥、砂、细石子和速凝剂配合拌成干料装入喷射机,借助高压气流使干料通过喷头与水迅速拌和,以很高的速度喷射到施工面上,使混凝土与施工面紧密地黏结在一起,形成完整而稳定的混凝土衬砌层。

喷射混凝土具有较高的密实度和强度,与岩石的黏结力强,抗渗性能好,且一般不用或少用模板,施工简便,可在高空狭小工作区内任意方向操作,常用于隧道的喷锚支护、隧道衬砌层、桥梁、隧道的加固修补、薄壁结构、岩石地下工程、矿井支护工程和修补建筑构件的缺陷等。

喷射施工的混凝土应具有较低的回弹率、凝结硬化快,并且早期强度高等特点。为此,宜选用凝结硬化快、早期强度较高的普通水泥,并且必须掺入速凝剂。为了避免堵管现象发生,应选择级配良好的砂石,石子最大粒径不宜大于 20 mm,其中大于 15 mm 的颗粒应控制在20%以内。常用的配合比为水泥 300~400 kg/m³,水灰比为 0.4~0.5,水泥∶砂∶石 =1∶2∶2 或 1∶2.5∶2(质量比)。

喷射混凝土宜随拌随用,在运输、存放过程中不得淋雨、浸水及混入杂物。混凝土拌合物的停放时间不得大于 30 min。喷射混凝土终凝 2 h 后,应进行湿润养护,养护时间不得少于14 d。

4.6.6 纤维增强混凝土

纤维增强混凝土是在普通混凝土拌合物中掺入纤维材料配制而成的混凝土。由于有一定数量的短纤维均匀分散在混凝土中,可以提高混凝土的抗拉强度、抗裂能力和冲击韧性,降低脆性。

所掺的纤维有钢纤维、玻璃纤维、碳纤维和尼龙纤维等,以钢纤维使用最多。纤维增强混凝土因所用纤维不同,其性能也不一样。采用高弹性模量纤维时,由于纤维的约束开裂能力较好,可全面提高混凝土的抗拉强度、抗弯强度、抗冲击强度和韧性。如用钢纤维制成的混凝土,必须是钢纤维被拔出才有可能发生破坏,因而韧性显著增大。混凝土中掺入 2%的钢纤维后,其性能改善情况如表 4.35 所示。采用弹性模量低的合成纤维时,对混凝土强度和影响较小,但可显著改善韧性和抗冲击性。

表 4.35 钢纤维混凝土的性能(掺入 2%短钢纤维)变化表

性能		与普通混凝土相比的增长/%	性能	与普通混凝土相比的增长/%
出现第一条裂缝时的抗弯强度		150	抗冲击性	325
极限强度	弯曲抗拉	200	抗磨性	200
	抗压	125	热作用时的抗剥落性	300
	抗剪	175	冻融试验的耐久性	200
弯曲疲劳极限		225		

对于纤维增强混凝土,纤维的体积含量、纤维的几何形状以及纤维的分布情况对其性能有着重要影响。为了便于搅拌和增强效果,钢纤维制成非圆形、变截面的细长状,长度宜用 20~30 mm,长径比为 40~60,掺量(体积比)不小于 1.5%。

纤维增强混凝土主要用于对抗冲击性能要求较高的工程,如飞机跑道、高速公路、桥面、隧道、压力管道、铁路轨枕、薄型混凝土板等。

近年来,有机高分子纤维在混凝土中的应用迅速发展起来,它最大的优点是掺入量小(0.5~1 kg/m³),成本相对较低,不锈蚀,易分散等,并能显著地提高混凝土的耐腐蚀性、抗冲击韧性和抗裂性能,因此有着巨大的市场前景。

4.6.7　聚合物混凝土

聚合物混凝土是一种由有机聚合物、无机胶凝材料和骨料结合而成的新型混凝土。按其组成和制作工艺可分为三类。

1. 聚合物胶结混凝土（PC）

聚合物胶结混凝土是以合成树脂作为胶结材料制成的混凝土，故又称树脂混凝土。常用的合成树脂有环氧树脂、不饱和聚醋树脂等热固性树脂。因树脂自身强度和黏结强度高，所制成的混凝土快硬高强，1 d 的抗压强度可达 50～100 MPa，抗拉强度达 10 MPa。抗渗性、耐腐蚀性、耐磨性、抗冲击性能高，但硬化初期收缩大，可达 0.2%～0.4%，徐变比较大，高温稳定性差，当温度为 100 ℃时，强度仅为常温下的 1/3～1/5，且成本高，只适用于有特殊要求的结构工程，如机场跑道的面层、耐腐蚀的化工结构、混凝土构件的修复等。

2. 聚合物浸渍混凝土（PIC）

聚合物浸渍混凝土是一种将已硬化了的普通混凝土经干燥后放在有机单体里浸渍，使聚合物有机单体渗入混凝土中，然后用加热或辐射的方法使混凝土孔隙内的单体产生聚合，使混凝土和聚合物结合成一体的新型混凝土。所用浸渍液有各种聚合物单体和液态树脂，如甲基丙烯酸甲醋、苯乙烯等。

由于聚合物填充了混凝土内部的孔隙和微裂缝，使这种聚合混凝土具有极其密实的结构，加上树脂的胶结作用，使混凝土具有高强、抗冲击、耐腐蚀、抗渗、耐磨等优良性能。与普通混凝土相比，抗压强度可提高 2～4 倍，达到 150 MPa 以上，抗拉强度也相应提高。

聚合物浸渍混凝土适用于要求具有高强度、高耐久性的特殊构件，如桥面、路面、高压输液管道、隧道支撑系统及水下结构等。

3. 聚合物水泥混凝土（PCC）

聚合物水泥混凝土是用聚合物乳液拌和水泥，并掺入粗细骨料配制而成的混凝土。黏结剂是由聚合物分散体和水泥两种成分构成，聚合物的硬化和水泥的水化同时进行，即在水泥水化形成水泥石的同时，聚合物在混凝土内脱水固化形成薄膜，填充水泥水化物和骨料间的孔隙，从而增强了水泥石与骨料、水泥石颗粒之间的黏结力。聚合物乳液可采用橡胶乳胶、苯乙烯、聚氯乙烯等。

聚合物水泥混凝土施工方便，抗拉、抗折强度高，抗冲击、抗冻性、耐腐蚀性和耐磨性好。主要用于无缝地面、路面、机场跑道工程和构筑物的防水层。

4.6.8　水下混凝土

在地面拌制而在水下环境灌筑和硬化的混凝土称为水下灌注混凝土，简称水下混凝土。在桥墩、基础、钻孔桩等工程水下部分的施工中采用水下混凝土，可以省去加筑围堰、基底防渗、基坑排水等辅助工程，从而缩短工期、降低成本。

水下混凝土的浇筑应在静水中进行，防止混凝土受水流冲刷而导致材料离析或形成疏松结构。在施工时还需要采用特殊的竖向导管施工法，连续不间断地进行浇筑。水下浇筑的混凝土，不能使用振捣，而是依靠自重或压力作用下自然流动摊平，因此，水下混凝土拌合物应具有良好的和易性，即流动性大（坍落度为 150～80 mm）、黏聚性好、泌水性小。为此，在选用材料时，应选用泌水性小、收缩性小的水泥，如普通硅酸盐水泥。砂率约为 40%～47%，粗骨料不宜过粗，宜采用连续级配，其最大粒径，不应大于导管内径的 1/4 或钢筋净距的 1/4（仅有单层钢筋时,则最大粒径不应大于钢筋净距的 1/3,且不宜大于 60 mm)。

水下混凝土配合比设计除应符合普通混凝土的规定外,其配制强度应较普通混凝土的配制强度提高 10%～20%;水泥用量不宜小于 350 kg/m³;当掺用外加剂、掺加料时,水泥用量可减少,但不得小于 300 kg/m³。为防止骨料离析,提高混凝土拌合物的黏聚性,可掺入部分粉煤灰。近年来采用高分子材料聚丙烯酰胺作为水下不分散剂掺入混凝土中,取得了良好的技术效果。

4.6.9　大体积混凝土

大体积混凝土是指土混凝土结构物实体最小尺寸等于或大于 1 m,或易由温度应力引起裂缝的混凝土,应按设计和大体积混凝土施工技术要求,制定专门的施工技术方案。

大体积混凝土所特有的主要技术问题是,由于水泥水化作用放出的水化热而引起的内部升温,以及随之而发生的冷却引起的温度应力。大体积混凝土浇筑完毕后,水泥水化作用所放出的热量使混凝土内部温度逐渐升高,而混凝土内部的热量又不宜散发,造成较大的内外温差。温差愈大,温度应力愈大,由于混凝土早期的抗拉强度低,致使混凝土开裂。在降温的过程中,由于混凝土受到约束,冷缩变形将使混凝土开裂进一步加剧,使一些表面裂缝发展为贯通裂缝。因此,在大体积混凝土施工中,以控制混凝土由于温度应力和收缩变形引起的裂缝为主要目标,从而提高混凝土的抗渗、抗裂、抗侵蚀性能,延长结构物的耐久年限,一般采取以下措施:

(1)大体积混凝土施工应采用低水化热水泥和低水泥用量,必要时可掺用适量粉煤灰和缓凝减水剂;或采取降低拌合物温度和埋设循环冷却水管等措施。

(2)大体积混凝土浇筑完毕后,应在养护期间测定混凝土表面和内部的温度,其拆模温差应符合设计要求。当设计未提出要求时,温差不宜大于 25 ℃。

(3)混凝土浇筑完毕后,应及时采取养护措施。其养护时间可按表 4.36 控制。

表 4.36　大体积混凝土养护时间

序号	水泥品种	养护时间/d
1	硅酸盐水泥、普通硅酸盐水泥	14
2	火山灰质硅酸盐水泥、矿渣硅酸盐水泥、低热微膨胀水泥、矿渣硅酸盐大坝水泥	21
3	现场掺粉煤灰的水泥	

 项目小结

本项目是本课程的主要内容之一,通过该项目的学习,应重点掌握混凝土组成材料的技术要求及测定方法;混凝土的技术性能及检测方法、影响混凝土强度与耐久性因素;混凝土配合比的计算方法。能准确阅读混凝土质量检测报告,了解其他混凝土的组成、特点,能根据不同的工程环境合理选择混凝土各项组成材料。

 复习思考题

1. 普通混凝土是由哪些材料组成? 它们在混凝土中有何作用?

2. 混凝土对各项组成材料有哪些基本要求？

3. 何谓砂石的颗粒级配？. 它对混凝土的质量有何影响？

4. 用 500 g 烘干砂做筛分试验，各筛的筛余量如下表：

筛孔尺寸	9.50 mm	4.75 mm	2.36 mm	1.18 mm	600 μm	300 μm	150 μm	筛底
分计筛余量/g	0	15	70	105	120	90	85	15

(1)计算各筛上的分计筛余率和累计筛余率；

(2)评定该砂的级配情况并说明理由；

(3)计算细度模数，并判别该砂的粗细。

5. 何谓混凝土拌合物的和易性？包括哪些内容？如何检测？

6. 影响混凝土拌合物和易性的主要因素有哪些？改善混凝土拌合物和易性的技术措施有哪些？

7. 何谓混凝土的砂率？砂率的大小对混凝土拌合物和易性有何影响？

8. 何谓混凝土的立方体抗压强度标准值？混凝土强度等级如何划分？

9. 影响混凝土强度的因素有哪些？提高混凝土强度的技术措施有哪些？

10. 混凝土的变形主要有哪些？它们对混凝土性能何种影响？

11. 混凝土的耐久性包括哪些内容？提高混凝土耐久性的技术措施有哪些？

12. 常用的混凝土外加剂有哪些？在混凝土中有什么作用？如何正确选择混凝土外加剂？

13. 混凝土配合比设计中三个重要参数和四项基本要求是什么？

14. 某教学楼现浇钢筋混凝土梁，混凝土的设计强度等级为 C25，无强度历史统计资料，混凝土施工采用机械搅拌，机械振捣，坍落度设计要求 35～50 mm。水泥采用 42.5 普通硅酸盐水泥，密度为 3.10 g/cm³，水泥强度等级富余系数为 1.05；砂采用细度模数为 2.6 的中砂，表观密度为 2 650 kg/m³；石子采用连续粒级为 5～40 mm 的碎石，表观密度为 2 700 kg/m³；水采用自来水。试求混凝土的初步配合比。

15. 已知某混凝土的试验室配合比为每立方米混凝土水泥 330 kg，砂 673 kg，碎石 1 272 kg，水 145 kg，如果施工现场砂的含水率为 4%，石子的含水率为 1.5%，试求①混凝土的施工配合比；②若工地搅拌机每拌制一次需要水泥两包(100 kg)，则砂、石、水的相应配料量分别是多少？

16. 应从哪几方面控制混凝土质量？

17. 何谓轻骨料混凝土？常用的轻骨料有哪些？

18. 防水混凝土有哪些做法？其基本原理是什么？

19. 何谓高性能混凝土？

20. 何谓聚合物混凝土？

21. 何谓喷射混凝土？喷射混凝土有哪些特点？喷射混凝土常用于哪些工程？

22. 何谓泵送混凝土？泵送混凝土常用于哪些工程？

项目 5　建筑砂浆性能检测

 项目描述

　　砂浆是在建筑工程中用量大、用途广泛的一种建筑材料。在砌体结构中,砂浆薄层可以把单块的砖、石以及砌块等胶结起来构成砌体;大型墙板和各种构件的接缝也可用砂浆填充;墙面、地面及梁柱结构的表面都可用砂浆抹面;镶贴瓷砖等也常使用砂浆。建筑砂浆和混凝土的区别在于不含粗骨料,它是由胶凝材料、细骨料和水按一定的比例配制而成。本项目主要介绍建筑砂浆的组成材料、技术性质、配合比计算,并简单介绍了其他种类砂浆。合理使用砂浆对节约胶凝材料、方便施工、提高工程质量有着重要的作用。

 拟实现的教学目标

1. 能力目标
- 能够通过稠度检验,测定砂浆抵抗阻力的大小;
- 能够通过分层度试验,评定砂浆的保水性;
- 能够通过砂浆试件抗压强度测定,检验砂浆质量,并确定砂浆强度等级;
- 能够运用国家标准完成砌筑砂浆配合比设计。

2. 知识目标
- 了解建筑砂浆的种类及用途;
- 了解各种砂浆的技术性质及应用;
- 掌握砂浆配合比的选用;
- 掌握砌筑砂浆的性质及配合比设计方法。

3. 素质目标
- 具有良好的职业道德,勤奋学习,勇于进取;
- 具有科学严谨的工作作风;
- 具有较强的身体素质和良好的心理素质。

典型工作任务 1　砌筑砂浆性能检测

　　建筑砂浆是由无机胶凝材料、细骨料、掺加料和水,以及根据性能确定的其他组分按适当比例配合拌制并经硬化而成的建筑工程材料,在建筑工程中主要起黏结、衬垫及传递应力等作用。由于砂浆中没有粗骨料,可认为砂浆是一种细骨料混凝土,因此有关混凝土的各种基本规律,原则上也适用于砂浆。

　　建筑砂浆是一种用量大、用途广的建筑材料,主要用于:砌筑砖、石、砌块等构成砌体;墙面、柱面、地面等的装饰抹面；砖、石、大型墙板的勾缝；镶贴大理石、水磨石、面砖、马赛克等贴面材料。

建筑砂浆按用途不同，分为砌筑砂浆、抹面砂浆、装饰砂浆等。按所用胶结材料不同，分为水泥砂浆、石灰砂浆、混合砂浆、聚合物砂浆等。合理使用砂浆对节约胶凝材料、方便施工、提高工程质量起着重要的作用。

5.1.1　砌筑砂浆的组成材料

砌筑砂浆是能够将砖、石块、砌块黏结成砌体的砂浆。砌筑砂浆主要起构筑砌体、传递荷载、协调变形的作用，是砌体的重要组成部分之一。砌筑砂浆的质量直接影响砌体强度，特别是砌体抗剪强度。

随着新型墙体材料的发展，块体材料的种类也越来越多，它们对砌筑砂浆的要求也不同。发展专用砌筑砂浆是干混砂浆的一个重要方向。

1. 水泥

水泥是砌筑砂浆的主要胶凝材料，普通水泥、矿渣水泥、火山灰质水泥、粉煤灰水泥以及砌筑水泥等都可以用来配制砌筑砂浆。目前使用较多的是普通硅酸盐水泥、矿渣水泥等，但矿渣水泥易泌水，使用时要加以注意。水泥品种应根据使用部位的耐久性要求来选择。

用于砌筑砂浆的水泥，其标号应根据砂浆强度等级进行选择，并应尽量选用中、低等级的水泥。水泥等级过高，将使砂浆中水泥用量不足而导致保水性不良。水泥砂浆采用的水泥等级不宜大于 32.5 级；对于水泥混合砂浆由于石膏等掺加料的加入会降低砂浆强度，水泥强度等级不宜大于 42.5 级。对于一些特殊用途的砂浆，如修补裂缝、预制构件嵌缝、结构加固等可采用膨胀水泥。

2. 砂

砌筑砂浆用砂宜选用洁净的河砂或符合要求的山砂、人工砂，并过筛且不得含有草根等杂物。用中砂拌制的砂浆，既能满足和易性的要求，又节约水泥，宜优先采用。

对于毛石砌体宜选用粗砂，其最大粒径应小于砂浆层厚度的 1/4～1/5；黏结烧结普通砖的砂浆宜采用中砂，最大粒径不大于砂浆层厚度的 1/4；对于抹面用的砂浆应采用洁净的中砂。

砂的含泥量对砂浆性能有一定影响，若砂的含泥量过大，不但会增加水泥用量，还会加大砂浆的收缩，降低黏结强度，影响砌筑质量。为了保证砂浆的质量，对砂中的含泥量应有所限制。对水泥砂浆和强度等级不小于 M5 的水泥混合砂浆，砂的含泥量不应超过 5%；强度等级小于 M5 的水泥混合砂浆，砂的含泥量不应超过 10%。

人工砂中的石粉含量较高，它可改善砂浆的和易性，但强度有所下降。采用人工砂时含泥量可适当放宽，但人工砂的颗粒形状不同于天然砂，应在配合比设计中予以调整。

3. 掺加料

掺加料是为改善砂浆的和易性而加入的无机材料，如石灰膏、黏土膏、电石膏、磨细生石灰、粉煤灰等。

(1) 石灰膏

石灰膏作为掺加料，在砌筑砂浆中主要起塑化作用，可以改善砂浆的和易性。生石灰熟化成石灰膏时，应用孔径不大于 3 mm×3 mm 的筛网过筛，熟化时间不得少于 7 d。为了保证石灰膏质量，应采取防止干燥、冻结和污染的措施。严禁使用脱水硬化的石灰膏，消石灰粉不得直接用于砌筑砂浆中。

(2)黏土膏

在干燥环境下使用的较低强度的砌筑砂浆中可以用黏土膏作掺加料,拌制水泥黏土混合砂浆。黏土膏应选用颗粒细、黏性好、含砂量少、含有机物少的黏土或亚黏土,事先用搅拌机搅拌,通过孔径不大于 3 mm×3 mm 的筛网,再化成膏状。

(3)电石膏

电石膏是电石消解后经过滤后的产物。制作电石膏的电石渣应用孔径不大于 3 mm× 3 mm的筛网过滤,检验时应加热至 70 ℃并保持 20 min,若没有乙炔气味,方可使用。

(4)生石灰

采用磨细的生石灰粉时,熟化时间不得小于 2 d,以保证石灰能充分熟化。其细度用 0.08 mm筛的筛余量不应大于 15%。

(5)粉煤灰

掺用粉煤灰,可以改善砂浆的和易性,提高耐久性还可以取代一部分水泥和石灰,从而节省水泥用量,但粉煤灰的技术指标必须符合(GB/T 1596－2005)的规定和要求。

4. 外加剂

外加剂是指在拌制砂浆的过程中掺入,用以改善砂浆性能的物质,如微沫剂、皂化松香、纸浆废液等有机塑化剂。

外加剂应具有法定检测机构出具的砌体强度形式检验报告,并经砂浆性能试验合格后方可使用。

5. 水

对水质的要求,与混凝土对水的要求基本相同,凡可饮用的水均可拌制砂浆,未经试验鉴定的污水不得使用。水的质量指标应符合《混凝土用水标准》(JGJ 63－2006)中规定:选用不含有害杂质的洁净水。

5.1.2　砌筑砂浆的基本要求

首先要求砌筑砂浆要有良好的可操作性,包括流动性和触变性。可操作性良好的砂浆容易在粗糙的块材表面铺成均匀的薄层,且能和底面紧密黏结。使用可操作性良好的砂浆既便于施工操作,提高劳动生产率,又能保证工程质量。砌筑砂浆还要有较好的保水性,避免砂浆中的水分过早、过多地被块材吸走,影响水泥进一步的水化。其次要求硬化后的砂浆应具有一定的抗压强度、黏结强度等,以保证砌体的强度和整体性。

5.1.3　砌筑砂浆的技术性质

1. 新拌砂浆的和易性

同混凝土一样,新拌砂浆应具有良好的和易性。砂浆的和易性是指新拌制的砂浆是否便于施工操作,并能保证质量的综合性质,包括流动性和保水性两方面。

和易性好的砂浆在运输和操作时不会出现分层、泌水等现象,而且比较容易地在粗糙砖、石、砌块表面上铺成均匀的薄层,与底面紧密地黏结成整体,保证工程质量。可操作的时间较长,有利于施工操作。

(1)流动性(稠度)

砂浆的流动性是指砂浆在自重或外力作用下产生流动的性能,又称稠度。砂浆流动性的大小用"沉入度"表示,即砂浆稠度测定仪的圆锥体沉入砂浆内深度的毫米数。

圆锥沉入深度越大,砂浆的流动性越大。若流动性过大,不能保证砂浆层的厚度和黏结强度,砂浆易分层、析水,同时砂浆层收缩过大,出现收缩裂缝;若流动性过小,同样不能保证砂浆层的厚度和黏结强度,则不便施工操作,灰缝不易填充,所以新拌砂浆应具有适宜的稠度。

影响砂浆流动性的因素有:所用胶结材料品种及用量、掺加料的种类与数量、砂的粗细与级配、用水量、塑化剂的种类与掺量、搅拌时间等。

当原材料确定后,流动性的大小主要取决于用水量。因此,施工中常以调整用水量的方法来改变砂浆的稠度。根据《砌筑砂浆配合比设计规程》(JGJ 98−2000),砌筑砂浆的稠度选用见表 5.1。

表 5.1　砌筑砂浆的稠度

砌体种类	砂浆稠度/mm
烧结普通砖砌体	70～90
轻骨料混凝土小型空心砌块砌体	60～90
烧结多孔砖,空心砖砌体	60～80
烧结普通砖平拱式过梁;空斗墙,筒拱;普通混凝土小型空心砌块砌体;加气混凝土砌块砌体	50～70
石砌体	30～50

①主要仪器设备

a. 砂浆稠度仪:如图 5.1 所示。

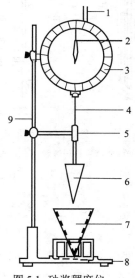

图 5.1　砂浆稠度仪

1—齿条测杆;2—指针;3—刻度盘;4—滑杆;
5—制动螺丝;6—试锥;7—圆锥桶;8—底座;9—支架

b. 钢制捣棒:直径 10 mm,长 350 mm,端部应磨圆。

②检测步骤

a. 盛样容器和试锥表面用湿布擦干净,并用少量润滑油轻控滑杆,使滑杆能自由滑动。

b. 将砂浆拌合物一次装入容器,使砂浆表面低于容器口约 10 mm 左右,用捣棒自容器中心向边缘插捣 25 次,然后轻轻地将容器摇动或敲击 5~6 下,使砂浆平整,随后将容器置于稠度测定仪的底座上。

c. 拧开试锥滑杆的制动螺钉,向下移动滑杆,当试锥尖端与砂浆表面刚接触时,拧紧制动螺钉,使齿条测杆下端刚接触测杆上端,并将指针对准零点上。

d. 拧开制动螺钉,同时计时间,待 10 s 立即固定螺钉,将齿条测杆下端接触测杆上端,从刻度盘上读出下沉深度(精确至1 mm),即为砂浆的稠度值。

注意事项:盛样容器内的砂浆,只允许测定一次稠度,重复测定时应重新取样。

③检测结果

取两次检测结果的算术平均值,计算值精确至 1 mm。两次检测值之差如大于 10 mm,则应另取砂浆搅拌后重新测定。

(2)保水性

保水性是指砂浆保持水分不容易析出的能力,用"分层度"表示。在运输和使用过程中,能很好地保持水分不致很快流失,各组分不易分离,在砌筑过程中容易铺成均匀密实的砂浆层,能使胶结材料正常水化,最终保证了工程质量。

砂浆的保水性用分层度试验测定,两次稠度之差值即为分层度(以 mm 表示)。

①主要仪器设备

a. 砂浆分层度筒:如图 5.2 所示。

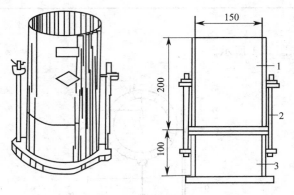

图 5.2　砂浆分层度测定仪(单位:mm)

1—无底圆筒;2—连接螺栓;3—有底圆筒

b. 水泥胶砂振动台:振幅(0.85±0.05)mm,频率(50±3)Hz。

②检测步骤

Ⅰ标准法

a. 按稠度试验法测定稠度。

b. 将砂浆拌合物一次装入分层度筒内,待装满后,用木锤在容器周围距离大致相等的四个不同地方轻轻敲击 1~2 下,如砂浆沉落到低于筒口,则应随时添加,然后刮去多余的砂浆并用抹刀抹平。

c. 静置 30 min 后,去掉上节 200 mm 砂浆,剩余 100 mm 砂浆倒出,放在拌和锅内拌 2 min,再按稠度试验方法测其稠度。前后测得的稠度之差即为该砂浆的分层度值(cm)。

Ⅱ快速法

a. 先按稠度试验法测定稠度。

b. 将分层度筒预先固定在振动台上,砂浆一次装入分层度筒内,振动 20 s。

c. 去掉上节 200 mm 砂浆,剩余 100 mm 砂浆倒出,放在拌和锅内拌 2 min,再按稠度试验方法测其稠度,前后测得的稠度之差即为该砂浆的分层度值(cm)。

注意事项:如有争议时,以标准法为准。

③检测结果

取两次检测结果的算术平均值作为该砂浆的分层度值。两次分层度检测值之差如大于 20 mm,应重做检测。

分层度过大,保水性越差,砂浆容易泌水、分层或水分流失过快,不便于施工。但分层度也不宜过小,分层度过小,砂浆干稠不易操作影响施工进度;同时易产生干燥收缩裂缝。砂浆的分层度一般以 10~20 mm 为宜,不得大于 30mm,其中水泥混合砂浆的分层度一般不得大于 20 mm。

由于保持水分是颗粒表面吸附的结果,因此掺入适量的掺加料(石灰膏、黏土膏、磨细粉煤灰等)、采用较细砂并加大掺量等办法都可以有效地改善砂浆的保水性。为此《砌筑砂浆配合比设计规程》(JGJ 98—2000)中规定:水泥砂浆中水泥用量不应小于 200 kg/m³;水泥混合砂浆中水泥和掺加料总量宜在 300~350 kg/m³ 之间。

控制砌筑砂浆保水率的主要作用是保证砂浆在凝结硬化前不被块材吸收过多的水分,不会因失水过快而导致砂浆中水泥没有足够水分水化,以免降低砂浆本身强度和砂浆与块材的黏结强度。砌筑砂浆的保水性能保证砂浆可操作性和砂浆中水泥水化所需水分即可。如果砌筑砂浆保水性太好,那么砂浆中所保留的实际水分就多,砂浆真实水灰比就大,砂浆的实际强度就低,与块材黏结强度也相应低。

①主要仪器设备

a. 试模:内径 100 mm,内部深度 25 mm 的金属或硬塑料圆环。

b. 金属滤网:网格尺寸 45 μm,直径 110 mm。

c. 超白滤纸:中速定性滤纸。

d. 不透水片:边长或直径大于 110 mm 的金属或玻璃片。

e. 天平。

②检测步骤

a. 将试模放在底部不透水片上,接触面用黄油密封,保证水分不泌出(m_1);

b. 称量 15 片中速定性滤纸质量(m_2);

c. 将试样一次装入试模,插捣数次,将表面抹平,称其总质量(m_3);

d. 用金属滤网覆盖在砂浆表面,再放上 15 片滤纸,盖上不透水片,压上 2 kg 重物;

e. 静置 2 min,移走重物及上部不透水片,取出滤纸,立即称量滤纸质量(m_4);

f. 根据砂浆配合比及加水量计算砂浆的含水率,若无法计算,可测定砂浆的含水率。

③检测结果

砂浆保水率按照下式计算,取两次检测结果的算术平均值作为砂浆的保水率,精确至 0.1%。当两个测定值之差超过 2% 时,此组检测结果无效。

$$W = \left[1 - \frac{m_4 - m_2}{\alpha \times (m_3 - m_1)}\right] \times 100\% \tag{5.1}$$

式中　W——砂浆保水率,%;

　　　m_1——试模与底部不透水片的质量,g;

m_2——15 片滤纸吸水前质量,g;

m_3——试模、底部不透水片与砂浆总质量,g;

m_4——15 片滤纸吸水后质量,g;

α——砂浆含水率,%。

砌筑砂浆的保水性指标应与块体材料相关。如果块体材料的孔结构为开放式,块材易被水浇透,如果块体材料孔结构为封闭的,孔隙率高,块体材料不易被水浇透,或者块体材料施工时不准浇水润湿,那么砌筑砂浆的保水性就应提高,以满足砂浆中水泥水化所需的水分。

2. 硬化砂浆的技术性质

砌筑砂浆在砌体中将砖石黏结成为整体,起传递荷载作用,并经受环境介质的作用。因此,砌筑砂浆除新拌制后应具有良好的和易性外,硬化后还应具有一定的强度。

(1)砂浆的强度

砌筑砂浆的强度等级是以边长为 70.7 mm 立方体试件,在标准条件下养护 28 d,测得的抗压强度平均值(MPa),并考虑具有 95% 的强度保证率而确定的。根据《砌筑砂浆配合比设计规程》(JGJ 98—2000)规定:砌筑砂浆分 M30、M25、M20、M15、M10、M7.5、M5 七个强度等级。

①主要仪器设备

a. 试模:为 70.7 mm×70.7 mm×70.7 mm 的带底试模,由铸铁或钢制成,应具有足够的刚度并拆装方便。

b. 压力试验机:采用精度(示值的相对误差)不大于±2%的试验机,其量程应能使试件的预期破坏荷载值不小于全量程的 20%,也不大于全量程的 80%。

c. 垫板:试验机上、下压板及试件之间可垫以钢垫板,垫板的尺寸应大于试件的承压面,其不平度应为每 100 mm 不超过 0.02 mm。

d. 钢制捣棒:直径 10 mm,长 350 mm 的钢棒,端部应磨圆。

②检测步骤

a. 砌筑砂浆试件采用立方体试件,每组试件应为 3 个。

b. 制作砌筑砂浆试件时,采用黄油等密封材料涂抹试模的外接缝,试模内壁事先涂刷隔离剂。

c. 向试模内一次注满砂浆,用捣棒均匀由外向里按螺旋方向插捣 25 次,为了防止低稠度砂浆插捣后,可能留下孔洞,允许用沿用灰刀沿模壁插数次,使砂浆高出试模顶面 6~8 mm。

d. 当砂浆表面开始出现麻斑状态时,将高出部分的砂浆沿试模顶面削去抹平。

e. 试件制作后应在(20±5)℃温度环境下停置(24±2)h,当气温较低时,可适当延长时间,但不应超过两昼夜,然后对试件进行编号并拆模。试件拆模后,应在标准养护条件下或自然条件下,继续养护至 28 d,然后进行试压。

f. 经 28 d 养护的试件,从养护地点取出后,先将试件擦拭干净,测量尺寸,并检查其外观。试件尺寸测量精确至 1 mm,并据此计算试件的承压面积。如实测尺寸与公称尺寸之差不超过 1 mm,可按公称尺寸计算。

g. 将试件安放在试验机的下压板上或下垫板上,试件的承压面应与成形时顶面垂直,试件中心应与试验机下压板(或下垫板)中心对准。启动试验机,承压试验机应连续而均匀地加荷,加荷速度应为 0.25~1.5 kN/s(砂浆强度不大于 2.5 MPa 时,取下限为宜)。当试件接近破坏而开始迅速变形时,停止调整试验机油门,直到试件破坏,然后记录破坏荷载。

注意事项如下。

a. 标准养护的条件是：水泥混合砂浆灰应为温度（20±2）℃，相对湿度 60%～80%；水泥砂浆和微沫砂浆应为温度（20±2）℃，相对湿度 90% 以上。

b. 采用自然养护的条件是：水泥混合砂浆应在正温度，相对湿度为 60%～80% 的条件下（如养护箱中或不通风的室内）养护；水泥砂浆和微沫砂浆应在正温度并保持试块表面湿润的状态下（如湿砂堆中）养护。

c. 养护期间，试件彼此间隔不少于 10 mm。

d. 砖的使用面要求平整，凡砖四个垂直面粘过水泥或其胶结材料后，不允许再使用。

e. 在有争议时，以标准养护条件为准。

f. 试件从养护地点取出后，应尽快进行试验，以免试件内部的温湿度发生显著变化。

③检测结果

砂浆立方体抗压强度应按下式计算

$$f_{m,cu} = K \frac{N_U}{A} \tag{5.2}$$

式中　$f_{m,cu}$——砂浆立方体抗压强度，MPa；

　　　N_U——立方体破坏压力，N；

　　　A——试件承压面积，mm^2；

　　　K——换算系数，取 1.35。

以三个试件测值的算术平均值作为该组试件的抗压强度值，精确至 0.1 MPa。当三个测值的最大值或最小值中有一个与中间值的差值超过中间值的 15% 时，应把最大值及最小值一并舍去，取中间作为该组试件抗压强度值；当两个测值与中间值的差值均超过中间的 15% 时，则该组试验结果无效。

影响砂浆抗压强度的主要因素除受砂浆本身的组成材料及配合比影响外，还与砌筑层（砖、石、砌块）的吸水性能有关。

（2）黏结强度

砂浆对于砖石应有足够的黏结力，以便能将砖石黏结成坚固的砌体。黏结力的大小会影响整个砌体的强度、耐久性、稳定性和抗震性能。

砂浆的黏结力随其强度增大而增大，又与砖石的表面粗糙程度、清洁程度、湿润程度、养护条件有关。因此，为保证砂浆有足够的黏结力，选择砂浆的强度不能过低，砖石表面应该洁净，砖在使用前要浇水润湿，宜使砖内含水率在 10%～15% 左右，以保证砌体的质量。

（3）砂浆的变形

砂浆在承受荷载、温度变化、湿度变化时均会发生变形，如果变形量太大，会引起开裂而降低砌体质量。掺入太多轻骨料或混合材料（如粉煤灰、轻砂等）的砂浆，其收缩变形较大。

5.1.4　新型墙体材料对砌筑砂浆的要求

砌体按块材可分为砖砌体、混凝土小型空心砌块砌体和石砌体；按类型可分为配筋砌体和填充墙砌体。

砖分为烧结砖和非烧结砖。烧结砖又分为普通烧结砖、多孔烧结砖；非烧结砖又分为蒸压灰砂砖、蒸压粉煤灰砖和混凝土砖。烧结砖的孔结构为开通的；非烧结砖的孔结构为闭合的。蒸压灰砂砖和蒸压粉煤灰砖的表面较光滑。湿拌砌筑砂浆砌筑不同类型的砖时，对砖的预处理、砌筑方式和要求也是各不相同。

烧结砖是我国传统的墙体材料。它具有施工方便、砌体结构稳定和热工性好的特点。但是,普通烧结砖是用泥土制成坯体,再用煤烧结成制品,与我国人多地少和能源短缺的国情不符,已逐渐被禁止使用。近年来,页岩烧结砖在我国逐步发展起来了。它采用破碎页岩替代黏土,在我国一些地区逐步开始使用。对于烧结砖砌筑前应浇水湿润,做到表面阴干,水浸入砖表面内 10 mm。湿拌砂浆砌筑时稠度控制在 70~90 mm,分层度可控制在 30 mm 以内。

对于非烧结砖、蒸压灰砂砖和蒸压粉煤灰砖,其表面光滑,吸水率大,吸水速度慢。如果采用砌筑烧结砖的砂浆砌筑会产生灰缝不饱满,砌体抗剪强度低的问题。对此,《砌体结构设计规范》(GB 50003—2011)规定,其砌体抗剪强度值比烧结砖砌体的抗剪强度低30%。湿拌砌筑砂浆砌筑蒸压灰砂砖和蒸压粉煤灰砖时,砖不得浇水,砂浆稠度应控制在60~80 mm,分层度应控制在 15 mm 以内,保水性控制在 90% 以上,砂浆中保水增稠材料比例应增大,并适当提高粉状材料比例。采用专用砂浆砌筑的砌体抗剪强度已等同于烧结砖砌体的抗剪强度。

混凝土小砌块的块体尺寸较大,铺浆面积小,竖缝高,吸水率低。如果采用传统砌筑砂浆砌筑,砂浆与砌块黏结差,砌体的抗剪强度低,竖向灰缝饱满度差,砌体易产生“渗漏裂”等质量通病。因此,砂浆的稠度应降低,控制在 50~70 mm,分层度应控制在 20 mm 以内,砂浆的黏聚性和触变性要好,砂浆在砌筑时要牢固地黏附在砌块侧壁。对此,在砂浆配合比设计时,应掺加掺加料和保水增稠材料,可适当添加机制砂,以增加砂浆的黏聚性。

对于蒸压加气混凝土砌块,由于块体尺寸较大、铺浆面积大、竖缝高、吸水率大、吸水速度慢,如果采用传统砌筑砂浆砌筑,砂浆的抗剪强度低、竖向灰缝饱满度差,砌体易产生“渗漏裂”等质量通病。因此应采用保水性好、黏稠的砂浆,如预拌砂浆。当预拌砌筑砂浆用于外墙体砌筑时,砂浆的抗冻性指标应至少等同于砌墙砖的抗冻性指标。

知识拓展

5.1.5　砂浆含水率测定方法

称取(100±10)g 试样,置于一干燥并已称重的盘中,在(105±5)℃的烘箱中烘干至恒重。

砂浆含水率 α 按下式计算。取两次检测结果的算术平均值作为砂浆的含水率,精确至0.1%,当两个测定值之差超过 2% 时,此组检测结果无效。

$$\alpha = \frac{m_6 - m_5}{m_6} \times 100\% \qquad\qquad (5.3)$$

式中　α——砂浆含水率,%;

　　　m_5——烘干后砂浆样本的质量,g;

　　　m_6——砂浆样本的总质量,g。

典型工作任务 2　砌筑砂浆的配合比设计

砂浆配合比用每立方米砂浆中各种材料的用量来表示。砌筑砂浆配合比分为两个部分:一种是水泥混合砂浆的配合比按统计公式进行计算,另一种是水泥砂浆的配合比采用查表法进行选定。砂浆配合比设计的基本要求为：满足砂浆拌合物的和易性应满足施工要求；砂浆的强度、耐久性应满足设计要求；经济上要合理控制水泥及掺合料的用量，降低成本。

5.2.1 水泥混合砂浆的配合比设计

根据《砌筑砂浆配合比设计规程》(JGJ 98-2000)，用于砌砖（或多孔砌块）用水泥混合砂浆的配合比设计步骤如下。

1. 计算砂浆的试配强度

考虑施工中的质量波动情况，为使砂浆具有 95% 的强度保证率，以满足强度等级要求，砂浆的配制强度应按下式计算

$$f_{m,o} = f_2 + 0.645\sigma \tag{5.4}$$

式中　$f_{m,o}$——砂浆的试配强度，精确至 0.1 MPa；

　　　f_2——砂浆抗压强度平均值，精确至 0.1 MPa；

　　　σ——砂浆现场强度标准差，精确至 0.01 MPa。

砌筑砂浆现场强度标准差应符合下列规定。

（1）当有统计资料时，可按下式计算

$$\sigma = \sqrt{\frac{\sum_{i=1}^{n} f_{m,i}^2 - n\mu_{f_m}^2}{n-1}} \tag{5.5}$$

式中　$f_{m,i}$——统计周期内同一品种砂浆第 i 组试件的强度，MPa；

　　　μ_{f_m}——统计周期内同一品种砂浆 n 组试件强度的平均值，MPa；

　　　n——统计周期内同一品种砂浆试件的总组数，$n \geqslant 25$。

（2）当不具有近期统计资料时，其砂浆现场强度标准差 σ 取用见表 5.2。

表 5.2　砂浆强度标准差 σ 选用值

砂浆强度等级 施工水平	砂浆强度等级					
	M2.5	M5	M7.5	M10	M15	M20
优良	0.50	1.00	1.50	2.00	3.00	4.00
一般	0.62	1.25	1.88	2.50	3.75	5.00
较差	0.75	1.50	2.25	3.00	4.50	6.00

2. 计算每立方米砂浆的水泥的用量

$$Q_C = \frac{1\,000(f_{m,o} - \beta)}{\alpha f_{ce}} \tag{5.6}$$

式中　Q_C——每立方米砂浆的水泥用量，精确至 1 kg；

　　　$f_{m,o}$——砂浆的试配强度，精确至 0.1 MPa；

　　　f_{ce}——水泥的实测强度，精确至 0.1 MPa；

　　　α、β——砂浆的特征系数，其中 $\alpha = 3.03$，$\beta = -15.09$。

在无法取得水泥的实测强度值时，f_{ce} 可按下式计算

$$f_{ce} = \gamma_c \cdot f_{ce,k} \tag{5.7}$$

式中　$f_{ce,k}$——水泥强度等级对应的强度值，MPa；

　　　γ_c——水泥强度等级值的富余系数，该值应按实际统计资料确定。无统计资料时 γ_c

可取 1.0。

3. 计算每立方米砂浆掺加料用量

$$Q_D = Q_A - Q_C \tag{5.8}$$

式中　Q_D——每立方米砂浆的掺加料用量，精确至 1 kg；

　　　Q_C——每立方米砂浆的水泥用量，精确至 1 kg；

　　　Q_A——每立方米砂浆中掺加料和水泥的总量，精确至 1 kg；宜在 300～350 kg。

4. 确定每立方米砂浆中用砂量

每立方米砂浆中的砂用量，按干燥状态（含水率小于 0.5%）的堆积密度值作为计算值。

$$Q_S = \rho_{0,s} V \tag{5.9}$$

式中　Q_S——每立方米砂浆的用砂量，精确至 1 kg；

　　　$\rho_{0,s}$——砂子干燥状态时的堆积密度（含水率小于 0.5%）值，kg/m^3；

　　　V——每立方米砂浆所用砂的堆积体积，精确至 1 m^3。

5. 选用每立方米砂浆中用水量

每立方米砂浆中的用水量应根据施工要求的稠度等要求选定，可在 240～310 kg 选用。

混合砂浆中的用水量，不包括石灰膏或黏土膏中的水；当采用细砂或粗砂时，用水量分别取上限或下限；稠度小于 70 mm 时，用水量可小于下限；施工现场气候炎热或干燥季节，可酌量增加用水量。

5.2.2　水泥砂浆的配合比设计

由于水泥的强度大大高于砂浆的强度值，若按统计公式计算，则水泥用量普遍偏少，不能满足砂浆和易性的要求。为保证砂浆的质量，水泥砂浆配合比采用查表法确定。因此《砌筑砂浆配合比设计规程》(JGJ 98—2000)规定：各种材料用量从表 5.3 参考选用，试配强度按式(5.6)计算。

表 5.3　每立方米水泥砂浆材料用量

强度等级	每立方米砂浆水泥用量/kg	每立方米用砂量/kg	每立方米砂浆用水量/kg
M2.5～M5	200～230		
M7.5～M10	220～280	砂子的堆积密度值	270～330
M15	280～340		

注：①此表适用于水泥强度等级为 32.5 级，大于 32.5 级时水泥用量宜取下限。
　　②根据施工水平合理选择水泥用量，施工水平越高，水泥用量应取较低值。
　　③当采用细砂或粗砂时，用水量分别取上限或下限。
　　④稠度小于 70 mm 时，用水量可小于下限。
　　⑤施工现场气候炎热或干燥季节，可酌情增加用水量。

5.2.3　配合比试配、调整和确定

(1)试配时采用与工程实际相同的材料，采用规程规定的搅拌方法试拌砂浆。

试配时至少应采用三个不同的配合比，其中一个为基准配合比，其他配合比的水泥用量应按基准配合比分别增加及减少 10%。

(2)按砂浆性能试验方法测定砂浆的沉入度和分层度。当不能满足要求时应使和易性满足要求。

（3）对三个不同的配合比进行调整后，应按标准方法成型和养护试件，标准养护到 28 d 测定砂浆的抗压强度，选用符合设计强度要求的且水泥用量最少的配合比作为砂浆配合比。

（4）根据拌合物的密度，校正材料的用量，保证每立方米砂浆中的用量准确。

（5）当砂含水率大于 0.5% 时，应考虑砂子的含水率。

5.2.4　砌筑砂浆配合比设计例题

【例题 5.1】　某工程的砖墙需用强度等级 M10 的石灰水泥混合砂浆砌筑。所用材料为矿渣水泥 32.5 级，28 天实测强度值为 37 MPa；中砂，含水率为 2%，堆积密度 1 360 kg/m³；要求流动性 70～100 mm；施工水平一般。试计算砂浆的初步配合比。

（1）计算砂浆的试配强度

$$f_{m,o} = f_2 + 0.645\sigma$$

根据施工水平一般，查表 5.3 得 $\sigma = 2.50$ MPa

即 $f_{m,o} = f_2 + 0.645\sigma = 10 + 0.645 \times 2.50 = 11.6$（MPa）

（2）计算水泥用量

根据石灰水泥混合砂浆，$\alpha = 3.03$，$\beta = -15.09$。

$$Q_C = \frac{1\ 000(f_{m,o} - \beta)}{\alpha f_{ce}} = \frac{1\ 000(11.6 + 15.09)}{3.03 \times 37} = 238\text{（kg）}$$

（3）计算石灰膏用量

$$Q_D = Q_A - Q_C = 350 - 238 = 112\text{（kg）}$$

（4）计算用砂量

由于本工程采用中砂的含水率为 2%＜5%。故砂子的用量取堆积密度 1 360 kg。

考虑砂的含水率，实际用砂量为：1 360×(1+2%)=1 387（kg）

（5）选定用水量

用水量取 240～310 kg/(m³ 砂浆)的中值，即 280 kg/m³。

（6）得到砂浆的初步配合比

水泥∶石灰膏∶砂=238∶112∶1 387=1∶0.47∶5.83

典型工作任务 3　其他砂浆

5.3.1　抹面砂浆

抹面砂浆又称抹灰砂浆，是涂抹在建筑物或构筑物表面，既能保护墙体，又具有一定装饰性的砂浆，既可对构件提供保护、增加建筑物和结构的耐久性，又使其表面平整、光洁美观。

按施工部位分为室内抹灰和室外抹灰。现场拌制的抹灰砂浆按其组成可分为水泥石灰混合砂浆和水泥砂浆。根据砂浆的使用功能将抹面砂浆分为普通抹面砂浆、装饰砂浆、防水砂浆和特种砂浆等。

1. 普通抹面砂浆

普通抹面砂浆具有保护墙体，延长墙体使用寿命的作用，兼有一定的装饰效果，其组成与砌筑砂浆基本相同，但胶凝材料用量比砌筑砂浆多，而且抹面砂浆的和易性要比砌筑砂浆好，黏结力更高。砂浆配合比可以从砂浆配合比速查手册中查得。各层砂浆所用砂的技术要求以及砂浆稠度见表 5.4。

表 5.4　砂浆的骨料最大粒径及稠度选择表

抹面层	沉入度/mm	砂子的最大粒径/mm	抹面层	沉入度/mm	砂子的最大粒径/mm
底层	100～120	2.5	面层	70～80	1.2
中层	70～90	2.5			

为了保证抹灰层表面平整,避免开裂剥落,一般分两层或三层施工。

底层主要起黏结作用,中层主要起找平作用,而面层主要起装饰作用。各层砂浆要求不同,因此每层所选用的砂浆也不一样。一般底层砂浆是为了增加抹灰层与基层的黏结力,要求砂浆应具有良好的和易性与较高的黏结力,因此底层砂浆的保水性要好,否则水分易被基层材料吸收而影响砂浆的黏结力。基层表面粗糙些有利于与砂浆的黏结。

中层抹灰主要是为了找平,一般采用混合砂浆或石灰砂浆,找平层的稠度要合适,砂浆层的厚度以表面抹平为宜。

面层抹灰主要为了平整美观,多选细砂配制的混合砂浆、麻刀石灰砂浆或纸筋石灰砂浆,可加强表面的光滑程度及质感。在容易碰撞的部位应采用水泥砂浆。

2. 装饰砂浆

装饰砂浆是一种涂抹在建筑物内外墙表面,具有特殊美观装饰效果的抹面砂浆。主要由水泥、砂、石灰、石膏、钙粉、黏土等无机天然材料构成,添加一定量的矿物颜料,涂抹在建筑表面装饰。它是在抹面的同时,经各种加工处理而获得特殊的饰面形式,以满足审美需要的一种表面装饰。

底层和中层的做法与普通抹面砂浆基本相同。面层通常采用不同的施工工艺,选用特殊的材料,得到符合要求的具有不同质感和颜色、花纹、图案效果的面层。装饰砂浆所采用的胶凝材料主要有石膏、彩色水泥、白水泥等。骨料有大理石、花岗岩等带颜色的碎石渣或玻璃、陶瓷碎粒等。常用装饰砂浆的工艺做法主要有拉毛、水刷石、干黏石、斩假石、弹涂、喷涂。

3. 防水砂浆

防水砂浆是指通过掺加聚合物、外加剂、掺加料或特种水泥所制备的砂浆,具有显著的防水、防潮性能,是一种刚性防水材料和堵漏密封材料。

(1)防水砂浆的种类

普通水泥砂浆是一种非匀质性材料,从微观结构上看属于多孔结构。砂浆中的孔隙主要来源于两方面:一方面是施工过程中浇筑、振捣不良而引起的;另一方面是砂浆中由水泥的凝结硬化过程中形成的。我国目前根据不同地区的气候特点和工程要求,主要有掺加引气剂防水砂浆、减水剂防水砂浆、三乙醇胺防水砂浆、三氯化铁防水砂浆、膨胀防水砂浆和有机聚合物防水砂浆。

(2)防水砂浆的组成材料要求

①水泥选用 32.5 级以上的膨胀水泥或普通水泥,适当增加水泥用量。

②采用级配良好较纯净的中砂,灰砂比为 1:(1.5～3.0),水灰比为 0.5～0.55。

③选用适用的防水剂。

4. 抹面砂浆的选择

抹面砂浆种类的选择,主要依据其使用的部位、环境和要求的性能决定。

抹面砂浆的使用应根据建筑物的立面尺寸精度和墙体结构形式决定。抹面砂浆的稠度可根据基层材料决定:选用普通抹灰砂浆应同时考虑其可操作性,包括砂浆的保水性、黏聚性和触变性,以及初期抗裂性、黏结强度等多重指标,不能只偏重某一指标而影响砂浆其他性能。

薄层抹灰砂浆也应注意水泥用量、有机胶凝材料、保水增稠材料和集料的匹配问题。

5. 抹面砂浆的技术要求

抹面砂浆除要求具有良好的和易性,容易抹成均匀平整的薄层,便于施工;还要求具有较高的黏结力,砂浆层要能与基底黏结牢固,长期使用不致开裂或脱落。

造成抹灰层出现空鼓、开裂和脱落的原因在于基体表面清理不干净;基体表面光滑,抹灰前未作毛化处理;抹灰前基体表面浇水不透,抹灰后砂浆中的水分很快被基体吸收,使砂浆中的水泥未充分水化成水泥石,影响砂浆黏结力;砂浆质量不好,使用不当;一次抹灰过后,干缩应力较大等。

砂浆是一种脆性材料,最容易发生的质量问题是砂浆开裂,为了防止砂浆层开裂,有时需加入一些纤维材料;有时为了使其具有某些功能,需选用特殊骨料或掺加料。

5.3.2 地面砂浆

地面砂浆主要对建筑物底层地面和楼层地面起找平、保护和装饰作用,为地面提供坚固、平坦的基层。

地面砂浆按照用途可分为找平砂浆和面层砂浆。其中找平砂浆主要起着找平地面的作用,砂浆中不应含有石灰成分并应有一定的抗压强度和黏结强度,有时还应有防水要求。面层砂浆主要起着保护和装饰的作用,面层砂浆除抗压强度不应小于 15 MPa 外,还应有耐磨要求、防水要求,与基层材料黏结牢固。

现场拌制的地面砂浆有的有强度要求,有的按材料比例。如果有强度要求的,那么选用强度指标相同的干混地面砂浆即可。如果按材料比例的,应该与抹灰砂浆相类似,根据其比例有对应关系。

5.3.3 黏结砂浆

黏结砂浆是一种聚合物增强的水泥基预配制干混柔性黏结砂浆。它以水泥、石英砂、聚合物胶结材料配以多种添加剂经混合而成,具有优良的柔韧性和黏结性能,以及良好的抗下垂性能、保水性、耐水性以及简单方便的可操作性,增加了黏结强度和拉伸强度,防止空鼓。

黏结砂浆适用于建筑内外墙的瓷砖粘贴、外墙保温系统和外墙内保温系统上 EPS 聚苯乙烯保温板、XPS 挤塑板、混凝土、砖砌块和加气块等基材的黏结。

5.3.4 界面处理砂浆

界面处理砂浆是用于改善砂浆层与基层黏结性能的材料,能够增强对基层的黏结力,具有双亲和性的聚合物改性砂浆。

界面处理砂浆具有如下特点。

(1)能封闭基材的孔隙,减少墙体的吸收性,达到阻缓、降低轻质砌体抽吸抹面砂浆内水分,保证抹面砂浆材料在更佳条件下胶凝硬化。

(2)提高基材表面强度,保证砂浆的黏结力。

(3)在砌体与抹面砂浆间起黏结搭桥作用,保证使上墙砂浆与砌体表面更易结合成一个牢固的整体,避免抹灰层空鼓、起壳的现象。

(4)免除抹灰前的二次浇水工序,避免墙体干燥收缩,尤其适用于干法抹灰施工前的界面处理。

(5)良好的耐水、耐湿热、抗冻融性能。

界面处理砂浆主要用于混凝土基层抹灰的界面处理和大型砌块等表面处理,还可用于混凝土结构的修补工程,EPS 板和 XPS 板的表面处理。

5.3.5 耐磨地坪砂浆

耐磨地坪砂浆是指用于室内、外地面和楼面的砂浆,具有足够的抗压强度、耐腐蚀性能以及优异的耐磨性能。耐磨地坪砂浆可用于公路路面、机场跑道、码头、商场、仓库、生产车间等工程。

1. 耐磨地坪砂浆种类

(1)钢渣耐磨地坪砂浆:是指用钢渣、砂和水泥等按一定的配合比混合制得的砂浆。大量的试验研究表明,钢渣中 Fe_2O_3 的含量越高,相同钢渣掺量条件下所配制的砂浆耐磨性越好。

(2)丁苯胶乳地坪砂浆:是指由硅酸盐水泥、丁苯胶乳液、砂和水按一定比例配制而成的砂浆。

2. 耐磨地坪砂浆的技术要求,见表 5.5。

表 5.5 耐磨地坪砂浆的技术要求

项 目	性能指标	
	Ⅰ 型	Ⅱ 型
骨料含量偏差	生产商控制指标的±5%	
28 d 抗压强度/MPa	≥80.0	≥90.0
28 d 抗折强度/MPa	≥10.5	≥13.5
耐磨比/%	≥300	≥350
表面强度(压痕直径)/mm	≤3.30	≤3.10
颜色(与标准样比)	近似~微	

注:①"近似"表示用肉眼基本看不出色差,"微"表示用肉眼看似乎有点色差;

②Ⅰ型为非金属氧化物骨料耐磨地坪砂浆;Ⅱ型为金属氧化物骨料或金属骨料耐磨地坪砂浆。

5.3.6 耐腐蚀地坪砂浆

耐腐蚀地坪砂浆是指在一些特殊环境下和生产条件下,地坪能经受各种化学酸、碱和盐类的侵蚀,保持完整的地坪功能的特种砂浆。可用于碱厂、化工厂等工业厂房的地坪,要求具有良好的抗渗性能,耐酸、碱各种符合盐类、油脂等化学介质腐蚀。

5.3.7 自流平地坪砂浆

自流平地坪砂浆是指与水(或乳液)搅拌后,摊铺在地面,具有自行流平性或稍加辅助性摊铺能流动找平的地面用材料。它可以提供一个合适的、平整的、光滑和坚固的铺垫基底,可以架设各种地板材料,亦可以直接作为地坪。

根据砂浆所用胶凝材料,分为水泥基自流平砂浆和石膏基自流平砂浆两大类。水泥基自流平砂浆因强度高、耐磨性好,可作为面层,也可作为垫层;而石膏基自流平砂浆因耐水性、耐磨性差,一般只作为垫层。水泥基自流平砂浆是一种具有很高流动性的薄层施工砂浆,加水搅拌后具有自动流动找平或稍加辅助性铺摊就能流动找平的特点。

自流平砂浆可分为水泥基和石膏基两类,石膏基自流平砂浆用于室内,国外用量较大,但国内目前工程上使用的基本上是水泥基的。水泥基自流平砂浆主要用于干燥的、室内准备铺设地毯、PVC、聚乙烯地板、天然石材等区域的地面找平,也可用于混凝土表面施工树脂涂层材料的找平层,还可以在仓库、地下停车场、工业厂房、学校、医院和展览厅等需要高耐久性及平滑性的地方,直接作为地面的最终饰面材料。自流平砂浆可以泵送,施工时自到找平,施工效率高,质量稳定。自流平水泥地坪砂浆可分为:高强型、防水型、彩色型。

水泥基自流平地坪砂浆具有自流动性能、快速硬化、具有较高的抗压和抗折强度以及与基层良好的黏结性和耐磨性。

5.3.8　现场拌制砂浆

现场拌制砂浆是指将原材料运送到施工现场,施工时由机械或人工小批量拌和使用。现场拌制砂浆按材料组成可分为水泥砂浆、水泥石灰混合砂浆、石灰砂浆和石膏砂浆。其中,水泥砂浆应用较为广泛,既可用于砌筑工程,也可用于墙体抹灰和地面找平工程;水泥石灰混合砂浆用于砌筑和抹灰工程;石灰砂浆、石膏砂浆主要用于内墙抹灰。

1. 现场拌制砂浆的缺点

质量波动大;品种单一、性能较差;占用场地大、原材料消耗多;劳动强度大、施工效率低;污染严重等。

2. 现场拌制砂浆存在的问题

(1)现场拌制砂浆不能满足新型墙体材料发展的需要。

(2)砂浆现状不能适应建筑节能的发展需要。

(3)砂浆现状不能适应实现散装水泥快速发展的目标。

随着我国建筑业技术进步和文明施工,取消现场拌制砂浆,采用工业化生产的预拌砂浆势在必行。

5.3.9　预拌砂浆

预拌砂浆是指由专业生产厂生产的湿拌砂浆或干混砂浆。根据砂浆的生产方式将预拌砂浆分为湿拌砂浆和干混砂浆两大类。

1. 湿拌砂浆

湿拌砂浆是指水泥、细集料、外加剂和水以及根据性能确定的各种组分,按一定比例在搅拌站经计量、拌制后,采用搅拌运输车运至使用地点,放入专用容器储存,并在规定时间内使用完毕的湿拌拌合物。

湿拌砂浆包括湿拌砌筑砂浆、湿拌抹灰砂浆、湿拌地面砂浆和湿拌防水砂浆。

湿拌砌筑砂浆主要用于砌体的砌筑;湿拌抹灰砂浆主要用于墙体表面覆盖以起到保护和装饰作用;湿拌地面砂浆主要用于地坪表面找平起到保护和装饰作用;湿拌防水砂浆用于抗渗防水部位。

(1)湿拌砂浆标记,见表5.6。

表 5.6　湿拌砂浆符号

品种	湿拌砌筑砂浆	湿拌抹灰砂浆	湿拌地面砂浆	湿拌防水砂浆
符号	WM	WP	WS	WW

(2)湿拌砂浆技术要求

湿拌砂浆的技术指标分为硬化前和硬化后的技术要求。建工行业标准对各种湿拌砂浆的技术要求做出了规定,见表 5.7。

表 5.7　湿拌砂浆性能指标

项　目	湿拌砌筑砂浆		湿拌抹灰砂浆		湿拌地面砂浆	湿拌防水砂浆
强度等级	M5、M7.5、M10、M15、M20、M25、M30		M5	M10、M15、M20	M15、M20、M25	M10、M15、M20
稠度/mm	50、70、90		70、90、110		50	50、70、90
凝结时间/h	≥8、≥12、≥24		≥8、≥12、≥24		≥4、≥8	≥8、≥12、≥24
保水性/%	≥88		≥88		≥88	≥88
14 d 拉伸黏结强度/MPa	—		≥0.15	≥0.20		≥0.20
抗渗等级	—		—		—	P6、P8、P10

(3)湿拌砂浆特点

①湿拌砂浆运到工地后可直接使用,不需机械搅拌加工;但应储存在密闭容器中。

②有利于砂浆质量的控制与保证。

③原材料选择余地较大。

④施工现场环境好、污染少。

⑤湿拌砂浆是在专业生产厂加水搅拌好的,且一次运量较多,不能根据施工进度、使用量灵活掌握,且运到现场需储存在密闭容器中或设置灰池。

⑥湿拌砂浆在现场储存时间较长,对砂浆的和易性、凝结时间及工作性能的稳定性要求较高。

⑦运输时受交通条件制约。

2. 干混砂浆

干混砂浆是指经干燥筛分处理的集料与水泥以及根据性能确定的各种组分,按一定比例在专业生产厂混合而成,在使用地点按规定比例加水或配套液体拌和使用的干混拌合物。建工行业标准将干混砂浆按用途分为普通干混砂浆和特种干混砂浆。

干混砂浆具有品种多;质量优良,品种稳定;使用方便;经济效益显著;节能减排效果显著的优点。但干混砂浆也存在以下缺点。

(1)干混砂浆生产线一次投资较大,散装罐车和运输车辆的投入也大。

(2)原材料选择受到一定的限制。

(3)干混砂浆是由施工单位在现场加水搅拌制成的,而用水量与搅拌的均匀度对砂浆性能有一定的影响。

(4)散装干混砂浆在储存或输送过程中容易造成物料分离,影响砂浆质量。

(5)工地需配备足够的存储设备和搅拌系统。

 项目小结

本项目主要介绍砌筑砂浆的组成、性质、应用和砌筑砂浆的配合比设计,并简介了其他种类砂浆。要求掌握砌筑砂浆的性质和应用,能够熟练操作砂浆的各种检测。

复习思考题

1. 什么是砌筑砂浆？其组成是什么？

2. 砌筑砂浆有哪些技术性质要求？

3. 砂浆最常出现的质量问题是什么？

4. 新型墙体材料对砌筑砂浆的要求是什么？

5. 如何进行砌砖用砂浆和砌石用砂浆的配合比设计？

6. 要求设计用于砌筑砖墙的水泥石灰砂浆配合比。砂浆等级 M7.5,稠度 70~100 mm。原材料主要参数:水泥为 42.5 级普通硅酸盐水泥;砂子用中砂,堆积密度为 1 450 kg/m³,含水率 2%;石灰膏,稠度 110 mm;施工水平一般。

7. 防水砂浆有哪些做法？

8. 界面处理砂浆有哪些施工要求？

9. 现场拌制砂浆有何缺点？

10. 预拌砂浆有何优缺点？

项目6　建筑钢材性能检测

项目描述

建筑钢材是目前工程建设的重要材料,同时也是一种具有优良性能的材料。本项目主要介绍建筑钢材的主要技术性能及其影响因素;钢结构用钢材;混凝土结构用钢材;建筑钢材的腐蚀与防治等内容。通过本项目的学习,应该能正确地选择建筑结构用钢和合理使用钢材。

拟实现的教学目标

1. 能力目标
- 能够根据所学知识,正确地选材与用材;
- 能够通过钢筋的拉伸试验确定应力与应变之间的关系曲线,评定强度等级;
- 具有对建筑钢材技术性能指标检测能力;
- 能够合理分析施工中建筑钢材原因导致工程技术问题的原因。

2. 知识目标
- 了解钢的冶炼、加工及分类办法;
- 掌握建筑钢材的力学性能、工艺性能;
- 了解钢材的冶炼过程及化学成分对钢材的性能影响;
- 掌握建筑钢材技术性能及应用;
- 熟悉钢材常用品种、牌号、选用与防护;
- 掌握钢材的冷加工、时效的原理、目的及应用。

3. 素质目标
- 具有良好的职业道德,勤奋学习,勇于进取;
- 具有科学严谨的工作作风;
- 具有较强的身体素质和良好的心理素质。

典型工作任务1　建筑钢材的性能检测

建筑钢材是指建筑工程中使用的各种钢材,包括钢结构用各种型材(如角钢、槽钢、工字钢、圆钢等)、板材以及混凝土结构中的各种钢筋、钢丝、钢绞线等。

建筑钢材具有较高的强度,有良好的塑性和韧性,能承受冲击和振动荷载,易于加工和装配一系列优良的性能,所以被广泛地应用于建筑工程中。其缺点是:易锈蚀,维修费用高,耐火性差。如采取相应措施后,这些缺点可以得到改善。

6.1.1　钢的冶炼

钢是由生铁冶炼而成。生铁是铁矿石、熔剂(石灰石)、燃料(焦炭)在高炉中经过还原反应和造渣反应而得到的一种铁、碳合金,其中磷、硫等杂质的含量较高。生铁硬而脆,无塑性和韧性,不能进行焊接、锻造、轧制等加工,在建筑中很少应用。含碳量小于0.04％的铁碳合金,称为工业纯铁。

炼钢的原理是将熔融的生铁进行氧化,使碳的含量降低到一定的限度,同时把其他杂质的含量也降低到允许范围内。所以,在理论上凡含碳量在2％以下,含有害杂质较少的铁碳合金可称为钢。在炼钢后期投入脱氧剂,除去钢液中的氧,这个过程称为"脱氧"。

目前,大规模炼钢方法主要有转炉炼钢法、平炉炼钢法和电弧炼钢法三种。经冶炼后的钢液须经过脱氧处理后才能铸锭,因钢冶炼后含有以 FeO 形式存在的氧,对钢质量产生影响。通常加入脱氧剂如锰铁、硅铁、铝等进行脱氧处理,将 FeO 中的氧去除,将铁还原出来。根据脱氧程度不同,钢材可分为沸腾钢、镇静钢、半镇静钢和特殊镇静钢四种。

沸腾钢是脱氧不完全的钢,钢水浇筑后,产生大量一氧化碳气体逸出,引起钢水沸腾,故称沸腾钢。沸腾钢组织不够致密,气泡含量较多,化学偏析较大,成分不均匀,质量较差,但表面平整清洁,成本较低。用沸腾钢轧制各种牌号的 B 级钢材,其厚度(或直径)一般不大于 25 mm。

镇静钢除采用锰外,再加入硅铁和铝进行完全脱氧,冷却较慢,当凝固时碳和氧之间不发生反应,各种有害物质逸出,品质较纯,结构均匀,镇静钢组织致密,化学成分均匀,机械性能好,是质量较好的钢种。缺点是成本较高。

半镇静钢系加入适量的锰铁、硅铁,铝只作为脱氧剂,脱氧程度及钢的质量均介于沸腾钢和镇静钢之间。

特殊镇静钢在钢中应含有足够的形成细晶粒结构的元素。

6.1.2　钢的分类

钢的种类繁多,为了便于掌握和应用,现将钢的一般分类归纳如下。

1. 按冶炼方法分类

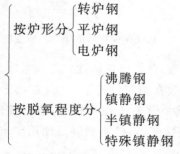

按炉形分 { 转炉钢 / 平炉钢 / 电炉钢 }

按脱氧程度分 { 沸腾钢 / 镇静钢 / 半镇静钢 / 特殊镇静钢 }

2. 按化学成分分类

碳素钢 { 低碳钢(含碳量<0.25％) / 中碳钢(含碳量:0.25％~0.60％) / 高碳钢(含碳量>0.60％) }

合金钢 { 低合金钢(合金元素总量<5％) / 中合金钢(合金元素总量:5％~10％) / 高合金钢(合金元素总量>10％) }

3. 按质量分类

$\begin{cases}\text{普通碳素钢（含硫量≤0.050\%,含磷量≤0.045\%）}\\ \text{优质碳素钢（含硫量≤0.040\%,含磷量≤0.040\%）}\\ \text{高级优质碳素钢（含硫量≤0.030\%,含磷量≤0.035\%）}\end{cases}$

4. 按用途分类

$\begin{cases}\text{结构钢}\begin{cases}\text{建筑工程用结构钢}\\ \text{机械制造用结构钢}\end{cases}\\ \text{工具钢：用于制作刀具、量具、模具}\\ \text{特殊钢：不锈钢、耐酸钢、耐热钢、耐磨钢、磁钢等}\end{cases}$

6.1.3 建筑钢材技术性能检测

钢材的主要性能有力学性能、工艺性能和化学性。其中,力学性能是钢材最重要的使用性能,包括拉伸性能、冲击韧度、疲劳强度及硬度。工艺性能是指钢材在各种加工过程中表现出的性能。

1. 拉伸性能

拉伸是建筑钢材的主要受力形式,钢材受拉时,在产生应力的同时,相应的产生应变。

将低碳钢(软钢)制成一定规格的试件,放在材料试验机上进行拉伸试验,可以绘出如图 6.1所示的应力－应变关系曲线。从图 6.1 中可以看出,低碳钢受拉至拉断可分为四个阶段:弹性阶段、屈服阶段、强化阶段和颈缩阶段。

(1)弹性阶段(OA)：在 OA 段中,应变随应力增加而增大,应力与应变成正比。如卸去外力,试件能恢复原来的形状,这种性质即为弹性,此阶段的变形为弹性变形。与 A 点对应的应力称为弹性极限。

E 为钢材的弹性模量,即应力与应变的比值（$E=\dfrac{\sigma}{\varepsilon}=\tan\alpha$）。弹性模量反映了钢材抵抗弹性变形的能力,是钢材在受力条件下计算结构变形的重要指标。工程上常用的碳素结构钢 Q235 的弹性模量 $E=2.0\times10^{5}\sim2.1\times10^{5}$ MPa。

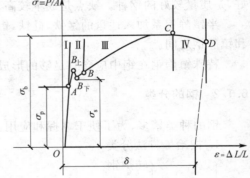

图 6.1　低碳钢受拉伸的应力－应变图

(2)屈服阶段(AB)：应力与应变不再成正比例的线性关系,开始出现塑性变形。当应力达到 $B_{上}$ 点后瞬时下降至 $B_{下}$ 点,变形迅速增加,此时外力则大致在恒定位置上波动,直到 B 点。当荷载消除后,钢材不会恢复原有形状和尺寸,产生屈服现象。工程上通常将 $B_{下}$ 点对应的应力称为屈服强度。钢材受力大于屈服点后,会出现较大的塑性变形,已不能满足使用要求,因此屈服强度是钢材设计强度取值的依据。

(3)强化阶段(BC)：应力超过屈服强度后,由于钢材内部晶格扭曲、晶粒破碎等原因,阻止了塑性变形的进一步发展,钢材得到强化,钢材抵抗外力的能力重新提高,应变随应力提高而增大。曲线最高点 C 点对应的应力值称为极限抗拉强度。

极限抗拉强度是钢材受拉时所能承受的最大应力值,在工程设计中强度极限不作为结构设计的依据,但应考虑屈服极限与强度极限的比值(屈强比)。它反映了钢材的利用率和结构安全可靠程度。计算中屈强比取值越小,其结构的安全可靠程度越高,但屈强比过小,又说明钢材强度的利用率偏低,造成钢材浪费。建筑结构钢合理的屈强比一般为 0.60~0.75。

(4)颈缩阶段(CD):应力达到 C 点后,其抵抗变形的能力明显降低,变形迅速增大,曲线呈下降趋势,试件被拉长,在有杂质或缺陷处,断面急剧缩小,当应力达到 D 点时钢材断裂。

将断裂后的试件拼接起来,测量出拉断后的试件的标距长度 L_1,L_1 与试件原标距 L_0 之差为塑性变形值,它与 L_0 之比称为伸长率,如图 6.2 所示,按下式计算钢材的伸长率。伸长率的计算式如下

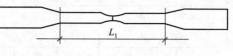

图 6.2　钢材拉伸后示意图

$$\delta = \frac{L_1 - L_0}{L_0} \times 100\% \tag{6.1}$$

式中　δ——钢材的伸长率,%;

　　　L_0——原始标距长度,mm;

　　　L_1——拉断拼接后标距长度,mm。

伸长率是衡量钢材塑性好坏的重要指标,同时也能反映钢材的韧性、冷弯性能、焊接性能的好坏,δ 越大说明钢材的塑性越好。而一定的塑性变形能力,可保证应力重新分布,避免应力集中,从而使钢材用于结构的安全性大。

塑性变形在试件标距内的分布是不均匀的,颈缩处的变形最大,离颈缩部位越远其变形越小。所以,原标距与直径之比越小,则颈缩处伸长值在整个伸长值中的比重越大,计算出来的 δ 值就大。拉伸试件有两种规格,通常以 δ_5 和 δ_{10}(分别表示标准短试件 $L_0 = 5d_0$ 和标准长试件 $L_0 = 10d_0$ 时的伸长率)为基准。

中碳钢与高碳钢(硬钢)的拉伸曲线与低碳钢不同,屈服现象不明显,难以测定屈服点,则规定产生残余变形为原标距长度的 0.2% 时所对应的应力值,作为硬钢的屈服强度,称为条件屈服点,用 $\delta_{0.2}$ 表示,如图 6.3 所示。

(1)主要仪器设备

①万能材料试验机:试验机的测力示值误差不大于 1%。

②游标卡尺:精确度为 0.1 mm。

(2)检测步骤

①试件制作和准备

抗拉检测用钢筋试件不得进行车削加工,可以用两个或一系列等分小冲击点或细划线标出原始标距(标记不应影响试样断裂),测量标距长度 L_0 精确至 0.1 mm,如图 6.4 所示。计算钢筋强度用横截面积采用表 6.1 所列公称横截面积。

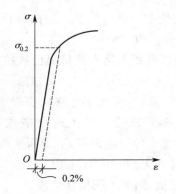

图 6.3　中碳钢、高碳钢的 $\sigma - \varepsilon$ 图

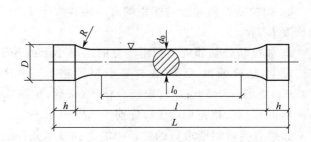

图 6.4　拉伸试验标准试件

表 6.1　钢筋的公称横截面积及理论重量

| 公称直径/mm | 不同根数钢筋的公称横截面面积/mm² | | | | | | | | | 单根钢筋理论重量/(kg/m) |
	1	2	3	4	5	6	7	8	9	
6	28.3	57	85	113	142	170	198	226	255	0.222
8	50.3	101	151	201	252	302	352	402	453	0.395
10	78.5	157	236	314	393	471	550	628	707	0.617
12	113.1	226	339	452	565	678	791	904	1 017	0.888
14	153.9	308	461	615	769	923	1 077	1 231	1 385	1.21
16	201.1	402	603	804	1 005	1 206	1 407	1 608	1 809	1.58
18	254.5	509	763	1 017	1 272	1 527	1 781	2 036	2 290	2.00(2.11)
20	314.2	628	942	1 256	1 570	1 884	2 199	2 513	2 827	2.47
22	380.1	760	1 140	1 520	1 900	2 281	2 661	3 041	3 421	2.98
25	490.9	982	1 473	1 964	2 454	2 945	3 436	3 927	4 418	3.85(4.10)
28	615.8	1 232	1 847	2 463	3 079	3 695	4 310	4 926	5 542	4.83
32	804.2	1 609	2 413	3 217	4 021	4 826	5 630	6 434	7 238	6.31(6.65)
36	1 017.9	2 036	3 054	4 072	5 089	6 107	7 125	8 143	9 161	7.99
40	1 256.6	2 513	3 770	5 027	6 283	7 540	8 796	10 053	11 310	9.87(10.34)
50	1 963.5	3 928	5 892	7 856	9 820	11 784	13 748	15 712	17 676	15.42(16.28)

②屈服强度和抗拉强度的测定

a. 调整试验机测力度盘的指针,使对准零点,并拨动副指针,使与主指针重叠。

b. 将试件固定在试验机夹头内。开动试验机进行拉伸,拉伸速度为:屈服前,应力增加速度按表 6.2 规定,并保持试验机控制器固定于这一速率位置上,直至该性能测出为止;屈服后只需测定抗拉强度时,试验机活动夹头在荷载下的移动速度不大于 0.5 LC/min。

c. 拉伸中,测力度盘的指针停止转动时的恒定荷载,或第一次回转时的最小荷载,即为所求的屈服点荷载(F_s)。

d. 向试件连接施荷直至拉断,由测力度盘读出最大荷载 F_b,即抗拉强度的负荷。

表 6.2　屈服前的加荷速率

| 金属材料的弹性模量/MPa | 应力速率 N/(mm²·s⁻¹) | |
	最小	最大
<150 000	1	10
≥150 000	3	30

③伸长率测定

a. 将已拉断试件的两端在断裂处对齐,尽量使其轴线位于一条直线上。如拉断处由于各种原因形成缝隙,则此缝隙应计入试件拉断后的标距部分长度内。

b. 如拉断处到邻近的标距端点的距离大于 $1/3(L_0)$ 时,可用卡尺直接量出已被拉长的标距长度 L_1(mm)。

c. 如拉断处到邻近的标距端点的距离小于或等于 $1/3(L_0)$,可按下述移位法确定(L_1):在长段上,从拉断处 O 取基本等于短段格数,得 B 点,接着取等于长段所余格数(偶数,图 6.5a)之半,得 C 点;或者取所余格数(奇数,见图 6.5b)加 1 的一半得 C 点、取所余格数减 1 的一半得 C_1 点,移位后的 L_1,分别为 $AO+OB+2BC$ 或者 $AO+BO+BC+BC_1$。

如果直接量测所求得的伸长率能达到技术条件的规定值,则可不采用移位法。

注意事项如下:

a. 试件应对准夹头的中心,试件轴线应绝对垂直。

b. 试件标距部分不得夹入钳口中,试件被夹长部分不小于钳口的 3/2。

c. 如试件在标距端点上或标距处断裂,则试验结果无效,应重做检测。

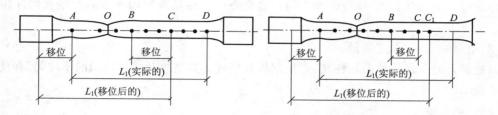

图 6.5　试样拉断后的标距长度测量

（3）检测结果

① 按下式计算屈服强度

$$\sigma_{s} = \frac{F_{s}}{A} \tag{6.2}$$

式中　σ_{s}——屈服强度,MPa;

　　　F_{s}——屈服点荷载,N;

　　　A——试件的公称横截面积,mm^2。

当 $\sigma_{s} > 1\,000$ MPa 时,应计算至 10 MPa;σ_{s} 为 $200 \sim 1\,000$ MPa 时,计算至 5 MPa;$\sigma_{s} \leqslant 200$ MPa时,计算至 1 MPa。小数点数字按修约法处理。

② 按下式计算抗拉强度

$$\sigma_{b} = \frac{F_{b}}{A} \tag{6.3}$$

式中　σ_{b}——抗拉强度,MPa;

　　　F_{b}——最大荷载,N;

　　　A—— 试件的公称横截面积,mm^2。

σ_{b} 计算精度的要求同 σ_{s}。

③ 按下式计算伸长率,精确至 1%

$$\sigma_{10}(或 \sigma_{5}) = \frac{L_{1} - L_{0}}{L_{0}} \times 100\% \tag{6.4}$$

式中　$\sigma_{10}(或 \sigma_{5})$——分别表示 $L_{0} = 10\,d$ 或 $L_{0} = 5\,d$ 时的伸长率;

　　　L_{0}——原标距长度 10 d(5 d),mm;

　　　L_{1}——试件拉断后直接量出或按移位法确定的标距部分长度,精确至
　　　　　　 0.1 mm。

在拉伸检测的两根试件中,如其中一根试件的屈服强度、抗拉强度和伸长率三个指标中有一个指标达不到标准中规定的数值,则从同一验收批中再抽取双倍（4 根）钢筋,制取双倍（4根）试件复检,复检结果如仍有一根试件的某一个指标达不到标准要求,则不论这个指标在初检中是否达到标准要求,拉伸检测项目也视作不合格。

2. 冲击韧性

冲击韧性是指钢材抵抗冲击荷载而不被破坏的能力。冲击韧性指标是以刻槽的标准试件,在冲击试验的摆锤冲击下,以破坏后缺口处单位面积上所消耗的功来表示（J/cm^2）。冲击

韧性值越大,冲断试件消耗能量越多,钢材的冲击韧性越好。

钢材冲击韧性大小,主要与钢的化学成分、冶炼与加工有关。

(1)钢材的化学组成与组织状态

当钢材内硫、磷的含量高会使冲击韧性显著降低。细晶粒结构比粗晶粒结构的冲击韧性要高。

(2)钢材的轧制、焊接质量

沿轧制方向取样的冲击韧性高;焊接钢件处形成的热裂纹及晶体组织的不均匀,会使冲击韧性显著降低。

(3)环境温度

环境温度对钢材的冲击韧性影响也很大。当温度较高时冲击韧性较大。试验表明,冲击韧性随温度的降低而下降。其规律是开始时下降缓和,当达到一定温度范围时,突然下降很多而呈脆性,这种性质称为钢材的冷脆性。这时的温度称为脆性临界温度。在负温下使用的结构,应当选用脆性临界温度较使用温度低的钢材。规范中通常是根据气温条件规定 $-20\ ℃$ 或 $-40\ ℃$ 的负温冲击值指标。

对于直接承受动荷载而且可能在负温下工作的重要结构,必须按照有关规范要求进行钢材的冲击韧性检验。

(4)时间

因时效作用,钢材冲击韧度随时间的延长而表现出强度提高,塑性和冲击韧性下降的现象。一般完成时效的过程可达数十年,但钢材如经冷加工或使用中经受振动和反复荷载的影响,时效可迅速发展。因时效导致钢材性能改变的程度称时效敏感性。时效敏感性越大的钢材,经过时效后冲击韧性的降低就越显著。为了保证安全,对于承受动荷载的重要结构,应当选用时效敏感性小的钢材。

3. 疲劳强度

钢材承受交变荷载的反复作用时,可在远低于屈服强度时突然发生破坏,这种破坏称为疲劳破坏。钢材疲劳破坏的指标即疲劳强度,或称疲劳极限。疲劳强度是试件在交变应力作用下,不发生疲劳破坏的最大主应力值。在设计承受反复荷载且须进行疲劳验算的结构时,应当了解所用钢材的疲劳强度。

一般认为钢材的疲劳破坏是由拉应力引起的,抗拉强度高,其疲劳极限也较高。钢材的疲劳极限与其内部组织和表面质量有关。疲劳破坏经常是突然发生的,因而具有很大的危险性,往往造成严重事故。

4. 硬度

硬度是指金属材料抵抗硬物压入表面的能力,即材料表面抵塑性变形的能力。通常与抗拉强度有一定关系。目前测定钢材硬度的方法很多,相应的有布氏硬度(HB)和洛氏硬度(HRC)。常用的方法是布氏法,其技术指标是布氏硬度值。

各类钢材 HB 值与抗拉强度之间有较好的相关关系。材料的强度越高,塑性变形抵抗力越强,硬度值也就越大。由试验得出当低碳钢的 HB<175 时,其抗拉强度与布氏硬度的经验关系如下

$$\sigma_b = 0.36HB \tag{6.5}$$

根据这一关系,可以直接在钢结构上测出钢材的 HB 值,并估算该钢材的 σ_b。

5. 冷弯性能

冷弯性能是反映钢材在常温下承受弯曲变形的能力,是钢材的主要工艺性能之一。其指标通常用弯曲角度 α 和弯心直径 d 对试件厚度的比值这两个指标来衡量。按照规定的弯曲角度 α 和弯心直径 d 弯曲钢材后,通过检查弯曲处的外面和侧面有无裂纹、起层或断裂等现象进行评定,如图 6.6 所示。

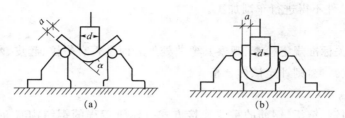

图 6.6　钢筋冷弯试验示意图

(a)弯曲 90°;(b)弯曲 180°

d—弯心直径;a—试件厚度

弯曲角度越大,弯心直径与试件厚度的比值越小,则表示冷弯性能越好。冷弯试验是一种比拉伸更为严格的检验钢材塑性的方法。它能揭示钢材内部是否存在组织不均匀、内应力或夹杂物等缺陷,也可用来检验钢材的焊接质量。

(1)主要仪器设备

压力机或万能试验机:具有足够硬度的支承辊,其长度应大于试件的直径和宽度,支承辊间的距离可调节。

(2)检测步骤

①检查试件尺寸是否合格。试件长度通常按下式确定:$L \approx 5a + 150$(mm)(a 为试件原始直径)。

②半导向弯曲试样一端固定,绕弯心直径进行弯曲。试样弯曲到规定的弯曲角度或出现裂纹、裂缝或断裂为止。

③导向弯曲。试样放置于两个支点上,将一定直径的弯心在试样两上支点中间施加压力,如图 6.7 所示,弯曲程度可分以下三种情况。

a. 使试样弯曲到规定的角度,如图 6.7(b)所示。

b. 使试样弯曲至两臂平行时,可一次完成试验,亦可先弯曲到如图 6.7(b)所示的状态,然后放置在试验机平板之间继续施加压力,压至试样两臂平行。此时可以加与弯心直径相同尺寸的衬垫进行试验如图 6.7(c)所示。

c. 使试样需要弯曲至两臂接触时,首先将试样弯曲到图 6.7(b)所示的状态,然后放置在两平板间继续施加压力,直至两臂接触如图 6.7(d)所示。

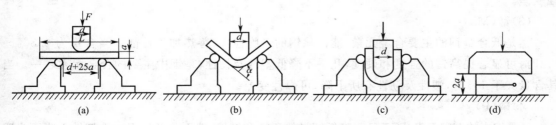

图 6.7　弯曲试验示意图

注意事项：

a. 检测应在平稳压力作用下，缓慢施加压力。两支辊间距离为$(d+2.5a)\pm0.5a$，并且在检测过程中不允许有变化。

b. 检测应在 10～35 ℃或控制条件下(23 ± 5)℃进行。

c. 钢筋冷弯试件不得进行车削加工。

（3）检测结果

弯曲后，按有关标准规定检查、观察其弯曲处外表面是否有裂纹、起皮、断裂等现象。若无裂纹、起皮、裂缝或断裂，则评定试样合格。

6. 焊接性能

焊接是各种型钢、钢板、钢筋的重要连接方式。建筑工程的钢结构有 90％以上是焊接结构。焊接结构质量取决于焊接工艺、焊接材料及钢材本身的焊接性能。

钢材的可焊性，是指钢材是否适应用通常的方法与工艺进行焊接的性能。可焊性好的钢材，指易于用一般焊接方法和工艺施焊，焊口处不易形成裂纹、气孔、夹渣等缺陷；焊接后钢材的力学性能，特别是强度不低于原有钢材，硬脆倾向小。

钢材可焊性能的好坏，主要取决于钢的化学成分。钢的含碳量高将增加焊接接头的硬脆性，含碳量小于 0.25％的碳素钢具有良好的。选择焊接结构用钢，应注意选含碳量较低的氧气转炉或平炉镇静钢。

钢筋焊接应注意的问题是：冷拉钢筋的焊接应在冷拉之前进行；焊接部位应清除铁锈、熔渣、油污等；应尽量避免不同国家的进口钢筋之间或进口钢筋与国产钢筋之间的焊接。

6.1.4　影响钢材性能的主要因素

1. 化学成分

钢材中除基本元素铁和碳外，常有硅、锰、硫、磷及氢、氧、氮等元素存在。这些元素来自炼钢原料、炉气及脱氧剂，在熔炼中无法除净。各种元素对钢的性能都有一定的影响，为了保证钢的质量，在国家标准中对各类钢的化学成分都作了严格的规定。

（1）碳（C）

碳是决定钢材性质的主要元素，对钢的机械性能有重要的影响。当含碳量低于 0.8％时，随着含碳量的增加，钢的抗拉强度和硬度提高，而塑性及韧性降低。同时，还将使钢的冷弯、焊接及抗腐蚀等性能降低，并增加钢的冷脆性和时效敏感性。

（2）硅（Si）

硅是钢中的主要合金元素，是为了脱氧去硫而加入的。硅是钢的主要合金元素，含量常在 1％以内，可提高强度，对塑性和韧性没有明显影响。但含硅量超过 1％时，冷脆性增加，可焊性变差。

（3）锰（Mn）

锰是低合金钢的主要合金元素，能消除钢的热脆性，改善热加工性能。当含量为 0.8％～1％时，可显著提高钢的强度和硬度，几乎不降低塑性及韧性，是钢中主要的合金元素之一。当其含量大于 1％时，塑性及韧性有所下降，可焊性变差。

（4）磷（P）

磷是钢中的有害元素，磷可显著降低钢材的塑性和韧性，特别是低温下冲击韧性下降更为明显。磷还能使钢的冷弯性能降低,可焊性变坏。但磷可使钢材的强度、硬度、耐磨性、耐蚀性提高。

(5)硫(S)

硫在钢的热加工时易引起钢的脆裂,称为热脆性。硫的存在还使钢的冲击韧性、疲劳强度、可焊性及耐蚀性降低,即使微量存在也对钢有害,因此硫的含量要严格控制。

(6)氧、氮

氧、氮也是钢中的有害元素,它们可显著降低钢的塑性和韧性,以及冷弯性能和可焊性能。

(7)铝、钛、钒、铌

铝、钛、钒、铌均是炼钢时的强脱氧剂,也是合金钢常用的合金元素。适量加入到钢内,可改善钢的组织,细化晶粒,显著提高强度和改善韧性。

2. 晶体组织

钢材中铁和碳原子结合有三种基本形式:固液体、化合物和机械化合物。钢材的基本组织有铁素体、渗碳体、珠光体三种。

(1)铁素体:碳在铁中的固溶体,由于原子之间的空隙很小,对碳的溶解度也很小,接近于纯铁,它赋予钢材以良好的延展性、塑性和韧性,但强度、硬度很低。

(2)渗碳体:铁和碳组成的化合物,碳含量达 6.67%(质量分数),性质硬而脆,是碳钢的主要强度组分。

(3)珠光体:铁素体和渗碳体的机械混合物,其强度较高,塑性和韧性介于上述二者之间。

典型工作任务 2　常用建筑钢材的标准和选用

建筑钢材可分为钢结构用型钢和钢筋混凝土结构用钢筋两大类。钢结构建筑对钢材的质量、品种、规格和功能有特定的要求。混凝土结构用钢主要有:热轧钢筋、冷拉热轧钢筋、冷拔低碳钢丝、冷轧带肋钢筋、热处理钢筋和预应力混凝土用钢丝及钢绞线等。

6.2.1　钢结构用钢材

1. 普通碳素结构钢

普通碳素结构钢包括一般结构钢和工程用热轧钢板、钢带、型钢等。现行国家标准《碳素结构钢》(GB 700—2006)具体规定了它的牌号表示方法、技术要求、试验方法、检验规则等。

(1)牌号表示方法

碳素结构钢按屈服强度的数值分为 195、215、235、275 四种;质量等级以硫、磷杂质的含量由多到少分为 A、B、C、D 四个等级;按照脱氧程度不同分为沸腾钢(F)、半镇静钢(b)、镇静钢(Z)、特殊镇静钢(TZ)四类。钢的牌号由代表屈服点的字母 Q、屈服点数值、质量等级和脱氧程度四个部分按顺序组成。对于镇静钢和特殊镇静钢,在钢的牌号中予以省略。如 Q235AF,表示屈服点为 235MPa 的 A 级沸腾钢。

(2)技术性能

碳素结构钢的技术要求包括化学成分、力学性能、冶炼方法、交货状态及表面质量五个方面,碳素结构钢的化学成分、力学性能、冷弯性能指标应分别符合表 6.3、表 6.4 的要求。

表 6.3　碳素结构钢的力学性能（GB/T 700—2006）

牌号	等级	屈服点 σ_s/MPa,不小于						抗拉强度 σ_b/MPa	断后伸长率 δ_s/%					冲击试验(V 形缺口)	
		钢材厚度或直径/mm							钢材厚度(或直径)/mm					温度 /℃	冲击功/纵向,J,不小于
		≤16	16(不含)~40	40(不含)~60	60(不含)~100	100(不含)~150	150(不含)~200		≤40	40(不含)~60	60(不含)~100	100(不含)~150	150(不含)~200		
Q195	—	195	185	—	—	—	—	315~430	33	—	—	—	—	—	—
Q215	A	215	205	195	185	175	165	335~450	31	30	29	27	26	—	—
	B													+20	27
Q235	A	235	225	215	215	195	185	370~500	26	25	24	22	21	—	—
	B													+20	27
	C													0	27
	D													−20	27
Q275	A	275	265	255	245	225	215	410~540	22	21	20	18	17	—	—
	B													+20	27
	C													0	27
	D													−20	27

注：①Q195 的屈服点仅供参考,不作为交货条件。

②厚度大于 100 mm 的钢材,抗拉强度下限允许降低 20 N/mm²。宽带钢(包括剪切钢板)抗拉强度上限不作交货条件。

③厚度小于 25 mm 的钢材 Q235B 级钢材,如供方能保证冲击吸收功值合格,经需方同意,可不做检验。

表 6.4　碳素结构钢的冷弯性能（GB/T 700—2006）

牌号	试样方向	冷弯试验/试样宽度＝2 倍试样厚度,弯曲角度 180°
		钢材厚度(或直径)a<60 mm
		弯心直径 d
Q195	纵	0
	横	0.5a
Q215	纵	0.5a
	横	a
Q235	纵	a
	横	1.5a
Q275	纵	1.5a
	横	2a

注：①B 为试样宽度,a 为试样厚度(或直径)。

②钢材厚度(或直径)大于 100 mm 时,冷弯试验由双方协商确定。

（3）选用

碳素结构钢随钢号的增大,含碳量增加,强度和硬度相应提高,而塑性和韧性则降低。Q195、Q215 号钢,强度低,塑性和韧性较好,易于冷加工,常用作钢钉、铆钉、螺栓及铁丝等。Q215 号钢经冷加工后可代替 Q235 号钢使用。Q195 主要用于轧制钢板和盘条等;Q215 大量用作管坯、螺栓等。

建筑工程中应用最广泛的是 Q235 号钢。其含碳量为 $0.14\%\sim0.22\%$，属低碳钢，具有较高的强度，良好的塑性、韧性及可焊性，综合性能好，能满足一般钢结构和钢筋混凝土用钢要求，且成本较低。大量制作成钢筋、型钢和钢板用于建造房屋和桥梁等。

Q275 号钢，强度较高，但塑性、韧性较差，可焊性也差，不易焊接和冷弯加工，可用于轧制钢筋、作螺栓配件等，但更多用于机械零件和工具等。

2. 低合金高强度结构钢

低合金高强度结构钢是在碳素结构钢的基础上，添加少量的一种或几种合金元素（总含量小于 5%）的一种结构钢。其目的是为了提高钢的屈服强度、抗拉强度、耐磨性、耐蚀性及耐低温性能等。因此，它是综合性能较为理想的建筑钢材，尤其在大跨度、承受动荷载和冲击荷载的结构中更适用。另外，与使用碳素钢相比，可节约成本。

（1）牌号表示方法

根据国家标准《低合金高强度结构钢》（GB 1591—1994）规定，共有五个牌号。所加元素主要有锰、硅、钒、钛、铌、铬、镍及稀土元素。其牌号的表示方法由屈服点字母 Q、屈服点数值、质量等级（分 A、B、C、D、E 五级）三个部分组成。如：Q295A 表示屈服点为 295MPa，质量等级为 A 级的低合金高强度结构钢。

（2）技术性能

根据国家标准《低合金高强度结构钢》（GB 1591—1994）的规定，低合金高强度结构钢的力学性能见表 6.5。

（3）选用

低合金高强度结构钢具有轻质高强，耐蚀性、耐低温性好，抗冲击性强，使用寿命长等良好的综合性能，具有良好的可焊性及冷加工性，易于加工与施工。

在钢结构中常采用低合金高强度结构钢轧制型钢、钢板，建筑桥梁、高层及大跨度建筑。在重要的钢筋混凝土结构或预应力钢筋混凝土结构中，主要应用低合金钢加工成的热轧带肋钢筋，特别适用于各种重型结构、高层结构、大跨度结构及桥梁工程等。

表 6.5　低合金高强度结构钢的力学性能表（GB/T 1591—2008）

牌号	质量等级	屈服强度/Mpa，不小于				抗拉强度/MPa，不小于			伸长率/%，不小于		冲击功厚度（直径或边长为12～150 mm）/纵向，J，不小于				180°弯曲试验 d 为弯心直径 a 为试样厚度（直径）	
		厚度（直径或边长，mm）				厚度（直径或边长，mm）			厚度（直径或边长，mm）						试样厚度或直径/mm	
		≤16	16(不含)～40	40(不含)～63	63(不含)～80	≤40	40(不含)～63	63(不含)～80	≤40	40(不含)～63	+20 ℃	0 ℃	−20 ℃	−40 ℃	≤16	16(不含)～100
Q345	A	345	335	325	315	470～630			20	19	—	—	—	—	$d=2a$	$d=3a$
	B										34	—	—	—		
	C								21	20	—	34	—	—		
	D										—	—	34	—		
	E										—	—	—	34		

续上表

牌号	质量等级	屈服强度/Mpa,不小于 ≤16	16(不含)~40	40(不含)~63	63(不含)~80	抗拉强度/MPa,不小于 ≤40	40(不含)~63	63(不含)~80	伸长率/%,不小于 ≤40	40(不含)~63	冲击功厚度(直径或边长为12~150 mm)/纵向,J,不小于 +20℃	0℃	-20℃	-40℃	180°弯曲试验 d为弯心直径 a为试样厚度(直径) 试样厚度或直径/mm ≤16	16(不含)~100
Q390	A	390	370	350	330	490~650			20	19	—	—	—	—	d=2a	d=3a
	B										34	—	—	—		
	C										—	34	—	—		
	D										—	—	34	—		
	E										—	—	—	34		
Q420	A	420	400	380	360	520~680			19	18	—	—	—	—	d=2a	d=3a
	B										34	—	—	—		
	C										—	34	—	—		
	D										—	—	34	—		
	E										—	—	—	34		
Q460	C	460	440	420	400	550~720			17	16	—	34	—	—	d=2a	d=3a
	D										—	—	34	—		
	E										—	—	—	34		
Q500	C	500	480	470	450	610~770	600~760	590~750	17	17	—	55	—	—	—	—
	D										—	—	47	—		
	E										—	—	—	31		
Q550	C	550	530	520	500	670~830	620~810	600~790	16	16	—	55	—	—	—	—
	D										—	—	47	—		
	E										—	—	—	31		
Q620	C	620	600	590	570	710~880	690~880	670~860	15	15	—	55	—	—	—	—
	D										—	—	47	—		
	E										—	—	—	31		
Q690	C	690	670	660	640	770~940	750~920	730~900	14	14	—	55	—	—	—	—
	D										—	—	47	—		
	E										—	—	—	31		

3. 钢结构用型钢、钢板

钢结构构件一般应直接选用各种型钢。构件之间可直接或附连接钢板进行连接。连接方式有铆接、螺栓连接或焊接。所用母材主要是碳素结构钢及低合金高强度结构钢。

型钢有热轧和冷轧成型两种。钢板也有热轧(厚度为 0.35~200 mm)和冷轧(厚度为 0.2~5 mm)两种。

（1）热轧型钢

热轧型钢有角钢、工字钢、槽钢、部分 T 型钢、H 型钢、Z 型钢等。

型钢由于截面形式合理，材料在表面上分布对受力最为有利，且构件间连接方便，是钢结构中采用的主要钢材。

我国建筑用热轧型钢主要采用碳素结构钢 Q235A（含碳量约为 0.14%～0.22%）。其强度适中，塑性及可焊性较好，成本低，适合建筑工程使用。

在钢结构设计规范中，推荐使用的低合金钢主要有两种：Q345(16Mn) 及 Q390(15MnV)，用于大跨度、承受动荷载的钢结构中。

热轧型钢的标记方式由一组符号组成，包括型钢名称、横断面主要尺寸、型钢标准及钢牌号与钢种标准等。

（2）冷弯薄壁型钢

通常是用 2～6 mm 薄钢板冷弯或模压而成，有角钢、槽钢等开口薄壁型钢及方形、矩形等空心薄壁型钢。主要用于轻型钢结构。其标示方法与热轧型钢相同。

（3）钢板、压型钢板

用光面轧辊轧制而成的扁平钢材，以平板状态供货的称钢板，以卷状供货的称钢带。按轧制温度不同，分为热轧和冷轧两种；热轧钢板按厚度分为厚板（厚度大于 4 mm）和薄板（厚度为 0.35～4 mm）两种；冷轧钢板只有薄板（厚度为 0.2～4 mm）一种。

建筑用钢板及钢带主要是碳素结构钢。一些重型结构、大跨度桥梁、高压容器等也采用低合金钢板。

薄钢板经冷压或冷轧成波形、双曲形、V 形等形状，称为压形钢板。彩色钢板（又称有机涂层薄钢板）、镀锌薄钢板、防腐薄钢板等都可用来制作压形钢板。其特点是：单位质量轻、强度高、抗震性能好、施工快、外形美观等。

一般厚板主要用于结构；薄板可用作屋面或墙面等围护结构，或用作涂层钢板的原材料；钢板还可用来弯曲为型钢。在钢结构中，单层钢板一般较少使用，而是用几块板组合而成工字形、箱形等结构来承受荷载。

6.2.2　钢筋混凝土用钢材

钢筋混凝土结构用的钢筋和钢丝，主要由碳素结构钢和低合金结构钢轧制而成。

1. 热轧钢筋

热轧钢筋是建筑工程中用量最大的钢材品种之一，混凝土结构用热轧钢筋应有较高的强度，具有一定的塑性、韧性、可焊性。用加热钢坯轧成的条型成品钢筋，称为热轧钢筋。主要用于钢筋混凝土和预应力混凝土结构的配筋。热轧钢筋主要有用 Q235 轧制的光圆钢筋和用合金钢轧制带肋钢筋。

（1）牌号表示方法

国家标准《钢筋混凝土用热轧带肋钢筋》(GB 1499.2—2007)规定：热轧带肋钢筋分为普通热轧钢筋和细晶粒热轧钢筋两类，钢筋按屈服强度特征分为 335、400、500 三个级别。普通热轧带肋钢筋的牌号由 HRB 和屈服强度特征值构成，细晶粒热轧钢筋由 HRBF 和屈服强度特征值构成。普通热轧带肋钢筋分为 HRB335、HRB400、HRB500 三个牌号，细晶粒热轧钢筋分为 HRBF335、HRBF400、HRBF500 三个牌号。

国家标准《钢筋混凝土用热轧光圆钢筋》(GB 1499.1—2008)规定：热轧光圆钢筋按照

屈服强度特征值分为 235、300 二个级别。热轧用的钢筋牌号由 HPB 和屈服强度特征值构成。

（2）技术性能

热轧钢筋的力学性能特征值见表 6.6 及表 6.7。

表 6.6 直条光圆钢筋的力学性能、工艺性能表（GB 1499.1—2008）

牌号	屈服强度 R_{eL}/Mpa	抗拉强度 R_m/MPa	断后伸长率 A/%	最大力总伸长率 A_{gt}/%	冷弯试验/180° d 为弯心直径，a 为钢筋公称直径
			不小于		
HPB235	235	370	25.0	10.0	$d=a$
HPB300	300	420	25.0	10.0	$d=a$

表 6.7 热轧带肋钢筋的力学性能和工艺性能表（GB 1499.2—2007）

牌号	屈服强度 R_{eL}/Mpa	抗拉强度 R_m/MPa	断后伸长率 A/%	最大力总伸长率 A_{gt}/%	冷弯试验/180° d 为弯心直径，a 为钢筋公称直径
			不小于		
HRB335	335	455	17	7.5	$d=3a$
HRBF335	335	455	17	7.5	$d=4a$
HRB400	400	540	16	7.5	$d=4a$
HRBF400	400	540	16	7.5	$d=5a$
HRB500	500	630	15	7.5	$d=6a$
HRBF500	500	630	15	7.5	$d=7a$

2. 冷加工钢筋

热轧钢筋经机械方式冷加工而成的钢筋都称冷加工钢筋。其加工方式有冷拉、冷拔、冷轧或综合方式。

（1）冷拉钢筋

是将钢筋拉至超过屈服点任一点处，然后缓慢卸去荷载，则当再度加载时，其屈服强度有所提高，使其塑性变形能力有所降低。钢材经冷拉后，一般屈服强度可提高 20%～25%，可节约钢材 10%～20%。

为了保证冷拉钢材的质量，而不使冷拉钢筋脆性过大，冷拉操作应采用双控法，即控制冷拉率和冷拉应力。如冷拉至控制应力而未超过控制冷拉率，则属合格，若达到控制冷拉率，未达到控制应力，则钢筋应降级使用。

低温、冲击荷载作用下冷拉钢筋会发生脆断，所以不宜使用。实践中，可将冷拉、除锈、调直、切断合并为一道工序，是钢筋冷加工常用的方法之一。根据混凝土结构工程规定及技术性质要求，控制冷拉率和最大冷拉率。如果采用单控法控制冷拉钢筋时，冷拉率必须由试验确定。

（2）冷拔低碳钢丝

冷拔是在常温下，使钢筋通过截面小于直径的拔丝模，同时受拉伸和挤压作用，以提高屈服强度。冷拔低碳钢丝是由直径为 6.5～8 mm 的 Q235 圆盘条，在常温下通过截面小于钢筋截面的钨合金拔丝模，以强力拉拔工艺拔制成直径为 3 mm、4 mm、5 mm 的圆截面钢丝。

冷拔低碳钢丝按力学性能分为甲级和乙级两种。甲级钢丝为预应力钢丝,按其抗拉强度分为Ⅰ级和Ⅱ级,适用于一般工业与民用建筑中的中小型冷拔钢丝先张法预应力构件的设计与施工。乙级为非预应力钢丝,主要用作焊接骨架、焊接网、架力筋、箍筋和构造钢筋。

冷拔低碳钢丝的性能与原料强度和引拔后的截面总压缩率有关。其力学性能应符合国家标准规定,见表6.8。由于冷拔低碳钢丝的塑性大幅度下降,硬脆性明显。目前已逐渐限制该钢丝的一些使用。

表 6.8   冷拔低碳钢丝力学性能(GB 50204—1992)

项次	钢丝级别	直径/mm	抗拉强度/MPa		伸长率/%,标距 100 mm	反复弯曲(180°)次数
			Ⅰ组	Ⅱ组		
			不小于			
1	甲	5	650	600	3	4
		4	700	650	2.5	
2	乙	3~5	550		2	4

注:①甲级钢丝采用符合1级热轧钢筋标准的圆盘条冷拔值。
②预应力冷拔低碳钢丝经机械调直后,抗拉强度标准值降低50 MPa。

用作预应力混凝土构件的钢丝,应逐盘取样进行力学性能检验,凡伸长率不合格者,不准用于预应力混凝土构件。

用于直接承受动荷载作用构件,如吊车梁、受震动荷载的楼板等,在无可靠试验或实践经验时,不宜采用冷拔钢丝预应力混凝土构件。处于侵蚀环境或高温下的结构,不得采用冷拔钢丝预应力混凝土构件。

(3)冷轧带肋钢筋

热轧圆盘条经冷轧后,在其表面带有沿长度方向均匀分布的三面或两面横肋,即成为冷轧带肋钢筋。钢筋冷轧后允许进行低温回火处理。根据《冷轧带肋钢筋》(GB 13788—2000)规定,冷轧带肋钢筋按抗拉强度分为五个牌号,分别为 CRB550、CRB650、CRB800、CRB970、CRB1170。C、R、B 分别为冷轧、带肋、钢筋三个词的英文首位字母,数值为抗拉强度的最小值。冷轧带肋钢筋的力学性能及工艺性能见表6.9。冷轧带肋钢筋具有强度高、塑性好,与混凝土黏结牢固,节约钢材,质量稳定等优点。CRB550 宜用作普通钢筋混凝土结构;其他牌号宜用在预应力混凝土结构中。

冷轧带肋钢筋作为一种建筑钢材,纳入了各国的混凝土结构规范,广泛用于建筑工程、高速公路、机场、市政、水电管线中。我国在 20 世纪 80 年代后期起,开始引进生产设备并研制开发了冷轧带肋钢筋。

表 6.9   冷轧带肋钢筋力学性能表

级别代号	屈服点/MPa,≥	抗拉强度/MPa,≥	伸长率/%,≥		弯曲试验(180°)	反复弯曲次数	应力松弛 $\sigma=0.7\sigma_b$ 1 000 h/%,≤
			δ_{10}	δ_{100}			
CRB550	500	550	8	—	$d=3a$		
CRB650	585	650	—	4		3	8
CRB800	720	800	—	4		3	8
CRB970	875	970	—	4		3	8

（4）冷轧扭钢筋

随着建筑工程中混凝土强度的提高，对钢筋强度的要求也相应提高。冷轧扭钢筋是用低碳钢热轧圆盘条专用钢筋、冷轧扭机调直、冷轧并冷扭一次成形，规定截面形状和节距的连续螺旋状钢筋。冷轧钢筋有两种类型：Ⅰ型（矩形截面）；Ⅱ型（菱形截面）。

该钢筋刚度大，不易变形，可直接用于混凝土工程，节约钢材。另外，冷轧扭钢筋有独特的螺旋形截面，可使钢筋骨架刚度增大，可防止钢筋的收缩裂缝，保证混凝土构件质量。

冷轧钢筋的原材料宜优先选用低碳钢无扭控冷轧盘条，也可选用符合国家标准的低碳热轧圆盘条即 Q235、Q215 系列，且含碳量控制在 0.12%～0.22% 之间。要重视热轧圆盘条中的硫、磷含量对轧制后性能的影响。

6.2.3　钢材的选用原则

钢材的选用一般应遵循荷载性质、使用温度、连接方式、钢材厚度、结构重要性的原则。

对经常承受动力或振动荷载的结构，易产生应力集中，引起疲劳破坏，需选用材质高的钢材；对经常处于低温状态的结构，钢材易发生冷脆断裂，特别是焊接结构，冷脆倾向更加显著，应该要求钢材具有良好的塑性和低温冲击韧性；当温度变化和受力性质改变时，易导致焊缝附近的母体金属出现冷、热裂纹，促使结构早期破坏，焊接结构对钢材化学成分和机械性能要求应较严；钢材力学性能一般随厚度增大而降低，钢材经多次轧制后，钢的内部结晶组织更为紧密，一般结构用的钢材厚度不宜超过 40 mm。

6.2.4　钢材的锈蚀及防止

1. 钢材的锈蚀

钢材的锈蚀是指钢的表面与周围介质发生化学作用或电化学作用而遭到侵蚀而破坏的过程。锈蚀不仅使钢结构有效断面减小，而且会形成程度不等的锈坑、锈斑，造成应力集中加速结构破坏。若受到冲击荷载、循环交变荷载作用，将产生锈蚀疲劳现象，使疲劳强度大为降低，甚至出现脆性断裂。

钢材锈蚀的主要影响因素有环境湿度、侵蚀性介质性质及数量、钢材材质及表面状况等。根据锈蚀作用机理，可分为下述两类。

（1）化学锈蚀

化学锈蚀指钢材表面直接与周围介质发生化学反应而产生的锈蚀。这种锈蚀多数是氧化作用，使钢材表面形成疏松的铁氧化物。在干燥环境下，锈蚀进展缓慢。但在温度或湿度较高的环境条件下，这种锈蚀进展加快。

在常温下，钢材表面被氧化，形成一层薄薄的、钝化能力很弱的氧化保护膜，对保护钢筋是有利的。

（2）电化学锈蚀

电化学锈蚀是最主要的钢材锈蚀形式。电化学锈蚀是由于金属表面形成了原电池而产生的锈蚀。钢材本身含有铁、碳等多种成分，由于这些成分的电极电位不同，形成许多微电池。在潮湿空气中，钢材表面将覆盖一层薄的水膜。在阳极区，铁被氧化成 Fe^{2+} 离子进入水膜。因为水中溶有来自空气中的氧，故在阴极区氧将被还原为 OH^- 离子，两者结合成为不溶于水的 $Fe(OH)_2$，并进一步氧化成为疏松易剥落的红棕色铁锈 $Fe(OH)_3$。

钢材锈蚀时，伴随体积增大，最严重的可达原体积的 6 倍。在钢筋混凝土中会使周围的混凝土胀裂。

　2. 锈蚀的防止

　　防止钢材的锈蚀的有效办法是在钢材的表面将铁锈清除干净后涂上涂料,使之与空气隔绝。目前一般的除锈方法有以下三种。

　　(1)钢丝刷除锈

　　可采取人工用钢丝刷或半自动钢丝刷将钢材表面的铁锈全部刷去,直至露出金属表面为止。这种方法工作效率低,劳动条件差,除锈质量不易保证。

　　(2)酸洗除锈

　　该方法是将钢材放入酸洗槽内,分别除去油污、铁锈,直至构件表面全呈铁灰色,并清除干净,保证表面无残余酸液。这种方法较人工除锈彻底,工效亦高。若酸洗后作磷化处理,则效果更好。

　　(3)喷砂除锈

　　该方法是将钢材通过喷砂机将其表面的铁锈清除干净,直至金属表面呈灰白色为止,不得存在黄色。这种方法除锈比较彻底,效率亦高,在较发达的国家中已普及采用,是一种先进的除锈方法。

　　钢结构防止锈蚀的方法通常是采用表面刷漆。常用底漆有红丹、环氧富锌漆、铁红环氧底漆、磷化底漆等。面漆有灰铅油、醇酸磁漆等。薄壁钢材可采用热浸镀锌或镀锌后加涂塑料涂层。这种方法效果最好,但价格较高。

　　混凝土配筋的防锈措施,主要根据结构的性质和所处环境条件等,考虑混凝土的质量要求,即限制水灰比和水泥用量,并加强施工管理,以保证混凝土的密实性及足够的保护层厚度,限制氯盐外加剂的掺用量。

　　对于预应力配筋,一般含碳量较高,又多经过变形加工或冷拉,因而对锈蚀破坏较敏感,特别是高强度热处理钢筋,容易产生应力锈蚀现象。故重要的预应力承重结构,除不能掺用氯盐外,应对原材料进行严格检验。

　　对配筋的除锈措施,还有掺用除锈剂的方法。国外有采用钢筋镀锌、镀镉或镀镍等方法。

6.2.5　建筑钢材的防火

　1. 建筑钢材的耐火性

　　钢是不燃性材料,但在高温下力学强度会明显降低。钢材遇火后力学性能变化主要有强度的降低、变形的加大。钢材耐火性能很差,耐火极限只有 0.15 h。

　　造成钢材在火灾发生时极易在短时间内破坏的主要原因是由于钢材在高温下强度降低很快、塑性增大、导热系数增大。

　　为了提高钢结构的耐火性能,通常可采用防火隔热材料(如钢丝网抹灰、浇筑混凝土、砌砖块、泡沫混凝土块)包覆、喷涂钢结构防火涂料等方法。在钢筋混凝土中,钢筋应有一定厚度的保护层。

　2. 钢结构防火涂料

　　钢结构防火涂料(包括预应力混凝土楼板防火涂料)主要用作不燃烧体构件的保护性材料,该类防火涂料涂层较厚,并具有密度小、热导率低的特性,所以在火焰作用下具有优良的隔热性能,可以使被保护的构件在火焰高温作用下材料强度降低缓慢,不易产生结构变形,从而提高钢结构或预应力混凝土楼板的耐火极限。

（1）钢结构防火涂料的阻火原理

钢结构防火涂料的阻火原理有三个：一是涂层对钢基材起屏蔽作用，使钢构件不至于直接暴露在火焰高温中；二是涂层吸热后部分物质分解放出水蒸气或其他不燃气体，起到消耗热量、降低火焰温度和延缓燃烧速度、稀释氧气的作用；三是涂层本身多孔轻质和受热后形成碳化泡沫层，阻止了热量迅速向钢基材传递，推迟了钢基材强度的降低，从而提高了钢结构的耐火极限。

（2）钢结构防火涂料的选用原则

防火涂料是目前钢结构防火相对简单而有效的方法。选用钢结构防火涂料时，应考虑结构类型、耐火极限要求、工作环境等。选用原则如下：

①裸露网架钢结构、轻钢屋架，以及其他构件截面小，振动挠曲变化大的钢结构，当要求其耐火极限在 1.5 h 以下时，宜选用薄涂型钢结构防火涂料，装饰要求较高的建筑宜首选超薄型钢结构防火涂料。

②室内隐蔽钢结构、高层等性质重要的建筑，当要求其耐火极限在 1.5 h 以上时，应选用厚涂型钢结构防火涂料。

③露天钢结构，必须选用适合室外使用的钢结构防火涂料。

④不要把饰面型防火涂料选用于保护钢结构。饰面型防火涂料适用于木结构和可燃基材，一般厚度小于 1 mm，薄薄的涂膜对于可燃材料能起到有效的阻燃和防止火焰蔓延的作用。但其隔热性能一般达不到大幅度提高钢结构耐火极限的作用。

 项目小结

钢材是现代建筑工程中最重要的金属材料。在建筑工程中，钢材用来制作钢结构构件及做混凝土结构中的增强材料，已成为常用的重要的结构材料。钢材的性能主要决定于其中的化学成分，不同化学元素的存在对钢材性能有不同的影响，其中碳的影响最大。建筑钢材可分为钢结构用型钢和钢筋混凝土结构用钢筋两类。在本项目学习中，应重点掌握钢材的成分、组织结构，热轧钢筋在混凝土结构中的应用，钢结构用钢材的技术要求及正确合理的应用，建筑钢材的防火与防腐措施等。

 复习思考题

1. 钢有哪几种分类方法？

2. 低碳钢受拉时的应力—应变图中，分为哪几个阶段？各阶段特征是什么？

3. 建筑钢材的力学性质包括哪些？如何检验？

4. 什么是钢材的冷加工及时效处理？

5. 钢材的化学成分对其性能有何影响？

6. 热轧钢筋如何划分等级？

7. 钢材的锈蚀原因及防腐措施有哪些？

8. 钢材防火应采取哪些措施？

项目7 防水材料性能检测

 项目描述

　　防水材料是保证建筑物及构筑物免受雨水、地下水及其他水分侵蚀、渗透的重要材料,是土木工程中不可缺少的材料。通过本项目的学习,掌握常用防水材料的技术性能及检测办法,能够正确地选用防水材料。

 拟实现的教学目标

1. 能力目标
● 掌握石油沥青的技术性质及测定方法;
● 掌握防水卷材性能检测方法。

2. 知识目标
● 了解其他防水制品的种类,能够在实际工程中能根据不同的部位及用途正确选用防水制品。

3. 素质目标
● 具有良好的职业道德,勤奋学习,勇于进取;
● 具有科学严谨的工作作风;
● 具有较强的身体素质和良好的心理素质。

典型工作任务1 石油沥青性能检测

7.1.1 石油沥青技术性能检测

　　石油沥青是石油原油经蒸馏提炼出各种轻质油(如汽油、柴油等)及润滑油后的残留物,再经加工而得到的产品,颜色为褐色或黑褐色。采用不同产地的原油及不同的提炼加工方式,可以得到组成、性质各异的多种石油沥青品种。

　　1. 防水性
　　石油沥青是憎水性材料,不溶于水,而且本身构造致密,加之它与矿物材料表面有很好的黏结力,能黏附于矿物材料表面,同时,它还有一定的塑性,能适应材料或构件的变形,所以石油沥青具有良好的防水性,广泛用作土木工程的防潮、防水材料。

　　2. 黏滞性
　　黏滞性是反映沥青材料内部阻碍其相对流动的能力。液态石油沥青的黏滞性用黏滞度表示,半固体或固体沥青的黏性用针入度表示。黏滞度和针入度是划分沥青牌号的主要指标。
　　黏滞度是液体沥青在一定温度(25 ℃ 或 60 ℃)条件下,经规定直径(3 mm、5 mm 或

10 mm)的孔漏下 50 mL 所需的秒数。黏滞度常以符号 C_t^d 表示。其中 d 为孔径,t 为试验时沥青的温度。黏滞度大时,沥青的稠度大,黏性高。

针入度是指在温度为 25 ℃ 的条件下,质量 100 g 的标准针经 5 s 沉入沥青中的深度(1/10 mm 称 1 度)。针入度值大,流动性大,黏性差。

(1)主要仪器设备

①针入度计:形状如图 7.1 所示。针入度计的下部为三脚底座,脚端装有螺丝,用以调正水平。座上附有放置试样的圆形平台及垂直固定支柱。柱上附有可以上下滑动到悬臂两边:上臂装有分度为 360°的针入度刻度盘;下臂装有操纵机件,以操纵标准针连杆的升降。应用时紧压按钮,杆能自由落下。垂直固定支柱下端,装有可以自由转动,并可调节伸长距离的悬臂。臂端装有一面小镜子,借以观察针尖与试样表面接触情况。标准针与连接针的连杆的总质量为 50 g,并另附 50 g 及 100 g 砝码各一个,供测定不同温度的针入度用。

②标准钢针:经淬火并磨光,形状及尺寸如图 7.2 所示。

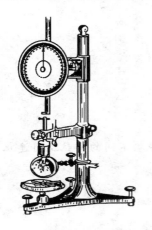
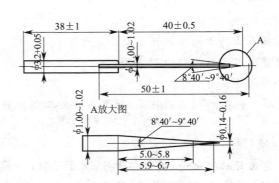

图7.1 针入度测定仪度测定   图 7.2 针入度标准针(单位:mm)

③盛样皿:金属制、平底、筒状。内径为(55±1)mm,深(35±1)mm。

④水槽:容量不少于 1.5 L,深度不少于 80 mm。

⑤平底保温皿:容量不少于 1 L,深度不小于 50 mm。

⑥温度计、筛(筛孔为 0.6~0.8 mm)、秒表等。

(2)取样方法

①同一批出厂、同一规格标号的沥青,以 10 t 为一个取样单位,不足 10 t 的按一个取样单位。

②从每个取样单位的不同部位的 5 处取洁净试样,每处所取数量大致相等,共约 1 kg 作为平均试样。

(3)试样制备

将预先除去水分的试样在砂浴上加热熔化,加热温度不得高于估计软化点 100 ℃,充分搅拌后,过滤并搅拌至气泡完全消除为止,将试样注入盛样皿内,其深度不小于 30 mm。放置于 15~30 ℃ 的空气中冷却 1 h,冷却时需要注意不使灰尘落入。然后,将盛样皿浸入(25±0.5)℃的水浴中,恒温 45 min,浴中水面应高于试样表面 25 mm 以上。

(4)检测步骤

①调整针入度计使呈水平。

②盛样皿恒温 45 min 后,取出并放入水温严格控制为 25 ℃的平底保温皿中,试样表面以上的水层高度应不小于 10 mm。将保温皿放于针入度的圆形平台上,调节标准针使针尖与试样表面恰好接触。拉下活杆,使与标准针的连杆端接触,并将刻盘指针处在"0"位置。

③开启秒表,用手紧压按钮,使标准针自由地贯入沥青中,经过 5 s,停压按钮,使针停止继续穿贯试样。

④拉下活杆与标准针连杆顶端接触,这时刻度盘上指针所指的读数,即为试样的针入度。

⑤同一试样重复做至少 3 次。在每次测定前都应检查并调节保温皿内水温,测定后都应将标准针向下,用浸有溶剂(煤油、苯、汽油或其他溶剂)的布或棉花擦净,再用干布或棉花擦干。每次贯入点的相互距离及与盛样皿边缘距离都不得小于 10 mm。

(5)检测结果

取平行测定三个结果的平均值作为试样的针入度。平行测定三个结果的最大值与最小值之差,不得超过表 7.1 的规定。

3. 塑性

塑性是指沥青在外力作用下产生变形不破坏,除去外力后,仍保持变形后的形状的性质。塑性反映了沥青开裂后的自愈能力。

沥青的塑性用延度表示。沥青延度是把沥青试样制成∞字形标准试件,在规定温度(一般为 25 ℃)和规定速度(5 cm/min)下拉断时的长度,单位为 cm。沥青的延度越大,表明沥青的塑性越好。

表 7.1　针入度准确度要求表

针入度	允许差值
25 以下	2
25～75	3
76～150	5
151～200	10

(1)主要仪器设备

①延伸度仪:如图 7.3 所示,系由一个内衬镀锌白铁或不锈钢的长方形箱所构成,箱内装有可以转动的丝杠,其上附有滑板,丝杠转动时使滑端自一端向另一端移动,其速度为(5±0.5)cm/min。滑板上有一指针,木箱壁上所装标尺指示滑动距离。丝杠用电动机转动。

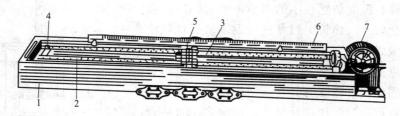

图 7.3　沥青延伸度仪
1—木箱;2—丝杠;3—滑板;4—支板;5—指针;6—标尺;7—电动机

②试件模具:由两个端模(E)和两个侧模(C)组成,其形状及尺寸如图 7.4 所示。

③瓷皿或金属皿:溶化沥青用。

④筛(筛孔为 0.6～0.8 mm)、温度计、刀等。

(2)准备工作

①将隔离剂拌和,均匀地涂于磨光的金属板上及侧模的内侧面,然后附在磨光的金属板上

及侧模的内侧面,应注意贴紧,不使生成皱纹或气泡,最后将模具放在金属板上。

②将除去水分的试样,在砂浴上加热熔化、搅拌。加热温度不得高于试件估计软化点100 ℃。用筛过滤,并充分搅拌至气泡完全消除。然后,将试件自模的一端至另一端往返多次,缓缓注入模中,并略高出模具。

③将试件在 15 ℃～30 ℃的空气中冷却30 min后,用热刀将高出模具部分的沥青刮去,使沥青面与模面齐平。沥青的刮法应自模的中间,刮至两边,表面应刮得十分光滑。将试件连同金属板浸入延伸度计的水槽中,水温保持(25±0.5)℃,沥青面上水层的高度应小于25 mm。

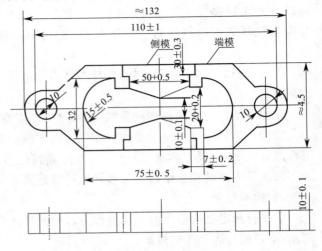

图 7.4　延伸度仪模具(单位:mm)

④检查延伸度计滑板的移动速度是否符合要求,然后移动滑板使其指针正对标尺的零点。

(3)检测步骤

①试件在水槽中恒温1 h后,将试件模具自板上取下(如附有卷烟纸,则将试样上附着的卷烟纸取下)。然后,将模具两端的孔分别套在滑板及槽端的金属柱上,并取下试件侧模,水面距试件表面应不小于25 mm。

②当延伸度仪中的水温为25 ℃时,开启延伸度仪的电动机,此时仪器试件不得有震动,观察沥青的延伸情况。在测定时,如沥青细丝浮于水面或沉于槽底,则加入乙醇或食盐水,调整水的密度至试样的密度相近,再进行测定。

③试件拉断时,指针标尺上读数即为试样的延伸度,单位为cm。

(4)检测结果

取平行测定三个结果的平均值作为试样的测定结果。

4. 温度敏感性

温度敏感性是指石油沥青的黏滞性和塑性随温度升降而变化的性能。温度敏感性小的石油沥青,其黏性、塑性随温度的变化较小。建筑工程宜选用温度敏感性较小的沥青。温度敏感性是沥青性质的重要指标之一。

沥青软化点是反映沥青温度敏感性的重要指标,它是沥青材料由固体状态转变为具有一定流动性的膏体时的温度。软化点可通过环球法软化点试验测定。将沥青试样装入规定尺寸的铜环内,试样上放置一标准钢球,浸入水或甘油中,以规定的升温速度加热,使沥青软化下垂,当下垂到规定距离25.4 mm时的温度,即为沥青软化点。软化点高,沥青的耐热性好。

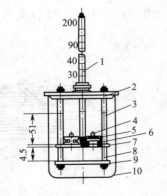

图 7.5　沥青软化点测定器(单位:mm)
1—温度计;2—上承板;
3—枢轴;4—钢球;5—环套;
6—环;7—中承板;8—支承套;
9—下承板;10—烧杯

(1)主要仪器设备

①软化点测定器。形式见图7.5。

②钢球:直径为 9.35 mm,质量为 3.45～3.55 g,表面应光滑,不允许有斑痕、锈迹。

③环:用黄铜制成,尺寸及技术要求如图 7.6 所示。

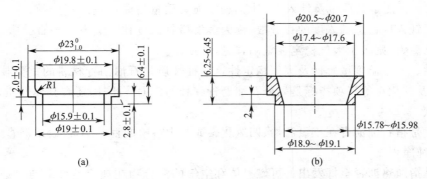

图 7.6 沥青软化点试样环(单位:mm)
(a)黄铜肩环;(b)黄铜锥环

④环套:用黄铜制成。环套应能松动套在环上,钢球应能自由通过环套的中孔,无任何卡阻现象。

⑤烧杯、温度计、电炉或其他加热器、刀等。

(2)准备工作

①将黄铜环置于涂有隔离剂或卷烟纸覆盖的金属板或玻璃板上,将预先脱水的试样加热熔化,加热温度不得高于试样估计软化点 100 ℃。搅拌,在过筛后,注入黄铜环内至略高于环面为止。如估计软化点在 120 ℃以上,应将铜环与金属板预热至 80~100 ℃。

②试样在 15~30 ℃空气中冷却 30 min,用热刀刮去高出环面上的试样,使之与环面齐平。

③将盛有试样的黄铜环及板置于盛满水或甘油的保温槽内,或将盛试样的环水平地安装在环架中间圆片的孔内,然后放在烧杯中,恒温 15 min。水温保持(5±0.5)℃;甘油温度保持(32±1)℃,同时,钢球也置于恒温的水或甘油中。

④烧杯内注入新煮沸并冷却约 5 ℃的蒸馏水或预先加热至 32 ℃的甘油,使水面或甘油液面略低于连接杆上的深度标记。

(3)检测步骤

①从水或甘油保温槽内取出盛有试样的黄铜环,放置在环架中间圆片的孔内,并套上铜环定位器,把整个架环放入烧杯内,调整水面或甘油液面至深度标记,环架上任何部分均不得有气泡。将温度计由上层板中心孔垂直插入,使水银球与铜环下面齐平。

②移烧杯至放有石棉网的三脚架或电炉上,然后将钢球放在试样上立即加热。使烧杯内水或甘油温度在 3 min 后保持(5±0.5)℃/min 的上升速度,在整个测定中,如温度的上升速度超出此范围,则检测应重做。

③试件受热软化下坠至下层底板面接触时的温度即为试样的软化点。

(4)检测结果

取平行测定两个结果的算术平均值作为测定结果。平行测定两个结果间的差数不得大于下列数值:软化点低于 80 ℃时,允许差为 0.5 ℃;软化点等于或高于 80 ℃时,允许差为 1 ℃。

5. 大气稳定性

大气稳定性是指石油沥青在热、阳光、氧气和潮湿等因素的长期综合作用下抵抗老化的性能。

石油沥青的大气稳定性常以蒸发损失和蒸发后针入度比来评定。其测定方法是:先测定沥青试样的质量及其针入度,然后将试样置于加热损失试验专用的烘箱中,在 160 ℃下蒸发 5 h,待冷却后再测定其质量及针入度,计算蒸发损失质量占原质量的百分数,称为蒸发损失;计算蒸发后针入度占原针入度的百分数,称为蒸发后针入度比。蒸发损失百分数愈小和蒸发后针入度比愈大,则表示大气稳定性愈高,"老化"愈慢。

黏滞性、塑性、温度敏感性及大气稳定性这四种性质是石油沥青材料的重要技术性质,针入度、延度及软化点等三项指标是划分石油沥青牌号的依据。此外,还有其他性质,如溶解度、闪点和燃点。

溶解度是指石油沥青在三氯乙烯、四氯化碳或苯中溶解的百分率,以表示沥青中有效物质的含量,即纯净程度。

闪点是指加热沥青至挥发出的可燃气体和空气的混合物在规定条件下与火焰接触,初次闪火时的沥青温度。

燃点(也称着火点)指加热沥青产生的气体和空气的混合物,与火焰接触能持续燃烧 5 s 以上时,此时沥青的温度即为燃点。

闪点和燃点的高低表明沥青引起火灾或爆炸的可能性的大小,它关系到运输、储存和加热使用等方面的安全。

7.1.2　石油沥青技术标准

石油沥青技术标准见表 7.2。

表 7.2　普通石油沥青技术标准

项目		质量指标		
		75 号	65 号	55 号
软化点(环球法)/℃	不低于	60	80	100
延伸度(25 ℃)/cm	不小于	2	1.5	1
针入度(25 ℃,100 g)/(1/10 mm)	不大于	75	65	55
溶解度(三氯乙烯、四氯化碳或苯)/%	不小于	98	98	98
闪火点(开口)/ ℃	不低于	230	230	230
水分/%	不大于	痕迹	痕迹	痕迹

典型工作任务 2　防水卷材技术性能检测

防水卷材是一种可卷曲的片状防水材料,是土木工程防水材料的重要品种之一。根据其主要防水组成材料可分为沥青防水卷材、高聚物改性沥青防水卷材和合成高分子防水卷材三大类。沥青防水卷材属传统的防水卷材,在性能上存在着一些缺陷,与工程建设发展的要求不相适应,正在逐渐被淘汰,如石油沥青纸胎油毡,基本上已在防水工程中停止使用。但由于沥青防水卷材价格低廉,货源充足,对胎体材料进行改进后,性能有所改善,故在防水工程中仍有一定的使用量。而高聚物改性沥青防水卷材和合成高分子防水卷材由于其性能优异,应用日益广泛,是防水卷材的发展方向。

1. 防水卷材的外观质量检查

(1)质量检查:用精度为 0.1 kg 台秤称量每卷油毡的质量。

（2）厚度差及端面里进外出：将受卷材倒立用同样方法在对称部位量其另一端，两端厚度相减的数值即为卷筒两端厚度之差。然后用一把钢板尺放在卷材端面上，另外一把最小刻度为 1 mm 的钢板尺垂直伸入卷材端面最凹处，所测得的数值，即为卷材端面里进外出的尺寸。

（3）开卷检查：在 10～45 ℃环境温度条件下，将成卷油毡展开。用最小刻度不大于 1 mm 钢尺，测量毡面黏结、裂纹、折纹、折皱、边缘裂口、缺边；观察孔洞、磕伤，水渍或糨糊状粉浆等是否符合毡面质量要求。

（4）面积检查：用最小刻度为 1 mm 卷尺量其宽度，用最小刻度不大于 5 mm 的卷尺量其长度，以长乘宽得每卷卷材的面积，并检查其接头情况，如遇接头，量出两段长度之和减去 150 mm 计算。

（5）浸涂情况：在受检防水卷材的任一端沿横向全幅裁取 50 mm 宽的一条，沿其边缘撕开，纸胎内不应该有未被浸透的浅色斑点。并检查整卷毡面涂层有无涂油不均，若露油纸，可用不透水检测判定。

2. 防水卷材浸涂材料总量检测

（1）主要仪器设备

①分析天平：感量 0.01 g。

②萃取器：250～500 ml。

③干燥箱：有恒温控制装置。

④电炉或水浴、标准筛、毛刷、称量瓶、金属支架及夹子、软质胶管、溶剂（四氯化碳或苯）、滤纸、裁纸刀及棉线等。

（2）试样制备

将取样的一卷卷材切除距外层卷头 2 500 mm 后，顺纵向截取长度为 500 mm 的全幅卷材两块，一块做物理性能检测试件用，另一块备用。并按图 7.7 所示部位及表 7.3 定尺寸和数量切取试件。

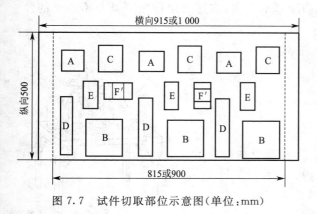

图 7.7   试件切取部位示意图（单位：mm）

表 7.3   试件尺寸和数量

试件项目	试件部位	试件尺寸/mm	数量
浸涂材料含量	A	100×100	3
不透水性	B	150×150	3
吸水性	C	100×100	3
拉力强度	D	250×50	3
耐热度	E	100×50	3
柔度	F	60×30	3
	F	60×30	3

（3）检测步骤

①试件处理

根据不同的检测要求，试件做如下处理。首先，测定单位面积浸涂材料总量的试件，将其表面隔离材料刷除，再进行称量。其次，测定浸涂渍材料占原纸总量百分比和单位面积涂盖材料总量的油毡试件，需将其表面隔离材料刷除、进行称量。然后，在电炉上缓慢加热试件，使其发软、用刀轻轻剖为 3 层、用手撕开,分成带涂盖材料的两层和不带涂盖材料的中间一层。将不带涂盖材料的后层进行称量。最后将称量后的试件用滤纸包好,并用棉线捆扎。

②萃取

将滤纸包置入萃取器中,用四氯化碳或苯为溶剂(煤沥青卷材用苯为溶剂),溶剂量为烧瓶容量的 1/2~2/3,然后加热萃取,直到回流的溶剂无色为止,取出滤纸包,使吸附的溶剂先行蒸发,放入预热至 105~110 ℃的干燥箱中干燥 1 h,再放入干燥器内冷却至室温。

③测定单位面积浸涂材料总量的油毡萃取后的试件,放在圆形网筛中,迅速仔细地刷净作为填充料。

④将萃取后不带涂盖材料层的试件迅速移入称量瓶称量。

(4)检测结果

①按下式计算单位面积浸涂材料总量

$$A = (m - m_g - m_s) \times 100 \tag{7.1}$$

式中　A——单位面积浸涂料总量,g;

　　　m——100 mm×100 mm 试件萃取前的质量,g;

　　　m_g——被测的干原纸质量,g;

　　　m_s——被测面积的隔离材料质量,g。

②按下式计算浸渍材料占干原纸质量百分比

$$D_1 = (m_0 - m_1) / m_1 \times 100\% \tag{7.2}$$

式中　m_0——油毡的不带涂盖材料层试件在萃取胶的质量,g;

　　　m_1——油毡的不带涂盖材料层试件经萃取后干原纸的质量,g。

③按下式计算单位面积涂盖材料质量

$$m_{cl} = (m - m_0 - m_p D_1 - m_s) \times 100 \tag{7.3}$$

式中　m_p——油毡带涂盖层试件经萃取后的质量,g。

3. 防水卷材耐水性检测

耐水性是指在水的作用下和被浸润后其功能基本不变,在压力水作用下具有不透水的性能。常用不透水性、吸水性等指标表示。

(1)主要仪器设备

①不透水仪:如图 7.8 所示。

②定时钟。

(2)检测步骤

①按规定取样。

②将三块试件分别置于三个透水盘试座上,涂盖材料薄弱的一面接触水面,密封圈应固定在试座槽内,试件上盖上金属压盖,然后通过夹紧螺栓将试件压紧在试座上。如产生压力影响结果,可向水箱泄水,达到减压目的。

③打开试座进水阀,通过水缸向装好的试件的透水盘底座继续充水,当压力表达到指定压力时,停止加压,关闭进水阀和油泵,同时开动定时钟,随时观察试件是否有渗水现象,记录渗水时间。

(3)检测结果

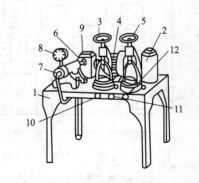

图 7.8　不透水性试验器

1—机架;2—储水罐;3—透水盘;
4—电动机;5—透水盘;6—齿轮箱;
7—泵;8—压力表;9—拉杆;
10—进水阀;11—总水阀;12—进水阀

当达到规定时间即可卸压,检查试件有无渗漏现象。

4. 防水卷材温度稳定性检测

温度稳定性是指在高温下不流淌,不起泡,不滑动,以及低温下不脆裂的性能,即在一定的温度变化下,保持原有性能的能力。常用耐热度、耐热性等指标表示。

(1)主要仪器设备

①电热恒温箱:带有热风购物循环装置。

②温度计:0~150 ℃。

③干燥箱、表面皿、天平(感量 0.001 g)、试件挂钩(细铁丝或回形针)等。

(2)检测步骤

①按规定取样。

②在每块试件距短边一端 10 mm 处的中心打一小孔。将回形针穿挂于试件小孔中,放入已定温至标准规定温度的摄热恒温箱同。试件与箱壁,试件间应留有一定距离。试件的中心与温度计的水银球应在同一水平位置上,每块试件的下端放表面皿用以接受淌下的沥青物质。

(3)检测结果

在规定温度下加热 2 h 后,取出试件及时观察并记录试件表面有无涂盖层滑动和密集气泡。

5. 防水卷材强度、抗断裂性检测

抗断裂性是指防水卷材承受一定荷载、应力,或在一定变形的条件下不断裂的性能。常用拉力、拉伸强度和断裂伸长率等指标表示。

(1)主要仪器设备

①拉力机:测量范围 0~1 000 N,夹具夹持宽不小于 50 mm。

②钢板尺。

(2)检测条件

检测温度为(25±2)℃。拉力机在无负荷情况下,空夹具自动下降速度为 40~50 mm/min。

(3)检测步骤

①按规定取样。

②将试件置于检测环境下不少于 1 h。

③调整好拉力机后,将定温处理的检测夹持在夹具中心,并不得歪扭,上下夹具之间的距离为 80 mm,开动拉力机使受拉试件被拉断为止。

④读出拉断时指针所指数值即为试件的拉力。

(4)检测结果

如试件断裂处至夹具之间距离小于 20 mm,该试件检测结果无效,需重新取样检测。

6. 防水卷材柔韧性检测

柔韧性是指在低温条件下,保持柔韧性的性能。它对于保证施工不脆裂十分重要,常用柔度、低温弯折性等指标表示。

(1)主要仪器设备

①柔度弯曲器:ϕ25 mm、ϕ20 mm、ϕ10 mm 的金属圆棒或 R 为 12.5 mm,10.5 mm 的金属柔度弯曲板。

②恒温水槽、温度计(0~50 ℃)等。

（2）检测步骤

①按规定取样。

②将呈平板状无卷曲试件和圆棒同时浸泡入已定温的水中,若试件有弯曲则可微微加热,使其平整。

③试件经 30 min 浸泡后,自水中取出,立即沿圆棒用手在 2 s 时间内均匀速度弯曲至 180°。

（3）检测结果

肉眼观察试件表面有无裂纹。

7. 大气稳定性

大气稳定性是指在阳光、热、臭氧及其他化学侵蚀介质等因素的长期综合作用下,抵抗老化变质的能力。常用耐老化性、热老化保持率等指标表示。

典型工作任务 3 防水涂料

防水涂料是一种流态或半流态物质,涂布在基层表面,固化成膜后形成具有一定厚度和弹性的连续薄膜,使基层表面与水隔绝,起到防水、防潮作用。防水涂料特别适合于各种结构复杂的屋面、面积相对狭小的厕浴间、地下工程等的防水施工,以及屋面渗漏维修。所形成的防水膜完整、无接缝,施工十分方便,而且大多数采用冷施工,不必加热熬制,改善了劳动条件。但是,防水涂料必须采用刷子或刮板等逐层涂刷（刮）,故防水膜的厚度较难保持均匀一致。

7.3.1 防水涂料的基本性能要求

防水涂料的品种不同,其性能也各不相同。但无论何种防水涂料要满足防水工程的要求,必须具备以下基本性能:

1. 固体含量:是指防水涂料中所含固体的比例。固体含量多少与成膜厚度及涂膜质量密切相关。

2. 耐热度:是指防水涂料成膜后的防水薄膜在高温下不发生软化变形和不流淌的性能。它反映防水涂膜的耐高温性能。

3. 柔性:是指防水涂料成膜后的膜层在低温下保持柔韧性的性能。它反映防水涂料在低温下的施工和使用性能。

4. 不透水性:是指防水涂膜在一定水压（静水压或动水压）和一定时间内不出现渗漏的性能,是防水涂料满足防水功能要求的重要指标。

5. 延伸性:是指防水涂膜适应基层变形的能力。防水涂料成膜后必须具有一定的延伸性,以适应由于温差、干湿等因素造成的基层变形,来保证防水效果。

7.3.2 常用的防水涂料

防水涂料按液态类型可分为溶剂型、水乳型和反应型三种;按成膜物质的主要成分可分为沥青类、高聚物改性沥青类及合成高分子类三种。

1. 沥青基防水涂料

沥青基防水涂料指以沥青为基料配制而成的水乳型或溶剂型防水涂料。这类涂料的成膜物质就是石油沥青,其对沥青基本性质没有改性或改性作用不大。

（1）冷底子油

将石油沥青直接溶于汽油、煤油、柴油等有机溶剂中形成的溶剂型沥青涂料。它涂刷后涂膜很薄，不宜单独作防水涂料用，但它的黏度小，能渗入到混凝土、砂浆、木材等材料的毛细孔隙中，待溶剂挥发后，便可与基材牢固结合，使基层具有一定的憎水性，为黏结同类防水材料创造了有利条件。因多在常温下用作防水工程的打底材料，故命名为冷底子油。该油应涂刷于干燥的基面上，通常要求水泥砂浆找平层的含水率≤10%。

冷底子油常随配随用，通常使用 30%～40% 的 30 号或 10 号石油沥青和 60%～70% 的有机溶剂（常用汽油或煤油）配制，首先将沥青加热至 108～200 ℃，脱水后冷却至 130～140 ℃，并加入溶剂量 10% 的煤油，待温度降至约 70 ℃时，再加入余下的溶剂搅拌均匀为止。若储存时，应使用密闭容器，以防溶剂挥发。

（2）沥青胶

沥青胶又称玛蹄脂，由沥青材料加填充料，均匀混合制成。

填料有粉状的（如滑石粉、石灰石粉、白云石粉等）和纤维状的（如木纤维等）或者用二者的混合物更好。填料的作用是为了提高其耐热性，增加韧性，降低低温下的脆性，也可减少沥青的消耗量，加入量通常为 10%～30%，由试验决定。

沥青胶标号以耐热度表示，分为 s—60、s—65、s—70、s—75、s—80、s—85 六个标号。对沥青胶的质量要求有耐热度、柔韧性、黏结力等。

沥青胶的配制和使用方法分为热用和冷用两种。热用沥青胶即热沥青玛蹄脂，是将 70%～90% 的沥青加热至 180～200 ℃，使其脱水后与 10%～30% 的干燥填料（纤维状填料不超过 5%）热拌混合均匀后，热用施工。冷沥青玛蹄脂是将 40%～50% 的沥青熔化脱水后，缓慢加入 25%～30% 的溶剂（如煤油、柴油、蒽油等），再掺入 10%～30% 的填料，混合拌匀而制得，在常温下使用。冷用沥青胶比热用沥青胶施工方便，涂层薄，节省沥青，但耗费溶剂。

沥青胶的性质主要取决于沥青的性质，其耐热度不仅与沥青的软化点、用量有关，还与填料种类、用量及催化剂有关。在屋面防水工程中，沥青胶标号的选择，应根据屋面的使用条件、屋面坡度及当地历年极端最高气温，按《屋面工程技术规范》（GB 50345）有关规定选用。若采用一种沥青不能满足配制沥青所要求的软化点时，可采用两种或三种沥青进行掺配。

（3）石灰乳化沥青

以石油沥青为基料，石灰膏为分散体（乳化剂），石棉绒为填料，在机械强制搅拌下将沥青乳化而制得的厚质防水涂料。石灰膏在沥青中形成蜂窝状骨架，耐热性好，涂膜较厚，可在潮湿基层上施工。但石油沥青未经改性，所以产品在低温时易碎。它和浆氯乙烯胶泥配合，可用于无砂浆找平层屋面防水。

（4）膨润土沥青乳液

以优质石油沥青为基料，膨润土为分散剂，经搅拌而成。这种厚质涂料可在潮湿无积水的基层上施工，涂膜耐水性很好，黏结力强，耐热性好，不污染环境。一般和胎体增强材料配合使用，用于屋面、地下工程、厕浴间等防水防潮工程。

2. 高聚物改性沥青防水涂料

高聚物改性沥青防水涂料是用再生橡胶、合成橡胶或 SBS 树脂对沥青进行改性而制成。用再生橡胶改性，可改善沥青低温脆性，增加弹性，增加抗裂性；用合成橡胶（氯丁、丁基等）改性，可改善沥青的气密性、耐化学性、耐光及耐候性；用 SBS 树脂改性，可改善沥青的弹塑性、延伸性、抗拉强度、耐老化性及耐高温性。

(1)再生橡胶改性沥青防水涂料

再生橡胶改性沥青防水涂料是以再生橡胶为改性剂、汽油为溶剂,添加其他填料(如滑石粉等),与沥青加热搅拌而成。原料来源广泛,成本低,生产简单。以汽油为溶剂,虽然固化迅速,但在生产、储运和使用时都要特别注意防火与通风,而且需多次涂刷,才能形成较厚的涂膜。这种防水涂料在常温和低温下都能施工,适用于屋面、地下室、水池、冷库、桥梁、涵洞等工程的抗渗、防水、防潮以及旧油毡屋面的维修。如用水代替汽油,就可避免溶剂型防水涂料易燃、污染环境等缺点,但固化速度稍慢,储存稳定性稍差一些,适合于混凝土基层屋面及地下混凝土建筑防潮、防水。

(2)氯丁橡胶改性沥青防水涂料

氯丁橡胶改性沥青防水涂料是以氯丁橡胶为改性剂,汽油为溶剂,加入填料、防老化剂等制成。这种防水涂料成膜速度快,涂膜致密,延伸性好,耐腐性、耐候性优良,但施工有污染,应采取有效的防火与防爆措施。

(3)SBS 改性沥青防水涂料

SBS 改性沥青防水涂料是用 SBS(苯乙烯—丁二烯—苯乙烯嵌段共聚物)树脂改性沥青,再加表面活性剂及少许其他树脂等配制而成的水乳型弹性防水涂料。这种涂料具有良好的低温柔性、黏结性、抗裂性、耐老化性和防水性,采用冷施工,操作方便、安全,无毒、不污染环境。施工时可用胎体增强材料进行加强处理。适合于复杂基层如厕浴间、厨房、地下室、水池等的防水与防潮处理。

3. 合成高分子防水涂料

合成高分子防水涂料是以合成橡胶或合成树脂为主要成膜物质,加入其他添加剂制成的单组分或双组分防水涂料。合成高分子防水涂料比沥青防水涂料和改性沥青防水涂料具有更好的弹性和塑性,更能适应防水基层的变形,从而能进一步提高防水效果,延长其使用寿命。

(1)聚氨酯防水涂料

聚氨酯防水涂料是一种双组分反应型防水涂料,甲组分为聚氨酯(异氰酸酯基化合物与多元醇或聚醚聚合而成),乙组分为固化剂(胺类或羟基类化合物或煤焦油),加上其他添加剂,按比例配合均匀涂于基层后,在常温下即能交联固化,形成较厚的防水涂膜。

聚氨酯防水涂膜固化无体积收缩,具有优异的耐候、耐油、耐臭氧、不燃烧等特性。涂膜弹性与延伸性好,有较高的抗拉强度和撕裂强度,使用温度从 30~80 ℃均可。耐久性好,当涂膜厚度为 1.5~2 mm 时,耐用年限可达 10 年以上。聚氨酯涂料对材料具有良好的附着力,因此,与各种基材如混凝土、砖、岩石、木材、金属、玻璃及橡胶等均能黏结牢固,且施工操作较简便,是一种高档防水涂料。

聚氨酯防水涂料最适宜在结构复杂、狭窄和易变形的部位,如厕浴间、厨房、隧道、走廊、游泳池等防水及屋面工程和地下室工程的复合防水。施工时应有良好的通风和防火设施。

(2)硅橡胶防水涂料

硅橡胶防水涂料是以硅橡胶乳液和其他高分子乳液配制成复合乳液为成膜物质,加上其他添加剂制得的乳液型防水涂料,兼有涂膜防水和渗透性防水材料的双重优点,具有良好的防水性、黏结性、延伸性和弹性,耐高温和低温性好。

硅橡胶防水涂料采用冷施工,施工方便、安全,喷、涂、滚刷皆可,可在较潮湿的基层上施工,无环境污染。可配成各种颜色,装饰性良好。对水泥砂浆、金属、木材等具有良好的黏结性。适用于屋面、厕浴间、厨房、储水池的防水处理,对于有复杂结构或有许多管道穿过的基层防水特别适用。

（3）丙烯酸酯防水涂料

丙烯酸酯防水涂料以丙烯酸酯乳液为成膜物质,合成橡胶乳液为改性剂,加入其他添加剂配制而成。其涂膜具有一定的柔韧性和耐候性,具有良好的耐老化性、延伸性、弹性、黏结性及耐高温、低温性。由于丙烯酸酯色浅,故可以配成多种颜色的防水涂料,具有一定的装饰性。

丙烯酸酯防水涂料采用冷施工,无毒,不燃,可喷、刷、滚涂,十分方便。适用于屋面、地下室、厕浴间及异型结构基层的防水工程。因为涂膜连续性好,重量轻,特别适用于轻型薄壳结构的屋面防水。

 项目小结

石油沥青及其制品是建筑工程中常用的防水材料。在本项目学习中,应了解各类防水材料的组成、结构与其技术性能之间的关系,掌握防水材料的技术性质和技术性能检测方法,能够根据工程实际条件,合理选用石油沥青及各类防水制品。

 复习思考题

1. 石油沥青的针入度、延伸度、软化点如何测定?
2. 为满足防水要求,防水卷材应具有哪些技术性能?
3. 防水涂料应满足的基本性能有哪些?

项目 8　其他材料性能检测

项目描述

本项目主要介绍墙体材料、装饰材料和绝热材料的构成、技术要求。通过本项目的学习，掌握它们的技术性能、特点和应用范围，能够根据工程环境和使用要求，合理选用材料。

拟实现的教学目标

1. 能力目标
- 掌握墙体材料技术性能性能检测方法；
- 能够根据实际情况，选择合适的墙体材料、装饰材料和绝热材料。

2. 知识目标
- 掌握砌墙砖、砌块、墙板、岩石的分类、技术性质要求；
- 掌握装饰材料的分类、技术性质要求；
- 掌握绝热材料的分类、技术性质要求。

3. 素质目标
- 具有良好的职业道德，勤奋学习，勇于进取；
- 具有科学严谨的工作作风；
- 具有较强的身体素质和良好的心理素质。

典型工作任务 1　墙体材料性能检测

墙体材料主要有烧结砖、砌块及墙板三大类，是建筑的主要围护和结构材料。生产墙体材料的主要原料是天然黏土、地方性工业产品和工业废渣等。今后要充分利用地方资源，发展节能、高效、轻质、新型的墙体材料。

8.1.1　砌墙砖技术性能检测

砌墙砖可分为烧结砖和非烧结砖两大类。烧结砖按规格、孔洞、孔隙率和孔的大小又分为普通砖、多孔砖和空心砖三种。

1. 砌墙砖的分类

砌墙砖是指以黏土、工业废料或其他地方资源为主要原料，以不同工艺制造的、用于砌筑承重和非承重墙体的砖。

通常将砌墙砖分为烧结砖和非烧结砖两类。烧结砖按规格、孔隙率和孔径的大小又分为烧结普通、烧结多孔砖和烧结空心砖；非烧结砖包括蒸压灰砂砖、粉煤灰砖、炉渣砖和碳化砖。

2. 砌墙砖的各部位名称

(1)大面:砖的长度和宽度所形成的面。

(2)条面:垂直于大面的较长的侧面。

(3)顶面:垂直于大面的较短的侧面。

3. 砌墙砖的质量标准

(1)烧结普通砖的外观质量标准:应符合表 8.1 的规定。

表 8.1　烧结普通砖外观质量要求

项目	优等品	一等品	合格品
两面高度差/mm,≤	2	3	5
弯曲/mm,≤	2	3	5
杂质突出高度/mm,≤	2	3	5
缺棱掉角的 3 个破坏尺寸/mm,不得同时大于	15	20	30
裂纹长度大面上宽度方向及其延伸至条面的长度/ mm	70	70	110
大面上长度方向及其延伸至顶面的长度或条面上水平裂纹的长度/ mm	100	100	150
完整面,≥	一条面和一顶面	一条面和一顶面	—
颜色	基本一致	—	—

(2)烧结普通砖强度等级

烧结普通砖强度等级由抗压强度确定,其值见表 8.2。

表 8.2　烧结普通砖强度指标

强度等级	抗压强度平均值/MPa	变异系数 $\delta \leqslant 0.21$	$\delta > 0.21$
		强度标准/MPa,≥	单块最小值/MPa
MU30	30.0	22.0	25.0
MU25	25.0	18.0	22.0
MU20	20.0	14.0	16.0
MU15	15.0	10.0	12.0
MU10	10.0	6.5	7.5

4. 砌墙砖技术性能检测

(1)尺寸偏差检测

①主要仪器设备

a. 砖用卡尺:分度值为 0.5 mm。

b. 钢直尺:分度值为 1 mm。

②检测步骤

检验样品数量为 20 块,长度应在砖的两个大面的中间处分别测量两个尺寸;宽度应在砖的两个大面的中间处分别测量两个尺寸;高度就在砖的两个条面的中间处分别测量两个尺寸。当被测处有缺损或凸出时,可在其旁边测量,但应选择不利的一侧,精确至 0.5 mm。

③检测结果

每一方向尺以两个测量值的算术平均值表示,精确至 1 mm,并计算样本平均偏差和样本极差。样本平均偏差是 20 块砖样规格尺寸的算术平均值减去其公称尺寸的差值;样本极差是抽检的 20 块砖样中最大测定值与最小测定值之差值。

(2)外观质量检测

①主要仪器设备

a. 砖用卡尺:分度值为 0.5 mm。

b. 钢直尺:分度值为 1 mm。

②检测步骤

缺损检测:缺棱掉角在砖上造成的破损程度,以破损部分对长、宽、高三个棱边的投影尺寸来度量,称为破损尺寸。

缺损造成的破坏面,系指缺损部分对条、顶面(空心砖为条、大面)的投影面积,空心砖内壁残缺及肋残缺尺寸,以长度方向的投影尺寸来度量。

裂纹检测:裂纹分为长度方向、宽度方向和水平方向三种,以被测方向的投影长度表示。如果裂纹从一个面延伸至其他面上时,则累计其延伸的投影长度。多孔砖的孔洞与裂纹相通时,则将孔洞包括在裂纹内一并测量。裂纹长度以在三个方向上分别测得的最长裂纹作为测量结果。

弯曲检测:分别在大面和条面上测量,测量时将砖用卡尺的两支脚沿棱边两端放置,择其弯曲最大处将垂直尺推至砖面。但不应将因杂质或碰伤造成的凹处计算在内。以弯曲中测得的较大者作为测量结果。

杂质凸出高度检测:杂质在砖面上造成凸出高度,以杂质距砖面的最大距离表示。测量将砖用卡尺的两支脚置于凸出两边的砖平面上,以垂直尺测量。

色差检测:装饰面朝上随机分为两排并列,在自然光下距离样砖 2 m 处目测。

③检测结果

外观测量检测以 mm 为单位,不足 1 mm 者,按 1 mm 计。

(3)抗压强度检测

①主要仪器设备

a. 压力试验机:示值误差应不大于±1%,预期破坏荷载就在量程的 20%～80%。

b. 钢直尺或游标卡尺等。

②试件制备

烧结普通砖:试样数量为 10 块。分别将其切断或锯成两个半截砖,断开的半截砖连长不得小于 100 mm,如果不足 100 mm,应另取备用试样补足。在试样制备平台上,将已断开的两个半截砖放入室温的净水中浸 10～20 min 后取出,放在湿润的垫纸上,并以断口相反方向叠放,两者中间抹以厚度不超过 5 mm 的用强度等级 32.5 级普通硅酸盐水泥调成稠度适应的水泥净浆黏结,上下两面用厚度不超过 3 mm 的同种水泥浆抹平。制成的试件上下两面须相互平行,并垂直于侧面。

多孔砖、空心砖:试样数量为 10 块。试件制作采用坐浆法操作,即将玻璃板置于试件制备平台上,其上铺一张湿的垫纸,纸上铺一层厚度不超过 5 mm 的用强度等级 32.5 级普通硅酸盐水泥调成稠度适宜的水泥净浆,再将试件在水中浸泡 10～20 min,在钢丝网架上滴水 3～5 min后,将试样受压面平稳放在水泥浆上,在另一受压面上稍加压力,使整个水泥层与砖受压面相互黏结,砖的侧面应垂直于玻璃板。待水泥浆适当凝固后,连同玻璃板放在另一铺纸放浆的玻璃板上,再进行坐浆,用水平尺校正好玻璃板的水平。

非烧结砖:试样数量为 10 块。同一块试样的两半截砖切断口相反叠放,叠合部分不得小于 100 mm。即为抗压强度试件,如果不足 100 mm,应另取备用试样补足。

普通制样法制成的抹面试件应置于不低于 10 ℃的不通风室内养护 3 d。

③检测步骤

a. 用卡尺或钢直尺测量每个试件连接面或受压面的长、宽尺寸各两个,分别取其平均值,准确至 1 mm。

b. 将试件平放在加压板的中央,垂直于受压面平稳均匀地加荷,加荷速度以 4 kN/s 为宜,记录最大破坏荷载 P。

④检测结果

按下式计算单块试样的抗压强度 f_i,精确至 0.01 MPa。

$$f_i = \frac{F}{LB} \tag{8.1}$$

式中　　f_i——单块试样的抗压强度,MPa;

　　　　F——最大破坏荷载,N;

　　　　L——试件受压面(连接面)的长度,mm;

　　　　B——试件受压面(连接面)的宽度,mm。

按下式计算 10 块试样的抗压强度平均值 $\overline{f}$,精确至 0.01 MPa。

$$\overline{f} = \frac{\sum_{i=1}^{10} f_i}{10} \tag{8.2}$$

式中　　$\overline{f}$——10 块试样的抗压强度算术平均值,MPa;

　　　　f_i——单块试样的抗压强度,MPa。

按下式计算 10 块试样的抗压强度强度标准值 f_k,精确至 0.01 MPa。

$$f_k = \overline{f} - 1.8 s \tag{8.3}$$

$$s = \sqrt{\frac{1}{9} \sum_{i=1}^{10} (f_i - \overline{f})^2} \tag{8.4}$$

式中　　f_k——抗压强度标准值,MPa;

　　　　s——10 块试样的抗压强度标准差,MPa。

按下式计算试样强度变异系数 δ,精确至 0.01。

$$\delta = \frac{s}{f} \tag{8.5}$$

将以上所得的抗压强度平均值、强度标准值和单块最小抗压强度值与规范规定比较,评定砖的强度等级。当强度变异系数 $\delta \leqslant 0.21$ 时,根据试样抗压强度平均值和强度标准值评定砖的强度等级;当强度变异系数 $\delta > 0.21$ 时,根据试样抗压强度平均值和单块最小抗压强度值评定砖的强度等级。

8.1.2　混凝土小型空心砌块

混凝土小型空心砌块是以水泥、砂、砾石或碎石为原料,加水搅拌、振动、振动加压或冲击成型,再经养护制成的墙体材料。

1. 规格

承重砌块的外形尺寸为 390 mm×190 mm×190 mm,最小壁、肋厚度为 30 mm;非承重砌块的宽度可为 90～190 mm,最小壁、肋厚度可减少至 20 mm。按外观质量分为优等品、一等品及合格品。

2. 质量技术标准

(1)强度等级

按抗压强度大小,混凝土小型空心砌块分为 MU20、MU15、MU10、MU7.5、MU5.0、MU3.5 六个强度等级。各级强度等级的强度要求应符合表 8.3 的规定。

表 8.3　小型砌块的强度等级及抗压强度

强度等级	抗压强度		强度等级	抗压强度	
	5 块平均值/MPa,不小于	单块最小值/MPa,不小于		5 块平均值/MPa,不小于	单块最小值/MPa,不小于
MU20	20	16.0	MU7.5	7.5	6.0
MU15	15.0	12.0	MU5.0	5.0	4.0
MU10	10.0	8.0	MU3.5	3.5	2.8

(2)外观质量

① 尺寸允许偏差,长度±3 mm,宽度±3 mm,高度+3 mm、−4 mm,壁肋厚度+3 mm、−2 mm;

② 砌体侧面的凹凸尺寸偏差不大于 3 mm;

③ 缺棱掉角部分的长度或宽度不得超过 30 mm,深度不得超过 20 mm,一个砌体缺棱掉角不得超过两处;

④ 不允许有贯穿壁肋的竖向裂缝。

按外观质量分为优等品、一等品及合格品。

3. 砌块抗压强度检测

(1)主要仪器设备

①压力试验机:示值误差应不大于±1%,预期破坏荷载就在量程的 20%～80%。

②钢直尺或游标卡尺等。

(2)试件制备

①取样。从一批(1 万块或不足 1 万块)龄期为 28 d 的主规格砌块中任意选取 5 个试件。

②在一块平整的钢板上,用水平尺在 2 个互相垂直的方向上调至水平,板上覆一层报纸或塑料布,铺上砂浆;然后,将砌块加工面放在砂浆上;再用抹刀刮去多余的砂浆。砂浆的厚度为 3～5 mm。静置 24 h,小心地将砌块从钢板上移开。并将其翻转,再按上述方法将砌块的另一面坐上砂浆,然后用水平尺将砌块调至水平。静停 24 h 后,再将砌体从钢板上移开,即可放在室内养护。砂浆可用普通水泥砂浆,也可用矾土水泥、高强石膏粉等胶结材料代替,但强度应不小于砌块强度。

(3)检测步骤

砌块在室内静放 3 d 后,进行受压检测,加荷速度为 2.50～5.0 kN/S,直至试件破坏为止。

(4)检测结果

按下式计算每个试样的抗压强度,精确至 0.01 MPa,并以 5 个砌块抗压强度的平均值作为该试件的抗压强度值。

$$R_k = P/A \qquad\qquad (8.6)$$

式中 R_k——为砌块的抗压强度,MPa;

      P——为破坏荷载,N;

      A——为砌体的受压面积,mm²。

4. 砌块的出厂和验收

小型砌块的外观质量和尺寸偏差一般由质量管理部门定期到生产现场抽样确定。生产单位供应小型砌块时,必须提供产品出厂合格证,注明砌块强度等级等指标。砌块养护龄期不足28 d 者不宜出厂。

8.1.3 建筑墙板

建筑墙板主要用于内墙板或隔墙板,其品种十分繁多,例如有纸面石膏板、石膏纤维板、石膏空心条板、石膏刨花板、GRC 轻质多孔板、纤维水泥平板、水泥刨花板等。

1. 石膏墙板

石膏墙板是以石膏为主要原料制成的墙板,包括纸面石膏板、石膏纤维板、石膏空心条板、石膏刨花板等,主要用作建筑物的墙板、吊顶等。具有以下特性。

(1)防火性好。石膏板中的二水石膏含 20% 左右的结晶水,在高温下能释放出水蒸气,降低表面温度,阻止热的传导或窒息火焰达到防火的效果,且不会产生有毒气体。

(2)绝热、吸声性能好。导热系数一般小于 0.2 W/(m・K),表观密度小于 900 kg/m³,具有较好的吸声效果。

(3)抗震性能好。石膏板表观密度小,结构整体性强,特别适用于地震区的中高层建筑。

(4)强度低。石膏板的强度较低,一般只能作为非承重的隔墙板。

(5)耐干湿循环性能差,耐水性差。石膏板不宜在潮湿环境中使用。

2. 纤维复合板

纤维复合板的基本形式有三类:第一类是在胶结料中掺加各种纤维质材料经"松散"搅拌复制在长纤维网上制成的纤维复合板;第二类是在两层刚性胶结材之间填充一层柔性或半硬质纤维复合材料,通过钢筋网片,连接件和胶结作用构成复合板材;第三类是以短纤维复合板作为面板,再用轻钢龙骨等复制岩棉保温层和纸面石膏板构成复合墙板。复合纤维板材集轻质、高强、高韧性和耐水性于一体,可以按要求制成任意规格的形状和尺寸,适用于外墙及内墙面承重或非承重结构。目前主要品种有纤维增强水泥平板、玻璃纤维增强水泥复合内隔墙平板和复合板、混凝土岩棉复合外墙板、石棉水泥复合外墙板、钢丝网岩棉夹芯板等。

3. 混凝土墙板

混凝土墙板是由各种混凝土为主要材料加工制成。主要有蒸压加气混凝土板、轻骨料混凝土配筋墙板、挤压成型混凝土多孔条板等。

4. 复合墙板和墙体

单独一种墙板很难同时满足墙体的物理、力学和装饰性能要求,因此常常采用复合的方式满足建筑物内、外墙体的综合功能要求。常用的几种复合墙板或墙体有 GRC 复合外墙板、金属面夹芯板、钢筋混凝土绝热材料复合外墙板、石膏板复合墙板、聚苯模块混凝土复合绝热墙体。

8.1.4 石材

1. 分类

按加工后的外形规则程度不同,石材分为料石和毛石。

（1）料石

①细料石：通过细加工，外形规则，叠砌面凹入深度不应大于 10 mm，截止面的宽度、高度不应小于 200 mm，且不应小于长度的 1/4。

②半细料石：规格尺寸同上，但叠砌面凹入深度不应大于 15 mm。

③粗料石：规格尺寸同上，但叠砌面凹入深度不应大于 20 mm。

④毛料石：外形大致方正，一般不加工或仅稍加修整，高度不应小于 200 mm，叠砌面凹入深度不应大于 25 mm。

（2）毛石

毛石形状不规则，中部厚度不应小于 200 mm。

2. 强度等级

按抗压强度的平均值，石材分为 MU100、MU80、MU60、MU50、MU40、MU30、MU20、MU10 八个强度等级。

（1）主要仪器设备

①压力试验机：量程 2 000 kN，示值相对误差 2%。

②石材切割机或钻石机、岩石磨光机。

③游标卡尺和角尺，精确至 0.01 mm。

（2）检测步骤

①用游标卡尺量取试件的尺寸，精确至 0.1 mm。对于立方体试件，在顶面和底面上各量取其边长，以各个面上相互平行的两个边长的算术平均值作为宽或高，由此计算其承压面积；对于圆柱体试件，在顶面和底面分别测量两个相互垂直的直径，并以其各自的算术平均值分别计算底面和顶面的面积，取顶面和底面面积的算术平均值作为计算抗压强度所用的截面面积。

②将试件置于水池中浸泡 48 h，水面应至少高出试件顶面 20 mm。

③将浸水 48 h 之后的试件取出，擦干试件表面水分，置于压力机的承压板中央，使试件、上下压板和球面座彼此精确对中，不得偏心。

④开动压力试验机，使试件端面与压力试验机的上下承压板接触，以 0.5～1.0 MPa/s 的加荷速率进行加荷，直至试件完全破坏，并记录试件破坏时的最大荷载值。

（3）检测结果

按下式计算试件的抗压强度，精确至 1 MPa，并以三个试件试验结果的算术平均值作为最终试验结果。

$$f = \frac{F}{A} \tag{8.7}$$

式中　f——岩石的抗压强度，MPa；

　　　F——破坏荷载，N；

　　　A——试件的截面面积，mm^2。

试件也可采用表 8.4 所列边长尺寸的立方体，但应对其检测结果乘以相应的换算系数后方可作为石材的强度等级。

表 8.4　石材抗压强度换算系数

立方体边长/mm	200	150	100	70	50
换算系数	1.43	1.28	1.14	1.00	0.86

典型工作任务 2　装饰材料

8.2.1　装饰材料的分类

装饰材料类别很多,且新材料、新产品层出不穷,因此,装饰材料的分类方法不尽统一。

1. 按材料的成分不同,分为无机装饰材料、有机装饰材料和复合装饰材料。

(1)无机装饰材料:包括金属和非金属两类。金属装饰材料主要有铝合金、不锈钢、复合钢板、铜合金、金箔等,非金属装饰材料主要有天然石材、陶瓷制品、各种胶凝材料(如水泥、石灰、石膏)、玻璃以及无机建筑涂料等。

(2)有机装饰材料:如木材及其制品、各种塑料及其制品。

(3)复合装饰材料:如玻璃钢、铝塑复合板等。

2. 按使用部位不同,分外墙装饰材料、内墙装饰材料、顶棚装饰材料和地面装饰材料。

(1)外墙装饰材料:如石材、陶瓷制品、玻璃制品、铝合金幕墙、外墙涂料、碎屑饰面等。

(2)内墙装饰材料:如内墙涂料、壁纸、织物类(挂毯、装饰布等)、木贴面装饰、大理石、玻璃等。

(3)顶棚装饰材料:如塑料吊顶板、铝合金吊顶板、胶合板吊顶板、石膏板、壁纸装饰天花板、矿棉装饰吸音、贴塑矿(岩)棉装饰板、膨胀珍珠岩装饰吸音板等。

(4)地面装饰材料:如地毯类、塑料地板、地面涂料、陶瓷地砖、石材、木地板。

8.2.2　常用装饰材料

1. 建筑石材

(1)花岗岩板材

①花岗岩板材的分类

按形状分类有普型板材、异形板材、圆弧板;按表面加工分类,又可分为亚光板、镜面板、粗面板。

②花岗岩板材的质量要求

普型板按板材规格尺寸偏差、平面度公差、角度公差、外观质量分为优等品、一等品、合格品三个等级。弧型板按规格尺寸偏差、直线度公差、线轮廓度公差、外观质量分为优等品、一等品、合格品三个等级。

同一批次的花岗岩板材,色调花纹应基本一致,外观缺陷符合相关规定。镜面板材的镜向光泽度值应不小于 80 光泽单位,体积密度不小于 2.56 g/cm³,吸水率不大于 0.60%,干燥压缩强度不小于 100.0 MPa,弯曲强度不小于 8.0 MPa。

(2)大理石板材

①大理石板材的分类

按形状不同,大理石板材可分为普形板材和圆弧板。

②大理石板材的质量要求

依据尺寸偏差、平面度公差、角度公差、外观质量分为优等品、一等品、合格品三个等级。圆弧板按规格尺寸偏差、直线度公差、线轮廓度公差、外观质量分为优等品、一等品、合格品三个等级。

同一批大理石板材的色调、花纹应基本一致,外观缺陷应符合相关规定,板材允许黏结和修补,但黏结和修补后不能影响板材的装饰效果和物理性能。镜面板材的镜向光泽值就不低于 70 光泽单位,板材体积密度不小于 2.30 g/cm³,吸水率不大于 0.50%,干燥压缩强度不小于 50.0 MPa,弯曲强度不小于 7.0 MPa,耐磨度不低于 10/cm³。

大理石板材主要用于宾馆、展厅、博物馆、机场、车站、办公楼、大厦等高级建筑物的室内墙面、柱面、栏杆、窗台板、服务台、楼梯踏步和电梯间门脸等处,也可以加工成工艺品、壁画和浮雕。不宜用于有酸性物质和盐类对大理石有腐蚀作用的部位。

(3)微晶玻璃型人造石材

微晶玻璃型人造石材又称微晶板、微晶石,是由玻璃相和结晶相组成的质地坚实致密而均匀的复相材料。

①微晶玻璃型人造石材的分类

按外形不同,微晶玻璃型人造石材可分为普形板和异形板;按加工表面程度不同,微晶玻璃型人造石材可分为镜面板和亚光面板。

②微晶玻璃型人造石材的质量要求

微晶玻璃型人造石材依据尺寸允许偏差、平面度允许公差、角度允许公差和光泽度,可分为优等品、合格品。

微晶玻璃型人造石材具有大理石柔和光泽,色差小,颜色多种,装饰效果好;机械强度高、硬度高、耐磨,抗冻、耐污、耐酸、耐腐蚀、耐风化,无放射性,可制成平板和曲板,热稳定性能和电绝缘性能好。微晶玻璃型人造石材主要用于室内外墙面、柱面、室内地面和台面。

2. 建筑陶瓷

建筑陶瓷是以黏土为原料,按一定的工艺制作,焙烧而成的建筑物室内外装饰用的高级烧土制品。其特点是质地均匀,构造致密,有较高的强度、硬度和耐磨、耐化学腐蚀性能,并可制成一定的花色和根据需要拼接成各种彩色图案。若在陶瓷材料表面上釉,便成为平滑、光亮、吸水率小、更具有装饰性的釉陶瓷制品。常用的建筑陶瓷主要有陶瓷墙面砖、陶瓷地面砖、陶瓷锦砖、玻璃制品等。

(1)内墙釉面砖

内墙釉面砖是正面挂釉而制成的各种色彩的瓷砖。按外观质量和尺寸偏差(表面缺陷、允许色差、平整度、边直度、剥边、落脏、釉泡、斑点、波纹、缺陷、磕碰等),内墙釉面砖分为优等品、一等品、合格品。

内墙釉面砖色彩稳定,表面光洁,易于清洗,装饰美观,多用于浴室、卫生间、厨房、盥洗室的墙面、台面及各种清洗槽之中。经过专门设计、彩绘、烧制面成的釉面砖,可镶拼成各式壁画,更具有独特的艺术效果。在室外经受风吹、雨淋、日晒、冰冻等作用,会导致釉面砖裂纹、剥落和损坏。因此,内墙釉面砖不宜用于室外。

(2)外墙面砖

外墙面砖是以陶土为原料,经压制成形,在 1 100 ℃的高温下煅烧而成。根据表面装饰方式的不同,外墙面砖可以分为墙面砖、彩釉砖、立体彩釉砖、线砖四种类型。其花饰、色彩极为丰富。为了与基层墙面有很好的黏结,其背面有肋纹。

外墙面砖具有强度高、防潮、抗冻、不易污染、装饰效果好并且经久耐用等特点,是一种高档装饰材料,常用于建筑物的外墙面、柱面、门窗套等装立面的装饰。

(3)地面砖

　　地面砖是采用塑性较大的难熔黏土为原料,经压制成形、高温焙制而成,用做铺筑地面的板状陶瓷装饰材料,主要有红地砖、各色地砖、瓷质砖、劈开砖等。

　　地面砖强度大,硬度高,抗冲击,耐磨性好,不易起尘易于清洗,施工方便,一般吸水率小于10％,可拼接成各种富有装饰性的图案。地砖有带釉和不带釉两类,形状有正方形、长方形、六角形。它不仅适用于各种公共建筑,而且已普遍用于家庭的地面装饰。经抛光处理的仿花岗石地砖,更具有华丽高雅的装饰效果。

　　(4)陶瓷锦砖

　　陶瓷锦砖亦称马赛克,是以优质瓷土为主要原料,经压制成形,烧制而成的小瓷片,按不同的图案贴在牛皮纸上,故又称之为纸皮石。陶瓷锦砖分为无釉及有釉两种。其单片为各种几何形状,且长边一般不大于 50 mm,每联的规格为边长 305.5 mm 或 325 mm 的正方形,按其尺寸允许偏差和外观质量分为优等品和合格品两个等级。

　　陶瓷锦砖质地坚硬,不变形,不褪色,吸水率小,耐磨性好,色彩美观。图案多样,且耐酸、耐碱,广泛用于建筑物的室内外装饰,如建筑外墙面、走廊、卫生间、厨房、盥洗室、浴室的墙面和地面等。

　　(5)琉璃制品

　　建筑琉璃制品是一种带釉陶瓷,是我国陶瓷宝库中的古老珍品之一。它用难熔黏土制坯,经干燥、上釉后焙制而成的一种高级屋面材料。其坯体泥质细净坚实,烧成温度较高。

　　建筑琉璃制品的品种有琉璃瓦、琉璃砖、琉璃花格、琉璃栏杆和各种玻璃饰物。其颜色有黄、绿、蓝、青、翡翠等。按其尺寸允许偏差和外观质量,可分为优等品、一等品和合格品三个等级。

　　琉璃制品耐久,不易剥釉,不易褪色,表面光滑,不易玷污,色彩绚丽,造型古朴,用它装饰的建筑物富丽堂皇、雄伟壮观,富有我国传统的民族特色。多用于民族色彩的宫殿式或纪念性建筑物、公共建筑的屋檐、园林建筑中的亭、台、楼、阁装饰。

　　3. 玻璃

　　玻璃是用石英砂、纯碱、长石及石灰石等为主要原料,加入某些辅助性材料,于 1 550～1 660 ℃高温下熔融,再经急冷而得到的一种无定形硅酸盐物质。如在玻璃中加入某些金属氧化物和化合物,或经过特殊工艺处理,又可制成各种具有特殊性能的特种玻璃。

　　玻璃作为建筑装饰材料已由过去单纯作为采光材料向着能控制光线、调节热量、节约能源、控制噪声,以及降低建筑结构自重、改善环境等方面发展,同时用着色、彩绘、磨光、刻花等办法提高其装饰效果。

　　(1)平板玻璃

　　①普通平板玻璃

　　普通平板玻璃通常是用引拉法或压延法生产的平板玻璃。它既透光,又透视,具有一定的机械强度,但易脆裂,且紫外线透过率较低。按其外观质量可分为特等品、一等品、二等品、三等品。主要用于装配门窗,起着透光、挡风和保温的作用,要求具有较好的透明度和平整度,玻璃表面不得有擦不掉的雾状或棕黄色的附着物。

　　②浮法平板玻璃

　　以高度自动化的浮法工艺生产的高级平板玻璃,其中无色透明的浮法玻璃厚度为 2～22 mm。按其外观质量分为优等品、一等品、合格品,主要用于建筑门窗、商品柜台、制镜、有机玻璃模板及深加工玻璃(中空玻璃、钢化玻璃、夹层玻璃等)的原片玻璃。

（2）磨光玻璃

磨光玻璃又称镜面玻璃，是用于普通平板玻璃经过抛光而成，分单面磨光和双面磨光两种。其表面平整光滑且有光泽，物像透过不变形。双面磨光玻璃还要求两面平行，厚度一般为5～6 mm。磨光玻璃常用于高级建筑物的门窗、橱窗或制作镜子。

（3）磨砂玻璃

磨砂玻璃又称毛玻璃，是用机械喷砂或手工研磨或氢氟酸溶蚀等方法，将平板玻璃表面处理成均匀毛面。其一面粗糙，透光不透视，通常用于隐秘和不受视线干扰的房间，如浴室、卫生间、办公室等的门、窗上。磨砂玻璃也可作为黑板。

（4）安全玻璃

安全玻璃是表现为被击碎不会飞溅伤人，或具有防火功效和一定的装饰效果的玻璃。

①钢化玻璃

将玻璃经加温冷淬或经化学离子交换处理，使玻璃表面形成压应力，从而使玻璃的强度、抗震、耐骤冷骤热性能大幅提高。当其被击破时，既碎裂成圆钝的碎片，不致伤人。但钢化玻璃的裁切、钻孔、磨边等加工，应在加温冷淬或离子交换前预制好，若钢化后再行加工，很容易造成整体破碎。钢化玻璃的厚度为4～19 mm，有平面钢化玻璃和曲面钢化玻璃之分，按其外观质量分为优等品和合格品两个等级，应用于建筑工程的门窗、隔墙、幕墙、暖房温室的天窗以及火车、汽车的车窗和挡风玻璃等。

②夹丝玻璃

夹丝玻璃也称防碎玻璃和钢丝玻璃，是将普通平板玻璃加热到红热软化状态时，将预热处理的铁丝网压入玻璃中间而制成，其表面可以是光面的或压花的，颜色可以是透明的或彩色的。夹丝玻璃一般用在受震动作用的门窗、天窗、天棚顶盖上；彩色夹丝玻璃可用于阳台、楼梯间等处。

夹丝玻璃较普通玻璃不仅增加了强度，而且由于加入了有铁丝网的骨架，当玻璃遭受冲击或温度剧变时，破而不缺、裂而不散，避免了带棱角的小块飞出伤人，当发生火灾时，夹丝玻璃虽受热炸裂，但仍能保持固定，起着隔绝火势蔓延的作用，故又称防火玻璃。

③夹层玻璃

夹层玻璃是在两片或多片各类平板玻璃之间黏夹了柔软而强韧的透明膜，经热压黏合而成的复合玻璃制品。它具有较高的强度、受撞击破坏时产生辐射状或同心圆形裂纹而不易穿透，碎片不易脱落。夹层玻璃的总厚度为5～24 mm，主要用于汽车和飞机的挡风玻璃、防弹玻璃以及有特殊安全需要的建筑物门窗、隔墙、工业厂房的天窗和某些水下工程等。

4. 石膏板和石膏饰品

石膏板的体积密度为800～950 kg/m³，导热系数为0.193 W/(m·K)，具有质轻、抗火、吸声、保温隔热等性能，有一定的强度，且可锯、可钉，容易加工，施工安装简便，但耐水性能较差。为提高石膏板的耐水性，可掺入有机硅、聚乙烯醇、聚醋酸乙烯等防水剂制成防潮石膏板。

石膏板按其构成和形态分为纸面石膏板、装饰石膏板和嵌装式装饰石膏板三类，主要用于室内的轻质隔墙和吊顶的饰面板。在厨房、卫生间及空气相对湿度经常大于70%的潮湿环境中，应采用耐水石膏板。

（1）纸面石膏板

以建筑石膏为主要原料，掺入纤维和外加剂构成芯材，并与两面的护面纸牢固地结合在一起的建筑板材称为普通纸面石膏板。若在制作时掺入耐水外加剂，可得耐水纸面石膏板。若在制作时掺入适量无机耐火纤维增强材料,可得耐火纸面石膏板。

(2)装饰石膏板

装饰石膏板是以建筑石膏为主要原料,掺入适量纤维增强材料和外加剂,加水拌和均匀后,经浇筑成型并压出各种图案花纹或孔眼,制成不带护面纸的石膏板材。根据板材正面形状和防潮性能的不同分为普通平板、普通孔板、普通浮雕板和防潮平板、防潮孔板、防潮浮雕板。常用的装饰石膏板有穿孔、盲孔板、浮雕图案板。

(3)嵌装式装饰石膏板

如同装饰石膏板,其正面可为平面,亦可带孔或带浮雕图案,但板材背面的四周加厚,并在侧过带有嵌装企口。由于这种板材带有嵌装企口,使吊顶龙骨不外露,具有更好的美观性。若以带有一定数量穿透孔洞的嵌装式装饰石膏板为面板,背后复合吸声材料,使其具有一定吸声特性的板材,便是嵌装式吸声石膏板。

(4)艺术装饰石膏饰品

用优质建材石膏配以纤维增强材料、胶粘剂等,经调制、压型、干燥硬化,制成富有艺术性的线板、线角、花角、灯圈、灯座、花饰等,用于室内装饰,将装饰性与实用性结合起来,具有特殊的风格和情调。

5. 木质装饰制品

木材具有许多其他材料所无法比拟的装饰质量和特殊效果,如自然古朴的天然花纹、良好的弹性、宜人的固有色彩等,给人以淳朴、古雅、温暖、亲切的质感,所以木材作为室内装饰材料得到广泛应用。用于室内装饰的木材主要有木地板、木制饰件、栏杆扶手以及各种人造板材。

6. 塑料装饰制品

(1)塑料贴面板

塑料贴面板装饰的面层为三聚氰胺甲醛树脂浸渍过的印花纸,里面各层都是酚醛浸渍过的牛皮纸,经干燥后叠合热压而成。塑料贴面装饰板的图案、色调丰富,品种繁多,耐湿、耐磨、耐燃烧,耐一般酸、碱、油脂及酒精等溶剂的化学侵蚀,表面平整光滑,极易清洗,用于板材的表面,装饰效果好,主要用于室内墙面、台面、门面及桌面的贴面装饰。

(2)PVC装饰板

PVC装饰板是以聚氯乙烯与稳定剂、色料等经拌和、混炼、拉片或压延成型而得的一种高级装饰板材,分硬质和软质两种。硬质PVC塑料板材的机械强度较高,耐用性和搞老化性较理想,易熔接及贴合,线膨胀系数大,成型加工性差。软质PVC塑料板材较柔软、弹性好,易加工成型,其抗弯强度及冲击韧性均较硬质PVC板低。PVC装饰板材适用于各种建筑物室内墙面,柱面、吊顶、家具、台面的装修铺设,主要作为装饰及耐腐蚀之用,其中塑料扣板大量用于顶棚材料。

(3)玻璃钢装饰板

玻璃钢装饰板以不饱和聚酯和玻璃布制成,具有色彩多样、美观大方、表膜光亮、硬度高、耐磨、耐酸碱、耐高温等性能,主要用于各种基层、板材的表面装饰。

(4)有机玻璃装饰板

有机玻璃装饰板具有透光性好、质量轻、耐冲击、绝缘性好、色彩绚丽突出、加工容易等特点,在装饰工程中主要用于采光板、天窗板、门窗、楼梯栏板、扶手、照明灯罩、灯具板、广告板、广告牌、招牌字、灯箱片、家具、浴缸等。

7. 建筑装饰涂料

现代建筑物的面层装饰有多种形式,采用建筑涂料来装饰面层,显得丰富多彩、外观上给人以清新、典雅、明快之感,而且经济、维修方便、施工效率高,施工手段多样化,喷涂、滚涂、刷涂、摸涂,拉毛均可。随着人们对装饰材料多样化的、变异性的新潮要求,多彩涂料、幻彩涂料、仿瓷涂料等新品不断涌现。

(1)建筑装饰涂料的组成

涂敷于建筑物表面,能与基体材料很好的黏结,并形成完整而坚韧保护膜,又具有装饰美感的物质称为建筑装饰涂料。由胶粘剂、颜料、填料、溶剂及各种助剂组成。胶粘剂是各种油料或树脂,是主要成膜物质,它能将其他组成部分贴结成一整体,并能附着被涂基层表面形成坚韧的保护膜。

(2)建筑装饰涂料的分类

建筑装饰涂料有无机涂料、有机涂料、有机与无机复合涂料三种类型。

(3)常用建筑涂料

①内墙涂料

内墙装饰要求平整度高、饱满度好、色彩柔和新颖,内墙涂料还要求耐擦和干擦的性能,所以,必须有很好耐碱、防潮、防霉的性能,外观应光洁细腻。常用的内墙涂料主要有刷浆材料、各类油漆、水溶性涂料、合成树脂乳液涂料、多彩花纹内墙涂料、幻彩涂料、仿瓷涂料。

②外墙涂料

由于暴露在大自然之中,故要求外墙装饰涂料应具有成膜温度低、耐水、保色、耐污染、抗冻融、高粉化、防开裂、耐老化的性能及良好的附着力等特点。常用的外墙涂料有聚合物水泥涂料、薄质的合成树脂乳液涂料、厚质的合成树脂乳液涂料、合成树脂乳液砂壁状涂料、溶剂型涂料、无机硅酸盐涂料复层建筑添作料。

③地面涂料

应具有良好的耐碱性,与水泥砂浆有良好的黏结性,有较好的耐水性、耐磨性、抗冲击性,涂刷施工应方便。常用的地面装饰涂料有聚氨酯清漆、酯酸磁漆、酚醛地板、聚合物水泥系料、聚氨酯系涂料,环氧树脂涂料等。

典型工作任务3　绝热材料

绝热材料是用于减少结构物与环境热交换的一种功能材料。在建筑工程中,为了能保持室内热量、减少热量散失以及保持室温稳定,其墙体和屋顶等围护结构需要采用保温材料。而处于炎热气候环境下的空调房屋和冷库等,则要求围护结构具有良好的隔热性能。保温和绝热良好的建筑物,可以大大降低采暖和空调的能耗,这对于"建筑节能"具有重要意义。

8.3.1　影响材料绝热性能因素

热在本质上是组成物质的分子、原子和电子等在物质内部的移动、转动和振动所产生的能量。在任何介质中,当存在着温度差时,就会产生热的传递现象,热能将由温度较高的部分传递至较低的部分。传热的基本方式有热传导、热对流和热辐射三种。一般来说,三种传热方式总是共存的。因空气的导热系数仅为 0.029 W/(m · K),所以,绝热性能良好的材料常是多孔材料。虽然在多孔材料的孔隙内有着空气,起着辐射和对流作用,但与热传导相比,热辐射和对流所占的比例很小,故在建筑热工计算时主要考虑材料的热传导性能,热辐射和对流则不予考虑。

　　材料的热传导性能是由材料导热系数的大小决定。导热系数越小,保温隔热性能越好。材料的导热系数与其自身的成分、表观密度、内部结构以及传热时的平均温度和材料的含水量有关。影响导热系数的因素如下。

　　1. 材料的性质

　　不同的材料其导热系数是不同的,一般说来,导热系数值以金属最大,非金属次之,液体较小,而气体更小。对于同一种材料,内部结构不同,导热系数也差别很大。一般结晶结构的为最大,微晶体结构的次之,玻璃体结构的最小。但对于多孔的绝热材料来说,由于孔隙率高,气体(空气)对导热系数的影响起着主要作用,而固体部分的结构无论是晶态或玻璃态对其影响都不大。

　　2. 表观密度与孔隙特征

　　由于材料中固体物质的导热能力比空气要大得多,故表观密度小的材料,因其孔隙率大,导热系数就小。在孔隙相同的条件下,孔隙尺寸愈大,导热系数就愈大;互相连通孔隙比封闭孔隙导热性能要高。对于表观密度很小的材料,特别是纤维状材料(如超细玻璃纤维),当其表观密度低于某一极限值时,导热系数反而会增大,这是由于孔隙增大而且连通的孔隙大大增多,而使对流作用加强的结果。因此这类材料存在一最佳表观密度,即在这个表观密度时导热系数最小。

　　3. 湿度

　　材料吸湿受潮后,其导热系数增大,这在多孔材料中最为明显。这是由于当材料的孔隙中有了水分(包括水蒸气)后,则孔隙中蒸气的扩散和水分子的热传导将起主要传热作用,而水的导热系数是 0.58 W/(m·K),比空气的导热系数 0.029 W/(m·K)大 20 倍左右。如果孔隙中的水结成了冰,由于冰的导热系数是 2.23 W/(m·K),使材料导热系数更高。故绝热材料在应用时必须注意防水避潮。

　　蒸气渗透是值得注意的问题。水蒸气能从温度较高的一边渗透入材料,当水蒸气在材料孔隙中达最大饱和度时就凝结成水,从而使温度较低的一边表面上出现冷凝水滴,这不仅大大提高了导热性,而且还会降低材料的强度和耐久性。防止的方法是在可能出现冷凝水的界面上,用沥青卷材或铝箔、塑料薄膜等加做隔蒸气层。

　　4. 温度

　　材料的导热系数随温度的升高而增大,因为温度升高时,材料固体分子的热运动增强,同时材料孔隙中空气的导热和孔壁间的辐射作用也有所增加。但这种影响,当温度在 0~50 ℃范围内时并不显著,只有对处于高温或负温下的材料,才要考虑温度的影响。

　　5. 热流方向

　　对于各向异性的材料,如木材等纤维质的材料,当热流平等于纤维方向时,热流受到阻力小,而热流垂直于纤维方向时,受到的阻力就大。以松木为例,当热浪垂直于木纹时,导热系数是 0.17 W/(m·K),而当热流平等于木纹时,导热系数则是 0.35 W/(m·K)。

8.3.2　常用绝热材料

　　绝热材料按化学性质可分为有机绝热材料和无机绝热材料两大类;按材料的构造可分为纤维状绝热材料、松散料状绝热材料和多孔组织绝热材料三种,通常可制成板、片、卷材或管壳等多种形式的制品。一般来说,无机绝热材料的表观密度较大,但不易腐朽,不会燃烧,有的能耐高温。有机绝热材料质轻,保温隔热性能好,但耐热性较差。

1. 无机纤维状绝热材料

这类材料主要是指岩棉、矿棉、玻璃棉等人造无机纤维状材料。该类材料在外观上具有相同的纤维状形态和结构,具有密度小、绝热效果好,不燃烧、耐腐蚀、化学稳定性强、吸声性能好、无毒、无污染、防蛀、价廉等优点,广泛用于住宅建筑和热工设备、管道等的保温、隔热、隔冷和吸声材料。

(1)矿棉及其制品

矿棉一般包括矿渣棉和岩石棉。矿渣棉所用原料有高炉硬矿渣、铜矿渣等,并加一些调节原料(钙质和硅质料);岩棉的主要原料为天然岩石(白云石、花岗石、玄武岩等)。上述原料经熔融后,用喷吹法或离心法制成细纤维。矿棉具有轻质、不燃、绝热和电绝缘等性能,且原料来源广,成本较低。可制成矿棉板、矿棉毡及管壳等。可用作建筑物的墙壁、屋顶、天花板等处的绝热和吸声材料,以及热力管道的绝热材料。

(2)玻璃棉及其制品

玻璃棉是用玻璃原料或碎玻璃经熔融后制成纤维状材料,包括短棉和超细棉两种。短棉的表观密度为 $100\sim150$ kg/m³,热系数是 $0.035\sim0.058$ W/(m·K),可制成沥青玻璃棉毡、板及酚醛玻璃棉毡、板等制品。广泛用于温度较低的热力设备和房屋建筑中的保温。超细棉直径在 4 mm 左右,表观密度小于 18 kg/m³,导热系数为 $0.028\sim0.037$ W/(m·K),保温性能更为优良。

(3)硅酸铝纤维及其制品

硅酸铝纤维又名陶瓷纤维,也称耐火纤维,是一种新型优质保温隔热材料。我国生产硅酸铝纤维所用原料主要为焦宝石,经 2 100 ℃高温熔化,用高速离心或喷吹工艺制成。硅酸铝纤维耐高温性能好,按最高使用温度可分为低温型(900 ℃以下)、标准型(1 200 ℃以下)和高温型(1 400~1 600 ℃);高温区导热系数小,在 1 000 ℃时,其导热系数仅为耐火黏土砖的15%,为轻质黏土砖的38%左右;表观密度一般在 $90\sim220$ kg/m³,耐化学稳定性好,除强碱、氢氟酸、磷酸外,几乎不受其他化学药品腐蚀。

2. 多孔状绝热材料

(1)膨胀蛭石及其制品

蛭石是一种层状的含水镁铝硅酸盐矿物,经 850~1 000 ℃煅烧,体积急剧膨胀(可膨胀5~20倍)而成为金黄色或灰白色的松散颗粒,其堆积密度为 $80\sim200$ kg/m³,导热系数为 $0.046\sim0.07$ W/(m·K),可在 1 000~1 100 ℃下使用,用于填充墙壁、楼板及平屋顶,保温效果佳。但因其吸水性大,使用时应注意防潮。

膨胀蛭石也可与水泥、水玻璃等胶凝材料配合,制成砖、板、管壳等用于围护结构及管道保温。因其吸水性大,使用时应注意防潮。

(2)膨胀珍珠岩及其制品

膨胀珍珠岩是以天然珍珠岩、黑曜岩或松脂岩为原料,经煅烧,体积急剧膨胀(约20倍)而得到蜂窝状白色或白色松散颗粒。堆积密度为 $300\sim500$ kg/m³,导热系数为 $0.025\sim0.048$ W/(m·K),耐热温度为 800 ℃,为高效能保温保冷填充材料。

膨胀珍珠岩制品是以膨胀珍珠岩为骨料,配以适量胶凝材料,经拌和、成型、养护(或干燥、或焙烧)后而制成的板、砖、管等产品。

(3)微孔硅酸钙制品

微孔硅酸钙制品是粉状二氧化硅材料(硅藻土)、石灰、纤维增强材料及水等经搅拌、成型、蒸压养护和干燥等工序而制成。用于围护结构及管道保温,效果较水泥膨胀珍珠岩和水泥膨胀蛭石为好。

(4)发泡硅酸盐制品

发泡硅酸盐制品是以生石灰、硅砂、水泥为原料,以铝粉为发泡剂,经一系列工艺流程后在高温、高压蒸汽养护下获得的多孔材料,具有轻质、高强、耐火、隔热、隔音、无放射性,耐久性好,有呼吸功能,产品精度高,施工安装方便等优点。其表观密度约 500 kg/m³,导热系数为 0.13 W/(m·K),是优良的围护结构材料。

(5)泡沫玻璃

泡沫玻璃是采用玻璃加入 1½ ~ 2% 发泡剂(石灰石或碳化钙),经粉磨、混合、装模,在 800 ℃下烧成后形成含有大量封闭气泡(直径 0.1 ~ 5 mm)的制品。它具有导热系数小、抗压强度和抗冻性高、耐久性好等特点,且易于进行锯切、钻孔等机械加工,为高级保温材料,也常用于冷藏库隔热。

(6)泡沫塑料

泡沫塑料是以合成树脂为基料,加入一定剂量的发泡剂、催化剂、稳定剂等辅助材料经加热发泡而制成的轻质保温、防震材料。目前我国生产的有聚苯乙烯、聚氯乙烯、聚氨酯及脲醛树脂等泡沫塑料。通过选择不同的发泡剂和加入量,可以制得气孔率不同的发泡材料,以适应不同场合的应用。用作建筑保温时,常填充在围护结构中或夹在两层其他材料中间做成夹芯板(复合板)。由于这类材料造价高,且具有可燃性,因此应用上受到一定限制。今后随着这类材料性能的改善,将向着高效、多功能方向发展。

3. 反射型绝热材料

目前,我国对建筑工程的保温隔热,普遍利用多孔保温材料和在维护结构中设置空气层的做法,这对改善维护结构的性能有较好的作用。但对于较薄的维护,要设置保温层和空气层则较困难,而采用反射型保温隔热材料往往会有较理想的保温隔热效果。反射型保温隔热材料目前主要有铝箔形纸保温隔热板、玻璃棉制品铝箔复合材料、反射型保温隔热卷材、热发射玻璃等。

4. 其他绝热材料

(1)软木板

软木也叫栓木。软木板是用栓皮栎树皮或黄菠萝树皮为原料,经破碎后与皮胶溶液拌和,再加压成型,在 80 ℃的干燥室中干燥一昼夜而制成。软木板具有表观密度小,导热性低,抗渗合防腐性能高等特点。常用热沥青错缝粘贴,用于冷藏库隔热。

(2)蜂窝板

蜂窝板是由两块较薄的面板,牢固地黏结在一层较厚的蜂窝状芯材两面而制成的板材,亦称蜂窝夹层结构。蜂窝状芯材是用浸渍过合成树脂(醛酸、聚酯等)的牛皮纸、玻璃面和铝片等,经加工粘合成六角形空腹(蜂窝状)的整块芯材。芯材的厚度可根据使用要求而定,孔腔的尺寸在 10 mm 以上。常用的面板为浸渍过树脂的牛皮纸、玻璃布或不经树脂浸渍的胶合板、纤维板、石膏板等。面板必须采用合适的胶粘剂与芯材牢固地粘合在一起,才能显示出蜂窝板的优异特性,即具有比强度大、导热性低和抗震性好等多种功能。

(3)纤维板

采用木质纤维或稻草等草质纤维经物理化学处理后,加入水泥、石膏等结剂,再经过压制等工艺而成。其表观密度为 210~1 150 kg/m³,导热系数约为 0.058~0.307 W/(m·K)。可用于建筑物的墙壁、地板、顶棚等,也可用于包装箱、冷藏库等。

 项目小结

　　本项目主要介绍墙体材料、装饰材料和绝热材料的构成、技术要求。通过本项目的学习,应掌握它们的技术性能、特点和应用范围,能准确阅读烧结砖、砌块的质量检测报告,能够根据工程环境和使用要求,合理选用装饰材料和绝热材料。

 复习思考题

　　1. 烧结砖的种类主要有哪些? 烧结普通砖的技术性质是什么?
　　2. 墙用建筑砌块有哪些种类? 砌块与烧结普通黏土砖相比,有什么优点。
　　3. 目前所用的墙体材料有哪几类? 试举例说明它们各自的优缺点。
　　4. 简述常见保温隔热材料的主要特点及类型。
　　5. 简述常见装饰材料的主要特点及类型。

参 考 文 献

[1] 闫宏生 . 工程材料[M]. 北京：中国铁道出版社，2008.

[2] 傅刚斌 . 建筑材料[M]. 北京：中国铁道出版社，2009.

[3] 杨彦克，李固华，潘绍伟. 建筑材料[M]. 成都：西南交通大学出版社，2006.

[4] 张粉芹 . 土木工程材料[M]. 北京：中国铁道出版社，2008.

[5] 张雄，张永娟 . 建筑功能砂浆[M]. 北京：化学工业出版社，2007.

[6] 王培铭 . 商品砂浆[M]. 北京：化学工业出版社，2008.

[7] 王秀花 . 建筑材料[M]. 北京：机械工业出版社，2010.

[8] 高琼英 . 建筑材料[M]. 武汉：武汉大学出版社，2002.

[9] 张敏，江晨晖 . 建筑材料[M]. 北京：中国建筑工业出版社，2009.

[10] 陈绍蕃，顾强 . 钢结构基础[M]. 北京：中国建筑工业出版社，2007.

[11] 李登超 . 钢材质量检验[M]. 北京：化学工业出版社，2008.

[12] 范文昭 . 建筑材料[M]. 武汉：武汉理工大学出版社，2009.

[13] 何雄 . 建筑材料质量检测[M]. 北京：中国广播电视出版社，2006.

[14] 中华人民共和国建设部 . GB 50210—2001　建筑装饰装修工程质量验收规范[S]. 北京：中国建筑工业出版社，2001.

[15] 中华人民共和国建设部 . JG/T 230—2007　预拌砂浆[S]. 北京：中国标准出版社，2008.

[16] 潘宝柱. 材料员[M]. 北京：中国铁道出版社，2003.

[17] 张秀芳，赵立群，王甲春 . 建筑砂浆技术解读 470 问[M]. 北京：中国建材工业出版社，2009.

[18] 何雄 . 建筑材料质量检测[M]. 北京：中国广播电视出版社，2006.